国内外热带作物
科技发展现状与趋势研究

◎ 张慧坚 等 著

图书在版编目（CIP）数据

国内外热带作物科技发展现状与趋势研究／张慧坚等著．—北京：中国农业科学技术出版社，2019.6

ISBN 978-7-5116-4192-2

Ⅰ.①国… Ⅱ.①张… Ⅲ.①热带作物-科技发展-研究-世界 Ⅳ.①S59

中国版本图书馆 CIP 数据核字（2019）第 089694 号

责任编辑	徐定娜
责任校对	贾海霞

出 版 者	中国农业科学技术出版社
	北京市中关村南大街 12 号　邮编：100081
电　　话	（010）82109707（编辑室）　（010）82109702（发行部）
	（010）82109709（读者服务部）
传　　真	（010）82106650
网　　址	http://www.castp.cn
经 销 者	各地新华书店
印 刷 者	北京建宏印刷有限公司
开　　本	787mm×1 092mm　1/16
印　　张	16
字　　数	380 千字
版　　次	2019 年 6 月第 1 版　2019 年 6 月第 1 次印刷
定　　价	58.00 元

《国内外热带作物科技发展现状与趋势研究》
著作人员

主　著：张慧坚　曾小红

副主著：董定超　李晓娜　卢　琨　麦雄俊

濮文辉　孙海燕　曾安逸　赵军明

著　者：金　琰　李海亮　刘海清　刘晓光

龙娅丽　谢龙莲

（副主著、著者按姓氏拼音为序）

前　言

　　经济实力的竞争在于科技的竞争，现代农业的竞争归根结底也是农业科技的竞争，农业科技是现代农业和农村经济发展的根本动力，是优化农业资源配置，实现农业现代化和农业可持续发展的必由之路。党的"十九大"提出实施创新驱动发展战略，再次强调了科技创新的重要性。近年来，我国紧紧围绕打造热带特色高效农业强国的总体目标，着力推进热带农业科技发展，科技创新与成果转化体系与机制不断优化、科技成果水平与质量不断提高，全国热带农业科技发展态势良好，为下一阶段全国热带农业科技跨越式发展奠定了坚实的基础。然而，热带农业科技也面临着研究布局不尽合理、优异种质资源发掘和优良品种选育不足、某些重要热作产业升级关键技术仍有待突破等发展瓶颈，与经济发达国家相比，无论在农业科技进步贡献率还是热带农业学科发展方面都存在着较大的差距。

　　《国内外热带作物科技发展现状与趋势研究》紧紧围绕党中央关于创新引领发展、建设科技强国的决策部署，围绕"一带一路""精准扶贫"等，加强系统研究，组织有关力量完成了国外与国内热带作物科技的发展现状与趋势总报告，以及天然橡胶、木薯、香蕉、荔枝、芒果、菠萝、澳洲坚果、椰子、槟榔、咖啡、香草兰、胡椒 12 个产业科技发展报告。以全球发展的视野和宏观发展的角度出发，着眼于热带作物产业链上的重要科技创新节点，对当前热带作物科技发展进行了系统的总结梳理，深入剖析制约中国热带作物产业科技发展的诸多问题与短板，研究热带作物科技发展趋势和方向，提出了针对性强、切实可行的满足现实需求的热带作物科技发展建议。

　　在本书编写过程中得到热带作物产业知名专家的指导和帮助，在此表示感谢！除所列参考文献外，还有其他参考文献未一一列出，谨向有关作者表示歉意。中国热带作物科技涉及的学科和领域十分广泛，而我们的研究刚刚起步，还有很多工作要做，研究内容还需要进一步深化。由于时间紧、科技任务重，加上笔者的研究和写作水平有限，本书难免会存在一些遗漏和欠缺，恳请同行专家和学者批评指正。

著　者

2019 年 1 月

目　录

第一章　世界热带作物科技的发展现状与趋势 ………………………………… （1）
　一、世界热带作物科技的发展历程简介 ………………………………… （1）
　二、世界热带作物科技的特点、发展规律 …………………………… （1）
　三、世界热带作物研究力量布局与变化趋势 …………………………… （3）
　四、世界热带作物科技发展存在的问题、发展趋势及发展需求 ……… （5）
　参考文献 ………………………………………………………………… （8）

第二章　中国热带作物科技的发展现状与趋势 ………………………………… （9）
　一、中国热带作物科技的发展历程 …………………………………… （9）
　二、中国热带作物科技的特点、发展趋势及发展需求 ……………… （10）
　三、中国热带作物研究力量布局与变化趋势 ………………………… （13）
　四、世界热带作物科技发展存在的问题及制约因素 ………………… （14）
　五、国内外热带农业科技发展比较分析 ……………………………… （16）
　六、我国热带农业科技发展政策建议 ………………………………… （17）
　参考文献 ………………………………………………………………… （17）

第三章　中国天然橡胶科技发展现状与趋势 ………………………………… （19）
　一、中国天然橡胶产业发展现状 ……………………………………… （19）
　二、国内外天然橡胶科技发展现状 …………………………………… （23）
　三、中国天然橡胶科技主要问题、发展方向或趋势 ………………… （27）
　四、中国天然橡胶科技发展需求 ……………………………………… （28）
　参考文献 ………………………………………………………………… （28）

第四章　中国木薯科技发展现状与趋势 ……………………………………… （30）
　一、中国木薯产业发展现状 …………………………………………… （30）
　二、国内外木薯科技发展现状 ………………………………………… （31）
　三、中国木薯科技瓶颈、发展方向或趋势 …………………………… （39）
　四、中国木薯科技发展需求建议 ……………………………………… （40）
　参考文献 ………………………………………………………………… （41）

第五章　中国香蕉科技发展现状与趋势 ……………………………………… （47）
　一、中国香蕉产业发展现状 …………………………………………… （47）

二、国内外香蕉科技发展现状 ································ (50)

三、中国香蕉科技瓶颈、发展方向或趋势 ··················· (54)

四、中国香蕉科技发展需求 ····························· (56)

参考文献 ··· (60)

第六章　中国荔枝科技发展现状与趋势 ················· (61)

一、中国荔枝产业发展现状 ····························· (61)

二、国内外荔枝科技发展现状 ··························· (62)

三、中国荔枝科技瓶颈、发展方向或趋势 ··················· (78)

参考文献 ··· (79)

第七章　中国芒果科技发展现状与趋势 ················· (90)

一、中国芒果产业发展现状 ····························· (90)

二、国内外芒果科技发展现状 ··························· (91)

三、中国芒果科技瓶颈、发展方向或趋势 ··················· (98)

四、中国芒果科技发展需求 ····························· (99)

参考文献 ··· (99)

第八章　中国菠萝科技发展现状与趋势研究 ············· (102)

一、中国菠萝产业发展现状 ···························· (102)

二、国内外菠萝科技发展现状 ·························· (105)

三、中国菠萝科技发展存在的问题、发展方向或趋势 ··········· (110)

四、中国菠萝科技发展需求 ···························· (111)

参考文献 ·· (111)

第九章　中国澳洲坚果科技发展现状与趋势研究 ·········· (113)

一、中国澳洲坚果产业发展现状 ························· (113)

二、国内外澳洲坚果科技发展现状 ······················ (113)

三、中国澳洲坚果科技瓶颈、发展方向或趋势 ··············· (126)

四、中国澳洲坚果科技发展需求建议 ····················· (126)

参考文献 ·· (127)

第十章　中国椰子科技发展现状与趋势研究 ············· (139)

一、中国椰子产业发展现状 ···························· (139)

二、国内外椰子科技发展现状 ·························· (141)

三、中国椰子科技发展瓶颈、发展趋势 ··················· (147)

四、中国椰子科技发展需求 ···························· (148)

参考文献 ·· (149)

第十一章　中国槟榔科技发展现状与趋势研究 ……………………………… （152）

一、中国槟榔产业发展现状 ……………………………………………… （152）

二、国内外槟榔科技发展现状 …………………………………………… （152）

三、中国槟榔科技瓶颈、发展方向或趋势 …………………………… （156）

四、中国槟榔科技发展需求 ……………………………………………… （157）

参考文献 …………………………………………………………………… （158）

第十二章　中国咖啡科技发展现状与趋势 …………………………………… （169）

一、中国咖啡产业发展现状 ……………………………………………… （169）

二、国内外咖啡科技发展现状 …………………………………………… （170）

三、中国咖啡科技瓶颈、发展方向或趋势 …………………………… （174）

四、中国咖啡科技发展需求 ……………………………………………… （175）

参考文献 …………………………………………………………………… （175）

第十三章　中国香草兰科技发展现状与趋势 ………………………………… （177）

一、中国香草兰产业发展现状 …………………………………………… （177）

二、国内外香草兰科技发展现状 ………………………………………… （177）

三、中国香草兰科技瓶颈、发展方向或趋势 ………………………… （183）

四、中国香草兰科技发展需求建议 …………………………………… （184）

参考文献 …………………………………………………………………… （185）

第十四章　中国胡椒科技发展现状与趋势 …………………………………… （186）

一、中国胡椒产业发展现状 ……………………………………………… （186）

二、国内外胡椒科技发展现状 …………………………………………… （186）

三、中国胡椒科技瓶颈、发展方向或趋势 …………………………… （191）

四、中国胡椒科技发展需求 ……………………………………………… （192）

参考文献 …………………………………………………………………… （192）

第十五章　基于文献计量角度的主要热带作物研究进展 …………………… （201）

一、文献计量分析工具介绍 ……………………………………………… （201）

二、数据来源与研究方法（数据采集与处理） ……………………… （202）

三、主要热带作物研究进展 ……………………………………………… （203）

参考文献 …………………………………………………………………… （242）

第一章 世界热带作物科技的发展现状与趋势

一、世界热带作物科技的发展历程简介

农业的产生标志着人类由采猎自然的食物到自己生产食物，由适应自然到改造自然方面又进了一步。对于农业起源地的探索，据哈兰等专家考证提出了中心和非中心理论，中心是起源地，非中心是早期传入的地方，最早的农业起源中心包括中东、中国北部、中美洲，非中心是非洲、东南亚和东印度群岛、南美洲。农业起源中心均在北纬15℃～45℃，而农业发生地并不是现在农业生产理想的地方。农业的产生促进了科学知识的积累，促进了农业科技的产生。

世界农业科技发展大约分为三个大的阶段，每个大的阶段又分为两个小阶段。第一个大阶段是农业起源和原始农业阶段，两个小阶段是农业起源阶段和原始农业阶段，所处时期约是在1万年前至中国春秋以前这段时间。第二个大阶段是传统农业科学技术时期，两个小阶段是传统农业科学技术奠基时期和传统农业科学技术发展时期，约为中国的春秋战国到清朝末年。第三个大阶段是近现代农业科学技术时期，两个小阶段是近代农业科学技术时期和现代农业科学技术时期，近代农业科学技术时期上限为18世纪欧洲农业革命，下限为19世纪和20世纪之交。它实际上是传统农业到现代农业的过渡时期；第二个小阶段是20世纪以来的现代农业科学技术时期，它表现为农业机械化及现代科学技术的应用。

世界热带农业科技发展也大约可分为三个阶段。第一阶段起源晚于大农业，应该是以农业进入大河的冲积平原为标志，约为原始农业末期；第二阶段是18世纪欧洲农业革命，热带农业科技进入奠基时期和传统热带农业科学技术发展时期；第三阶段是近现代热带农业科技发展时期，大约是在20世纪以后，随着近现代大农业科技发展而发展。

二、世界热带作物科技的特点、发展规律

1. 世界热带作物科技的特点

（1）热带农业科学技术发展存在地区类型差异

尽管世界各地的热带农业科技发展阶段基本相同，但也存在着起步早晚的差异、发展速度快慢的差异、地区的类型和耕作模式差异。对于不同时期而言，各个时期都存在着不同的农业类型；对于不同地区而言，不同地区的耕作模式在同一时期有所不同，如在传统农业阶段，欧洲主要实行的是固定化的二圃制、三圃制的休闲轮作，耕作较粗放，土地利用率不高，农业和畜牧业较平衡；中国则实行的是连作复种制，耕作比较集约，以种植业为主，畜牧业比例较小；同一地区而言，其起步有可能较早，热带农业科

技发展速度在某一时期处于世界领先水平，而在另一时期随着国力的变化，有可能落后于世界其他国家。

（2）不同地区发展热带农业科技重点各不相同

由于资源、人口、传统等因素影响，各国发展热带农业科技的重点各不相同。以现代热带农业科技而言，高科技、高投入、商品化、专业化、机械化是各国科技均想达到的目的，但各国又有其研发侧重点。发达国家如澳大利亚等国，工业化程度较高且人少地多，注重于研发有利于提高热带农业生产率的技术和装备如较大型的热带农业机械等，并不关注土地利用率和单产的提高；而人多地少的中国等国，则在研发小型的热带农业机械的同时，也非常重视既能提高土地利用率又能提高单产的研发如对生物技术、肥料等的研发。其他国家在实现热带农业现代化过程中也会根据本国的条件而采用不同的热带农业现代化类型。

（3）热带农业科技具有较强的地域适应性

热带农业科技具有较强的地域适应性，不同地区农业生产的农艺要求也不一样。所以，如何选择适合地域特点的技术显得尤为重要。全球各地区的热带农业科技发展水平不一致，研究单位较多，研发与推广应用的技术水平参差不齐。为此，有必要从理论和实际角度出发，在热带农业科技与区域适应性上进行了分类整理，并就其各自的优劣点进行剖析，以期为生产第一线人员选择适合本地特点的热带农业科技提供技术参考。

（4）热带农业科技领域日益扩宽与深化

热带农业科技革命正向纵深推进，热带农业科学与技术的边界日益模糊，学科交叉融合日益深化，信息科技、生物科技、材料科技等高新技术的快速发展引领热带农业科技诸多领域深入分子水平、基因水平、纳米水平开展科技创新，农业科技向医药、化工、能源、环保等领域加速延伸，显现出"引领性、突破性、颠覆性"显著特征。带动几乎所有领域发生绿色、智能、环保为特征的群体性技术革命。

（5）热带农业全产业链技术攻关与集成需求旺盛

随着热带农业产业链的不断延伸和完善，迫切需要突破热带农业全产业链关键技术，并进行技术集成，实现热带农业产业链的不断整合与发展，有效弥补传统热带农业经营方式竞争优势的不足、更好地参与全球竞争，加快推进热带农业结构调整、促进农民增收。

（6）热带农业科技创新链、推广链与产业链结合日益紧密

随着全球热带农业科技竞争愈演愈烈，促使热带农业科技创新链、推广链与产业链结合日趋紧密，创新与推广资源整合力度进一步加强，在全球热带国家普遍形成以企业为主体、市场为导向、产学研用相结合的技术创新体系。按照增产增效并重、良种良法配套、农机农艺结合、生产生态协调的基本要求，围绕产业链部署创新链与推广链、提升价值链将成为全球热带农业科技创新模式的新常态，从而促进技术集成化、劳动机械化、生产信息化、发展产业化。

（7）热带农业可持续发展技术受到重视

随着人们对全球生态环境的日益重视，资源节约型、环境友好型农业产业体系已成为农业转型升级的重要价值取向，节能、减排、绿色、低碳等热带农业可持续技术的研发与推广受到推崇，越来越多的热区国家在发展热带农业的同时，要求从规划上就将热带农业可持续发展技术写入重点项目中，给予重点扶持，热带农业可持续技术研发机构数量与资金投入不断增加，研究成果也不断涌现。

此外，热带农业科技与大农业一样，均具有长期性、渐进性、公益性特征，需要国家从政策与投入上加大扶持力度。

2. 世界热带作物科技发展规律

（1）热带作物科学技术研究就是发现问题、研究问题到解决问题

热带作物科学技术研究就是解决热带作物及其相关领域发展过程中存在的问题，需要深入基层了解热带作物生产存在的问题，了解热带作物生产、生态环境、社会经济、从业者及消费者对科学技术的需求，再经过认真分析、深入思考，确定研究目标，选择技术路线，反复试验与研究，最终拿出解决问题的办法，再回到生产实践中检验。只有通过这样一个过程，才能提出有利于热带农业发展的研究成果。

（2）热带作物科学技术发展的突破口是消除生产要素配置中的"瓶颈"制约

科技作为生产力因素，需要通过实现科技"人化"和"物化"以及科技与生产的结合，才能转化为现实的生产力，而科技的"人化""物化"和科技与生产的结合，是在生产力系统中进行的，并需要遵循生产力内在系统规律的要求。由于劳动者、劳动对象和劳动手段等基本的、直接的生产力因素，在生产实践中往往在数量、质量等方面存在着不协调问题，引起内在的矛盾运动，其中的薄弱环节或瓶颈因素限制了生产系统的整体功能发挥，科技的作用是动态地消除或缓解这种瓶颈制约，发挥其第一生产力的作用。土地、劳动力、资本和生态环境是农业生产中的四个基本要素，具有超强替代不可再生资源而又具高效、绿色功能的热带农业科技将有重大突破。

（3）热带作物科技发展过程就是提高兼顾社会生产力和自然力的热带作物生产力水平

自然生产力和社会生产力之间客观地存在着互为条件、互相作用的内在联系，这种内在联系引起二者之间的内在运动，推动农业不断由低级向高级阶段发展，社会生产力与自然生产力内在联系规律因此成为农业生产力的基本规律，这一基本规律决定了农业科技发展必须既有助于提高和发展农业中的社会生产力，又有利于保护和提高自然生产力，尽可能选择和优先发展那些能同时兼顾提高劳动的社会生产率和劳动的自然生产率的农业科学技术，在难以兼顾的情况下，必须尽可能避免因农业中社会生产力的发展而导致自然生产力的下降。因此，未来的热带作物科技发展重点必然是能兼顾社会生产力和自然生产力的农业生产力的提高。

三、世界热带作物研究力量布局与变化趋势

1. 世界主要热带作物研究国家分布

对 SCI-EXPANDED 数据库、CNKI 等三大中文数据库进行检索，分析数据库中收录橡胶、木薯、椰子、咖啡、胡椒、油棕、芒果、香蕉、荔枝、龙眼、香草兰、菠萝共

12 个主要热带作物相关文献。结果表明，全球开展热带作物研究除 INIBAP、FHIA、EMBRAPACNPMF、IItA、CIARD-FLHOR 等国际研究机构外，主要研究国家分布如下。

开展天然橡胶研究的国家主要是中国、马来西亚、印度、泰国、法国、美国、巴西、日本、德国、英国等国。

椰子主要研究国家依次为印度、巴西、马来西亚、美国、泰国、尼日利亚、日本、菲律宾。

咖啡主要研究国家依次为巴西、美国、英国、意大利、法国、西班牙、德国、日本、韩国、哥伦比亚。

胡椒主要研究国家依次为印度、韩国、比利时、加拿大、日本、巴基斯坦、波兰。

油棕主要研究国家依次为马来西亚、印度尼西亚、美国、巴西、泰国、日本、法国、印度、德国。

芒果主要研究国家依次为美国、巴西、墨西哥、马来西亚、德国、泰国、比利时、巴基斯坦、法国。

香蕉主要研究国家有中国、菲律宾、厄瓜多尔、哥斯达黎加、印度、印尼、澳大利亚、韩国、日本等国。

菠萝研究国家有泰国、印度、菲律宾、尼日利亚、哥斯达黎加、荷兰、德国、以色列、美国、澳大利亚等。

荔枝、龙眼研究国家主要为中国、泰国、越南、印度、孟加拉、以色列、澳大利亚、美国等国。

香草兰研究国家主要有墨西哥、巴西、德国、马来西亚等国。

2. 世界主要热带作物研究学科分布

在天然橡胶研究方面，涉及学科共计 61 个，以材料学科、聚合物科学、化学学科、植物科学、农学、林学、生物化学与分子生物学等为主要研究学科。

在椰子研究方面，涉及学科共计 69 个，以食品科学、化学、植物科学、农学、微生物学、生物科学、能源燃料、环境科学、材料学、聚合物科学、营养饮食为主要研究学科。

在木薯研究方面，涉及学科共计 58 个，以食品科学、植物科学、农学、生物技术应用微生物学、聚合物科学、化学、环境科学等为主要研究学科。

在咖啡研究方面，涉及学科共计 111 个，以食品科学、化学、营养饮食、植物科学、农学、环境科学、医学、生物化学与分子生物学、生物技术应用微生物学为主要研究学科。

在胡椒研究方面，涉及学科共计 23 个，以食品科学、医学、植物科学、生物化学分子生物学、生物技术应用微生物学、化学、遗传、微生物学为主要研究学科。

在油棕研究方面，涉及学科共计 88 个，以能源燃料、环境科学、食品科学技术、化学、生物技术应用微生物学、植物科学、材料科学，农学等为主要研究学科。

在芒果研究方面，涉及学科共计 50 个，以食品科学技术、植物科学、农学、昆虫学、化学、营养饮食、生物技术应用微生物学、生物化学分子生物学为主要研究学科。

在香蕉研究方面，涉及学科共计 72 个，以食品科学技术、植物科学、农学、化学、生物化学分子生物学、生物技术应用微生物学、环境科学等为主要研究学科。

在菠萝研究方面，涉及学科共计 40 个，以食品科学技术、园艺、植物科学、农学、生物技术应用微生物学、化学、医药学、聚合物科学等为主要研究学科。

在荔枝研究方面，涉及学科共计 20 个，以食品科学技术、园艺、化学、昆虫学、植物科学等为主要研究学科。

在龙眼研究方面，涉及学科共计 7 个，以食品科学技术、园艺、植物科学、营养饮食等为主要研究学科。

在香草兰研究方面，涉及学科共计 24 个，以植物科学、生物化学分子生物学、食品科学技术、园艺、生物技术应用微生物学、化学等为主要研究学科。

总体来说，主要热带作物研究涉及的学科分布非常广泛，但多数研究仍集中于产中技术研究，且成果转化应用率较低。

3. 世界主要热带作物研究领域布局变化趋势

随着城镇化进程的推进和热带作物科技的发展，占据先机愈发重要，热带作物科技领域受到重视，许多巨头纷纷入局，其中包括软银、亚马逊、谷歌等大佬。该领域的许多企业得到了融资，而其发展方向也有差异，研究领域布局进一步拓宽。

首先，应用物联网等可随时根据农作物情况采取移动、可收集实时信息的精密技术+热带作物科技可能成为一条发展道路。物联网公司 Senet 表示，现今的大型农产公司已经能够做到通过传感器侦测土壤的湿度、作物成长情况和家畜饲料的残量。耕作者可利用此类技术减少消耗增加产量，IBM 全球供应链专家 Paul Chang 表示，精密技术+热带作物科技能够增进食品工业的成本、效率和永续力，将产量最大化，损失最小化。

其次，气象科学+热带农业科技也可能是未来热带作物科技领域的发展方向之一。IBM 旗下公司 Weather Company 的内部人员表示，90%的农业方面的损失都是天气变化导致的，加之全球气候变迁，所以天气对农业愈加重要。如果能够掌握天气信息，就可知何时该灌溉施肥，也能增加收成和运输效率。

此外，3D 技术+热带农业科技也能够帮助人类减少粮食浪费。比如水果在运输过程中会有 16%损耗，如果在刚刚收获之时就能够将水果制成干粉状，运送就会变得容易，再利用 3D 技术将这些粉末制成新的形状食用，能够有效减少损耗与运输成本。

四、世界热带作物科技发展存在的问题、发展趋势及发展需求

1. 世界热带作物科技发展存在的问题

（1）热带农业科技研发与推广机制体制仍有待完善

由于热带地区多为发展中国家，经济发展相对落后，虽然近年来其热带农业科技力量有了很大的发展，但仍相对薄弱，其研发机制体制不健全，影响了热带农业科研人员的积极性，导致原始创新动力不足，热带农业基础科研的广度和深度不够，生产、加工过程中许多关键技术尚未攻克，延缓了热带农业科技发展；同时，由于热带地区农业生

态条件的多样化、地域特殊性以及自然资源和农户经营规模小等问题，导致科技成果推广效率低，成果转化率低。此外，发展中国家农业科技成果推广中普遍存在着农技推广经费不足，农技推广投资占农业国内生产总值的比例较低，科技成果推广体系发展不完善、推广方式单一等因素也影响了农业科技的推广效率。

（2）**热带农业科技投入经费仍不足以支持科研活动**

多数发展中国家农业科研经费的投入，仅占国内生产总值的 0.5% 左右，远远低于世界上发达国家（美国 2.6%，日本 2.87%，德国 2.58%）的水平。自 1980 年以来，亚洲发展中国家的农业科研强度呈下降趋势。非洲和拉丁美洲发展中国家的农业科研资金短缺问题尤为严重。此外，非洲经济发展相对落后的国家，其农业科研对国际援助的依赖性很大，如果不包括国外援助，仅从国内资源用于农业科研的情况来看，那么整个非洲的农业科研投资强度还将下降 1/3。

（3）**热带农业产前产后项目支撑不足**

许多国家对热带农业科研主要集中在产中，而产前和产后研究较少，导致优良品种不足、农产品的附加值低等问题，加上这些国家工业基础薄弱，基础设施不足，缺少先进的包装、贮存及运输设备，加工手段落后，已严重阻碍了这些国家增加热带农产品的出口。

（4）**仍缺乏对本土资源和传统知识的保护，知识产权制度不完善**

多数热带发展中国家拥有丰富的作物遗传资源，但是生物技术研究手段落后，且缺乏对其本土资源和传统知识的保护，知识产权制度不完善；而发达国家具有先进的生物技术，发达国家利用发展中国家制度缺陷，搜集发展中国家提供的原生基因资源进行开发研究，并对相关技术和基因申请专利，通过技术转让或产品开发获得巨大利益，而那些原生基因提供者或提供国不但不能分享这一利益，相反，当他们需要利用相关技术或产品时，还必须付出巨额费用。

2. 世界热带作物科技发展趋势

（1）生物技术进步将催生热带农业突破性品种与智能品种

植物种质资源与现代育种科技如大规模植物种质资源发掘、分子遗传图谱的构建、光合作用研究的突破将加快现代育种大变革速度，系统生物学将为大规模基因资源发掘、利用提供系统理论与技术基础，分子设计育种将产生突破性品种并催生智能品种诞生，第二代热带生物质原料生产将成为热带农业的重要组成部分。

（2）热带农业智能科技将进入新发展阶段

农业智能决策系统使热带农业由定性到定量生产，网络技术使热带农业由分散封闭到信息灵通，PA 技术（精准农业）使热带农业由粗放到精准，3S 技术使人们可以更大视角管理热带农业。信息化将贯穿到热带农业的生产、收获、储藏、加工、管理的全过程，使得农产品生产、加工、销售连成一体，农业产前、产中、产后服务紧密衔接。这些都将极大地提高农业生产的精确性和可控程度，推动热带农业朝"精细农业"和"智能化农业"方向发展，农业装备制造技术向大型和复式作业等方向发展。

（3）环境友好型热带农业科技将成为未来重要技术

20世纪中后期，很多国家都在积极探索环境友好型结合节本增效型热带农业技术，如种植园土地资源的立体利用与种植园土壤质量定向培育技术，种植园生态系统节水技术体系，绿色农业生产技术体系等。因此，积极发展既能促进热带农业生产、又能保护环境的资源环境友好型和节约、节本增效型农业技术，实现热带农业生态系统的良性循环而又不破坏生态环境，走热带农业持续发展的道路，将是世界热带农业各国的共同选择。

（4）热带农业食品安全科技将得到广泛应用

支撑热带农产品食品安全的技术与标准发展迅速，更加关注营养保健功能食品的科技和食品安全监控技术，危险性快速评估技术体系技术，及其它们的使用标准得到广泛应用。

综上，当今世界热带农业已逐步向现代农业过渡阶段，各国发展水平有所不同。热带地区各国政治、经济的不同，特别是科学技术水平的差距不同，决定了21世纪的热带农业将是多元化格局，不同的国情将产生不同的现代热带农业的发展道路与模式。

3. 世界热带作物科技发展需求

（1）全球热带区域生态环境保护需求催生对绿色热带作物科技的需求

人口剧增、经济发展使资源遭到了浪费与破坏，环境受到了污染，尤其是在热带地区，多数国家的热带作物生产技术较为落后且人口增长过快，资源浪费与破坏情况尤为严重。这种对自然资源和生态环境的伤害，按反馈规律最终都回报给行动主体的人类本身，随之而来的是环境综合征、"文明病"及各种怪病在折磨着人们。于是，出于本能和对科学的认识，人们开始越来越关心自身健康，注重食品安全，加强对生态环境的保护，特别是对来自没有被污染、没有公害环境的农产品备加青睐。在这样的背景下，绿色热带作物产业及绿色热带农产品以其固有的优势被广大消费者认同和接受，成为具有时代特色的必然产物，绿色热带作物技术、产业标准化等成为热带地区社会经济发展的重大技术需求。

（2）全球气候变化催生对热带作物品种资源改进、重大病虫害防治技术以及相关管理技术的需求

由于全球环境恶化以及热带北移，极端天气引起的重大病虫害频发而加剧了农药等化学品对环境的破坏，长期旱涝等也对热带作物产业带来重大损害，为对抗这些危害，对热带农业种质资源改进技术、重大病虫害防治技术、环境服务付款机制等的需求日益受到重视。

（3）农业、农村、农民新需求催生对热带农产品生产安全技术、三产融合技术等的需求

随着城镇化进程及全球经济一体化进程加快，为满足农业增效、农村增绿、农民增收的新需求，激发了对热带农产品生产高效安全技术、三产融合技术等增产、增效、增美的关键技术及其配套制度、机制的需求。

参考文献

郭文韬 . 1989. 中国近代农业科技史 ［M］. 北京：中国农业科技出版社 .

雷茂良 . 2015. 农业科研工作的基本特点与运行规律 ［J］. 农业科技管理，34（3）：1-3，40.

张芳，王思明 . 2001. 中国农业科史 ［M］. 北京：中国农业科技出版社 .

中国热带农业科学院 . 2014. 中国热带作物产业可持续发展研究 ［M］. 北京：科学出版社 .

第二章　中国热带作物科技的发展现状与趋势

一、中国热带作物科技的发展历程

1. 起源阶段

　　中国是香蕉、荔枝、龙眼、椰子、甘蔗的原产地。中国是世界上栽培香蕉的古老国家之一，国外主栽的香蕉品种大多由中国传出去。中国香蕉主要分布在广东、广西壮族自治区（以下简称广西，全书同）、福建、中国台湾（以下简称台湾，全书同）、云南和海南，贵州、四川、重庆也有少量栽培。荔枝原产地在海南岛，至今海南岛五指山、尖峰岭的原始森林里，仍有不少野生荔枝。荔枝开始在岭南传播，后传入四川、广西、福建、云南、台湾等地也有栽培。龙眼的祖先就在中国岭南，海南岛的五指山区仍有野生的龙眼树，人称"山龙眼"。范大成的《桂海虞衡志》也有"山龙眼，出广中"句，二千多年前，人们已把它传带到四川落户，左思《蜀都赋》有"旁挺龙眼，侧生荔枝"句。椰子在中国历史悠久，据《南越笔记》载，汉成帝时，贡品中就有椰叶席，从《南越笔记》看来，在中国至少有二千多年的历史。甘蔗，原产地为中国，据《楚辞》宋玉《招魂》篇中有"胹鳖炮羔，有拓浆些。"（此书注，"拓，藷蔗也。"）《汉书·礼乐志·郊祀歌》十一有云："百末旨酒布兰生，泰蹲拓浆析朝酲。""拓浆"指甘蔗汁。可见，春秋战国时，中国已有种蔗，并懂得饮甘蔗汁。唐朝王维也有"饱食不须愁肉热，大官还有蔗浆寒"句（莫清华，1985）。

　　其他作物从 6 世纪开始陆续从国外引进。最早引种到中国的热带作物是槟榔、菠萝蜜，于 6 世纪就已从东南亚引种到中国岭南地区。菠萝是 16 世纪从印度传入中国。咖啡在中国的栽培，才有一百多年的历史，1884 年开始在台湾的东兴和高雄两地试种，1908 年始有归侨从马来西亚引入海南儋州试种。中国引种橡胶树最早开始于 1904 年，由云南土司刀安仁（1872—1913）从新加坡引进种苗约 8 000 株，种在云南西南部盈江县凤凰山（约 24.5°N，海拔 980 米），至 90 年代初期尚存活 1 株。油棕于 1926 年才有归侨从马来亚引种到海南省琼山和儋州。胡椒则早在明代就有种植，而目前种植的胡椒是华侨于 1947 年从新加坡引进海南文昌种植的。

　　中华人民共和国成立前，热带作物生产没有受到重视，许多热带作物只有零星种植，基本上没有形成规模生产能力，热作产品基本依靠进口。新中国成立后，党中央决定大力发展天然橡胶，随后又相继发展其他多种热带作物，热带作物产业初步形成。

2. 发展阶段

　　我国热带作物产业是在党中央、国务院的高度重视下发展起来的。回顾我国热带作物产业发展的历程，大体上可分为三个发展阶段：第一个发展阶段从中华人民共和国成立到 20 世纪 70 年代末，以大规模开发种植天然橡胶为标志，奠定了我国天然橡胶产业的发展基础；第二个发展阶段从 20 世纪 80 年代初到 20 世纪末，以 1986 年党中央、国务院作出大规模开发热带作物资源的决定为标志，充分开发利用多种热带作物资源，大力发展热带水果，初步形成了以天然橡胶为核心，热带水果（香蕉、荔枝、龙眼、芒果、菠萝、木瓜、杨桃、鳄梨、番石榴等）、热带糖能（木薯、甘蔗等）、热带油料（油棕、椰子、腰果、澳洲坚果等）、热带香料饮料（咖啡、可可、胡椒、香草兰）、热带纤维（剑麻、番麻、蕉麻、爪哇木棉等）以及南药（槟榔、砂仁、巴戟、益智等）等产业为辅的中国热带作物产业的总体布局；第三个发展阶段从进入 21 世纪起，以现代农业的提出为标志，现代热带作物产业已逐渐形成用现代物质条件来武装热带作物产业，用现代科学技术来发展热带作物产业，用现代产业体系来提升热带作物产业，用现代管理手段和经营理念来指导和推进热带作物产业，培养新型农民和现代企业家来经营热带作物产业，种养加、产供销一条龙和贸工农一体化等农业再生产的各环节相衔接，以市场经济手段为调节的、一体化、多功能的具较强市场竞争力的热带作物产业体系，热带作物产业快速发展，逐步融入全球经济的合作与竞争，形成了热带作物产业全面发展的新格局。尤其是在国务院办公厅发布了"关于促进中国热带作物产业发展的意见（国办发〔2010〕45 号）"之后，中国热带作物产业进入发展快车道。2013 年，我国热带作物的种植面积达到 946.67 万公顷，总产量达到 2.07 亿吨，分别比 1986 年增长2.5 倍和 3.7 倍。其中天然橡胶产量 86.48 万吨，比 1986 年增长 2.43 倍；热带水果产量 3 355.11 万吨，比 1986 年增长 8.61 倍。实现了除天然橡胶以外的主要热带作物产品由短缺、品种单一到基本满足人们需要、出口创汇能力不断增强的历史性转变。实践证明，在我国大规模开发热带作物资源，完全可以取得良好的经济和社会效益。我国热带作物资源稀缺宝贵，在新的形势下，开展热带作物产业可持续发展研究具有极为重要的意义。

二、中国热带作物科技的特点、发展趋势及发展需求

1. 中国热带作物科技的特点

（1）改革单纯以提高产量为目的的种植制度为产量、质量、效益并重的种植制度

中国传统农业形成了以提高单位面积产量为目的的种植制度，即形成了一套轮作复种和间作套种的种植制度。而这一传统种植制度已不适用于当今中国发展的实际，为了更好地利用资源和提高热带作物产业效益，中国热带作物科技工作者不断在探索产量、质量、效益并重的种植制度，目前已取得了初步成果，首先是对现有种植制度优化，围绕资源节约高效利用和降低环境代价，控制化肥、农药、灌溉的过量使用及废弃物综合利用，实现用养结合和固碳减排，其次是针对热带地区资源、环境突出问题，调整熟制、种植结构、种植模式、作物布局，因地制宜发展用养结合、种养结合模式，并构建生态高效养地制度，包括土壤耕作技术改进、秸秆还田及合理施肥、轮作休耕、农田综合整治等环节，养地制度必须与种植制度相匹配，核心是提升地力和耕地质量。传统耕

作学中提到地力类型分"衰退型、维持型、提升型",热带作物产业追求"提升型地力",而至少要做到"维持型地力"。

(2) 热带农业科技需求由原来分散的点状需求向系统的整体需求转变

近年来,随着乡村振兴战略等利农政策的不断发布实施,土地流转不断加快,热带农业经营方式由原来一家一户的分散经营发展成为规模化、集约化、机械化的现代热带农业经营,促使对热带农业科技的需求由点状需求向整体的系统科技解决方案需求转变。

(3) 丰富的热带作物种质资源支撑热带农业多学科交叉研究及服务

我国热区有丰富的光热资源和宝贵的热带植物资源(我国热带植物资源占了我国植物资源的1/3)。丰富的热带作物种质资源为热带作物学科提供了多种研究对象,研究领域涵盖了从热带作物资源区划、种植、植物保护、机械化到产品加工综合利用,包括产前、产中、产后全过程研究,涉及作物学、农业生物工程、园艺学、农业资源学、植物保护学、应用生态学、林学、农业工程、林业工程、畜牧学、食品科学及工程、材料科学与工程、农业经济学、工程管理等多个学科。同时,随着作物研究对象的增加,热带作物科技支撑与服务范围也从天然橡胶主产区拓展到我国热带亚热带地区的广东、海南、云南、广西、福建、四川、贵州、湖南、江西、西藏自治区(以下简称西藏,全书同)和台湾,进而进一步扩展到与我国建交并从事热带农业的50多个发展中国家。

(4) 基础设施及条件建设具有中国特色

水土并重,是我国农业的古老传统。随着全球极端气候频频出现,中国加强了热带作物保水保土设施建设,同时不断创新改进热带农业生产工具、工艺及其生产技术体系,其中的某些生产工具如全自动割胶机等已达到国际先进水平。

(5) 科技成果转移和产业化的速度明显加快

提高成果转化率、加速技术转移的速度,是实施创新驱动发展战略的重要内容。新型热带农业主体对热带农业科技成果具有强烈的渴望,对节本、增效、智能、循环等"资本替代技术""规模性技术"的需求更加旺盛,是提高效率和市场竞争力的重要支撑。

(6) 农业科技与农村民生科技并重的格局逐步形成

到2020年,我国要实现破除城乡二元结构,实现城乡一体化,各级政府势必在农村基础设施、人居环境、医疗卫生、健康养老、公共服务、垃圾治理等方面增加投入,民生科技的需求更加迫切,要求热带农业科技创新必须在布局上、重大科技计划规划上得到充分的体现,从而形成由热带农业科技为主导向热带农业科技、民生科技并重转变的新格局。

2. 中国热带作物科技的发展趋势

(1) 热带作物种质资源挖掘及品种选育技术将取得新突破

系统生物学和分子设计育种技术的突破,大规模作物种质资源发掘和在植物上的利用技术快速发展、光合作用研究的可能突破,这些技术进展将促进热带作物高效种质创新，提供大量突破性品种，并催生智能植物品种的诞生。

（2）资源节约型热带农业科技研发将不断加强

随着土地资源、水资源、能源等自然资源的日趋紧张及劳动力成本的不断提高，资源集约利用和保障科技研发体系不断加强，主要是在基于卫星遥感等信息技术和自动化监测技术、自动化控制技术、立体栽培技术等方面取得突破。

（3）支撑食品安全的热带作物绿色技术研发将成为重点

建立资源节约型、环境友好型农业产业体系，是实现大国农业转型的重要价值取向，也是我国履行减少碳排放国际义务的责任担当。要实现这一庄严的承诺，必将给农业结构调整带来巨大转型压力，从而倒逼农业可持续技术的快速发展。对于高温高湿环境下，病虫害高发的热带农业，对绿色热带农业技术需求更为旺盛。构建支撑有机农产品、自然食品、营养和保健功能食品生产的热带作物绿色技术支撑体系，注重替代化学品的农业生物技术、生物肥料与农药的开发，加速研发生物综合防治技术和新型农药，通过生物技术（如"生物强化"育种技术）和非生物技术（如施肥灌溉技术等）生产富含某些营养素的特色食品，研发农产品质量安全过程控制技术体系，有关土壤的修复，污水、大气的治理等技术研发也在不断加强。

（4）热带农业大数据和数字农业将加速发展

随着热带农业大数据、专家系统、作物生长和市场预测模型和基于空间技术、遥感技术、传感技术、GPS、GIS、智能化技术等重大关键技术的研发及其在热带农业中的广泛应用，热带农业信息服务网络化、管理信息化科技水平不断提高，生长模拟、调控模型和决策系统发展趋势表现为由局部性到系统化、数字化、智能化，由经验性到普适性，数字农业向更加精准、智能、可视化方向发展。

（5）农产品消费领域科技研发成为新热点

近年来，随着热带农业产业结构调整、转型升级和一二三产业融合发展，热带农产品消费领域的科技研发得到关注，研发成果如农产品文化科技、涉农产品包装、涉农新产品等日益增加，并逐渐成为未来热带农业科技的新热点。

此背景下，过去几十年的农业发展模式和技术路线需要转变，不仅要满足产量增长的需要，更要提高品质，满足消费者对热带农产品多元化、个性化、多档次的需求。

3. 中国热带作物科技的发展需求

（1）乡村振兴战略提出新要求

需要从国家、市场、消费者三方面进行考虑，从区域布局、产业结构、产品结构、技术结构、经营结构等方面进行调整，调整优化技术支撑体系。

（2）农业现代化提出新要求

因应《全国农业现代化规划（2016—2020）》要求，巩固海南、广东天然橡胶生产能力，巩固云南天然橡胶和糖料蔗生产能力，尤其是在机械化等方面需要进行推进。

（3）产业脱贫提出新要求

热区是脱攻坚的重点区域，热带农业是热区脱贫的主渠道，农民家庭收入大部分来自热带农业生产，节约劳动力、增长增效方面的技术需求尤为突出。

（4）农业走出去新要求

热作是农业走出去的主力军，我们要支撑企业在装备、技术、标准、服务等方面走出去，服务国家"一带一路"倡议，提高热带农业资源掌控能力和话语权。

三、中国热带作物研究力量布局与变化趋势

对 SCI-EXPANDED 数据库、CNKI 等三大中文数据库进行检索，分析数据库中收录橡胶、木薯、椰子、咖啡、胡椒、油棕、芒果、香蕉、荔枝、龙眼、香草兰、菠萝共12 个主要热带作物相关文献。

1. 主要热带作物研究力量布局

如图 2-1 所示，主要热带作物载文量从 1992 年开始快速增长，在 2014 年达到最高峰 204 篇。

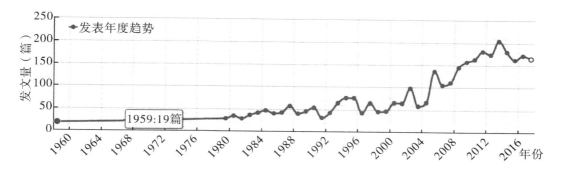

图 2-1　1960—2018 年主要热带作物载文量变化趋势

主题结果表明，主要热带作物研究主题词出现频率最高的十大主题依次是：热带作物、园艺作物、橡胶树、热带土壤、糖料作物、薯类作物，分析 2014—2018 年 5 年来的文献资源类型分布、学科分布、来源分布、基金分布、作者分布、机构分布等数据，可知：从资源类型分布来看，依次为期刊 161 篇（80.5%）、中国会议 21 篇（10.5%）、硕士 13 篇（6.5%）、博士 5 篇（2.5%）；学科分布中，居于前两位的分别是农业科技185 篇（62.5%）、经济与管理科学 56 篇（18.9%）；资源分布中，世界热带农业信息24 篇（12.0%）、热带作物学报 20 篇（10.0%）、热带农业科学 11 篇（5.5%）、热带农业科技 11 篇（5.5%）；基金分布中，居前两位的是国家自然科学基金 39 篇（17.7%）、海南省自然科学基金 19 篇（8.6%）；作者分布中，前几位分别是贺春萍、吴伟怀、郑金龙、黄兴；从机构分布来看，中国热带农业科学院、海南大学居于前列。

2. 主要热带作物研究力量变化趋势

（1）热带农业科技体制机制将出现变革

农业部发布深化农业科技体制机制改革加快实施创新驱动发展战略的意见，明确农业科技创新重点，稳定支持农业基础性、前沿性、公益性科技研究。鼓励社会力量参与

农技推广服务。采取支持农业科研院所和涉农高校承担农业技术推广项目、建立农业科技园和农业示范基地、建设新农村发展研究院等多种措施，引导其成为农业技术推广的重要力量。作为热区科技力量，必然也要进行改革。而且作为热区地方政府，因财政收入所限，对热带作物产业支持力度不足，必然也要通过各项激励政策吸引社会资本与人才进入热带作物产业。

（2）优化热带农业科技创新力量布局

中国热带农业科学院（简称热科院）着重加强基础研究和前沿技术、关键技术、重大共性技术研究，以及事关全局的基础性科技工作。热区各省级农业科研院校着重围绕区域优势农产品的产业发展，开展区域性产业关键技术和共性技术研究，有优势和特色的应用基础与高新技术研究，以及重大技术集成与转移。县市级农科所着重开展科技成果的集成创新、试验示范和技术传播扩散活动，鼓励有条件省份通过机构重组、合作共建、人员互相兼职等方式，开展地市级农业科研院所与农技推广机构资源整合试点。涉农企业以自主或产学研相结合方式开展农业商业化育种、农药、兽药、肥料、农机装备、农产品加工等领域的技术创新。

（3）多种方式调动各方面人才参与热带作物产业科技研发

在农业科技规划计划、政策制定等农业科技决策过程中，积极发挥企业和企业家的重要作用。加强农业企业科技创新平台建设，支持企业参与政府科技计划（项目），开展农业关键技术研发和重大产品创制。引导金融资本、风险投资等社会资金参与建立农业科技创新基金，完善天使投资、股权投资和债权投资等融资服务体系，扶持农业企业增强创新能力。加强农业科研教学单位与企业对接，鼓励探索科企合作新机制新模式。鼓励涉农企业通过股权、期权、分红等激励方式，调动科研人员创新积极性。

四、世界热带作物科技发展存在的问题及制约因素

1. 存在的问题

（1）热带农业科技创新与推广应用水平不高

我国热带作物科技在重要领域自主创新能力不强，产业发展关键技术成果供给明显不足，热带农产品深加工、保鲜贮运、适合热区的小型农业机械等制约热带作物产业发展的技术问题还没有从根本上解决。以市场为导向、企业为主体的科技创新与推广应用机制、体制尚未完善，现行的农业科技推广体系仍不能适应市场发展和农民对技术的需求，加上热带农业科学种植技术推广人才评价体系不健全，专业的科技推广人才积极性不高，热带农业科技成果转化率低。

（2）种质资源存量及品种结构、布局不合理不利于产业升级

许多热带作物原产于国外，可收集的特异种质资源少，给我国热带作物的育种工作造成阻碍。目前许多热带作物生产上大面积推广的品种已种植数十年，出现品种老化、抗逆性下降等问题。

种植品种单一、结构不合理，品种更新速度缓慢，如海南、广东等90%以上种植

的均为巴西蕉；受种植效益影响，有些地区的某些作物种植区域不断扩大，不但增加了种植风险，也严重破坏了生态环境；鲜食品种较多且熟期较集中，专用加工型品种较少，导致容易烂市，而且热带作物初级产品开发能力弱，技术水平不高，产品质量一致性差，不能满足高性能产品原料需要，长期依赖进口，附加值低。

（3）产业机械化、信息化程度低

我国热带作物种植园主要集中在丘陵山地，面积分散，机械化难度大、程度低。产品收获生产占整个生产成本的70%左右，基本依赖手工作业，劳动强度大，从业意愿低；而且，目前虽然通过项目研发、构建了包含资源收集与共享、决策预警、节水灌溉等功能的信息平台或信息系统，但真正投入使用并能发挥节本增效作用的非常少，热带农业信息化技术的实际应用工作任重道远。

（4）农村农业专业组织不足

在科技成果转化过程中，成果持有人一定要与某个专业组织来对接，而不适宜和生产者个人对接，因而建立起形式多样、专业齐全的农业专业组织很有必要。目前，农村现有多数专业组织形式单一，管理不善，体制机制不健全，从业人员参差不齐，专业技术水平不高，很难承载现代农业科技成果转化任务。

（5）农业科技人员与农村从业者数量及素质仍有待提高

热带作物科技发展需要各领域高素质专业化人才支撑，尤其是农业规划、生产经营管理、农业实用技术、农业信息化等方面的中高端优秀人才。因人才激励政策、保障机制等不健全或未到位等原因，在某些领域或地区存在热带作物科技人员缺乏或素质有待提升的现象。

与此同时，我国热区农民的科技文化素质比较低，采用科学技术的积极性不高，制约了农业科技成果转化，随着国家城镇化步伐加快，农村大多数年轻农民纷纷到城市创业，农村青年劳动力资源缺乏，多数从业人员思想观念陈旧，缺乏科技意识，缺乏接纳、消化、吸收农业新技术、新成果的能力。

2. 制约因素

（1）储备不足影响其自主创新水平

我国热带作物科技发展起步较晚，发达国家有几百年历史，而我们仅有70年历史。科技发展储备不足，虽然我国热带作物科技创新水平在某些领域达到了国际先进水平，但由于发达国家的热带农业科技储备时间较我国长出许多，其热带作物科技整体自主创新水平自然高出我国，我国有必要急起直追，加速提升我国热带作物科技整体创新水平。

（2）科研成果研发过程较长影响其适用性

农业生产周期长，科研成果研发过程易受多因素影响，造成科研成果研发周期过长。成果的推出往往需要较长的研究周期，成果转化推广又是一个由点到面的持续过程，从而导致科研滞后于生产，与生产结合不紧密，研究成果很难适应生产需要。

（3）体制机制约束主体科研机构的科技研发能动性

体制机制障碍是制约主体科研机构建设的主要障碍，而传统体制机制的改革与完善不是一蹴而就的过程，需要时间较长。由于主体科研机构的组建涉及多个科研机构之间的整合，各个科研机构的管理制度、管理文化以及实际发展状况差异很大，加上大多数科研机构内部的管理体制也存在较多的问题，这必然使得主体科研机构建设过程中在整合资源和理顺管理机制方面充满风险，影响其科技创新与成果应用推广的能动性。

（4）生产成本持续攀升影响热带作物科技成果的应用推广

随着经济发展，原材料和劳动力价格一路上扬，而近年来热带农产品价格一直不稳，单位面积效益难以保障，产业的比较效益起伏不定，加之对采用新技术、新成果激励政策不足，影响生产第一线人员对新技术、新成果的接受和采纳。

我国热带农业发展正面临农业资源过度开发、农业投入品过量使用、地下水超采以及农业内、外源污染等一系列问题。热带地区由于光温条件较好，复种指数高，病虫为害重，对土壤地力的过度性消耗和化肥农药的过度使用等情况更加严重。热带农业已经到了必须更加依靠科技创新才能实现持续稳定发展的新阶段。

五、国内外热带农业科技发展比较分析

1. 国外涉及的学科及高水平论文均多于国内

通过对 2013—2015 年 SCI、EI 及 ISTP 检索平台的检索及网络资源查新，从中可以发现，发达国家涉及的热带农业学科相对较广，发表的各热带作物高水平研究论文均多于国内。以天然橡胶为例，发达国家涉及的学科达 80 多个，国内涉及的学科为 30 多个，而主要学科相类似，以聚合物科学、材料学科、化学学科、植物科学、农学、林学、生物化学与分子生物学、生物技术应用微生物学为主；发表的高水平论文，国外为 1 000多篇（以发达国家为主），国内仅为 200 多篇。

2. 国外注重全产业链研究，国内注重产中研究

通过近年的文献检索及会议交流资料分析，国外在热带农业产前、产中、产后科技方面均有研究，并且多应用于生产实践中，国内在热带农业产中科技方面研究较多，主要集中在栽培技术、生理生理、生物技术应用等方面的研究，且多数成果未能有效转化应用。但是，中国在某些领域某些作物的研究水平处于世界前列。

3. 国外热带农业科研机构分工明确、科研推广密切结合，国内科研与推广结合仍欠紧密

印尼等国的热带农业科研特点是：分工明确，各研究单位任务分明，没有重复研究现象；加强协作，建立各大学科的研究协作中心，鼓励成立多学科协作研究课题组；科研和推广密切结合，科研项目都有推广人员参加，经常培训推广人员，定期开放研究所，欢迎农民参观。

众所周知，我国热带农业科技创新和推广机构仍存在着重复研究、协作性不强、与生产实践脱节、成果转化率低等突出问题，政府在该问题的解决上仍旧是引导激励为

主，强制力较低，实施主体不明确，体系中的各个主体都有义务，等同于集体无责任。

六、我国热带农业科技发展政策建议

1. 拓宽研究领域，构建生态高值热带农业技术体系

根据国家、市场、人民三者需要，有必要拓宽研究领域，将热带植物种质资源利用与现代育种、热区动物种质资源利用与现代育种、资源节约型农业、热带农业生产与食品安全、热带农业信息化和精准农业等五大科技领域联合起来，实现科技综合研究和集成基础上的重大突破。

2. 在优化布局的基础上，深化关键技术研究

加强主要热带作物区域布局规划与工农业功能布局，优化品种与产业结构，以抗性高产优质品种选育为核心，开展新型种植材料大规模繁育、超高产栽培、高产营养和土壤管理、病虫害防控等研究，进一步提高热带农产品产量。

3. 加强产前、产后技术力量及轻简栽培技术的研发，提高产品质量和产品多样化

在推广应用优良作物新品种的基础上重视先进适用轻简栽培技术的研发和集成示范推广，如种植园轻简栽培管理技术、林下经济模式与技术、副产品或废弃物深加工利用等，进一步提升产业效益，并在不同地区因地制宜示范推广，提高热带农产品产量和品质，促进产品国际竞争力的提升。

同时，加强产前技术如种质资源收集、保存技术，苗木繁育、管理技术等采前技术研究，并加强采后处理、分级、包装、产品加工与开发等产后技术研发，完善产业链，减少损耗，提高农业经营效益，增强抗市场风险能力。

4. 加强加工机械装备研究，提高农业现代化水平

加强小型多用机械与技术、智能化采收技术与装备等研究，提高生产机械化程度。

5. 注重各层次人才队伍建设

注重依托热区各省的科研院校，充分利用其技术创新和资源平台优势加强对全国热带作物产业技术人才的培养和研发团队的建设，同时通过各类培训培育现代农民，健全热带农业产业技术体系，切实强化对全国热带农业产业的科技支撑。

在加强科技创新、科技推广与第一线技术能手培养的同时，创新协作机制、整合服务领域、明确中央与地方分工、构建多主体、全方位的农业技术创新与推广体系，切实提高我国热带农业科技的原始创新能力和成果转化率。

参考文献

郭文韬. 1989. 中国近代农业科技史［M］. 北京：中国农业科技出版社.

莫清华．1985．热带作物小考［J］．农业考古（2）：261-265.

王庆煌．2018．新时期中国热带农业科技的新使命［J］．农学学报，8（1）：113-117.

张芳，王思明．2001．中国农业科技史［M］．北京：中国农业科技出版社．

赵其国，黄季焜．2012．未来至2020年农业领域科技发展新趋势新特点［J］．生态环境学报，21（3）：397-403.

中国热带农业科学院．2014．中国热带作物产业可持续发展研究［M］．北京：科学出版社．

第三章 中国天然橡胶科技发展现状与趋势

橡胶树（*Hevea brasiliensis*）属大戟科橡胶树属植物，是重要的战略物资、工业原料。天然橡胶生长区域主要集中于东南亚各国，其中泰国、印尼、马来西亚与中国都是重要的产胶国。随着橡胶树良种选育和栽培技术手段的不断进步，市场需求刺激，橡胶树的商业栽培已从南纬10°至北纬15°的传统植胶的热带地区扩展到此范围之外的非传统植胶地区。目前，橡胶树的栽培已遍布亚洲、非洲、南美洲和大洋洲的多个国家和地区。2017年全球天然橡胶种植面积2.15亿亩（15亩＝1公顷。全书同）、割胶面积1.59亿亩，产量为1 275.6万吨、单产为76.98千克/亩，全球天然橡胶消费量1 322.20万吨。

我国天然橡胶产业经过60多年的发展，取得了巨大成就，构建了海南、云南、广东三大生产基地，生产技术步入国际先进水平，综合生产能力不断提高，但仍存在影响产业健康发展的问题，目前我国天然橡胶自给率仅为15.35%。为加强对产业宏观形势的研究，促进产业可持续发展，有很必要加强天然橡胶科技进展分析。

一、中国天然橡胶产业发展现状

1. 我国橡胶种植情况

（1）植胶面积保持增加态势

受天然橡胶价格持续低迷的影响，农户扩大种植橡胶的积极性不高，农垦企业也在谋划对种植业结构进行改革，但由于香蕉等热带水果的价格从前两年的高价快速回落，农垦和地方胶园改种香蕉或其他热带水果基本停滞，加上四季度胶价回升，天然橡胶种植面积较2016年略微下滑，而2017年又有所回升（图3-1）。据天胶协会消息，截至2017年年底，我国橡胶种植面积为1 740万亩，较2016年增加了3万亩，增幅为1.7%。其中，2017年，海南、云南、广东省种植面积分别为811.40万亩、877.60万亩、63.84万亩，分别占全国总面积的45.93%、49.68%和3.61%。全国开割面积共1 087.95万亩，同比增长1.43%。

（2）天然橡胶产量先增后稍降

虽然2003—2008年以来扩大种植并已经割胶的橡胶树进入高产期，年末价格上涨又提振了胶农的割胶积极性，但年初主产区干旱导致割胶推迟20天左右，"莎莉嘉"台风造成海南全年损失干胶约1万吨，同时，受胶价持续低迷影响，10月份前部分胶园弃割或间歇性停割，抵消了扩大种植胶园进入高产期增加的产量，全国天然橡胶产量基本持平（图3-2）。据农业农村部南亚办统计，2017年我国天然橡胶产量为81.40万吨，较2016年增加5.6%。其中，海南、云南、广东省产量分别为36.2万吨、43.8万吨和1.4万吨，分别占全国总产的44.47%、53.81%和1.72%。2018年由于胶树物候整齐，又普遍提前 20～30 天割胶，头九个月全国植胶区都在增产，海南白沙及云南西双版纳地区增产幅度超过 6%，我国天然橡胶产量 2018 年估计达到 83.7 万吨。

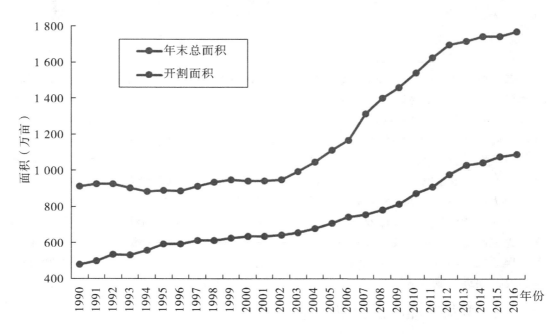

图 3-1　我国 1990—2016 年天然橡胶种植面积与开割面积变化

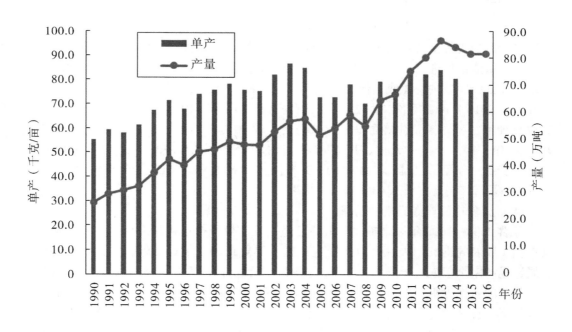

图 3-2　我国 1990—2016 年天然橡胶干胶产量与单产变化

2. 我国天然橡胶市场分析

（1）国内天然橡胶价格呈现持续下滑态势

从图3-3可知，2009—2016年，我国天然橡胶价格呈现先上升后下滑的波动趋势，2017年则继续下滑（图3-3、图3-4）。2017年上半年，上海期货交易所橡胶期货在2月中旬出现最高价格22 000元/吨，之后步步下跌，最低下跌至12 215元/吨，下跌幅度和速度都较快。下跌的原因主要有天然橡胶库存累积、流动性收紧、PMI见顶、轮胎库

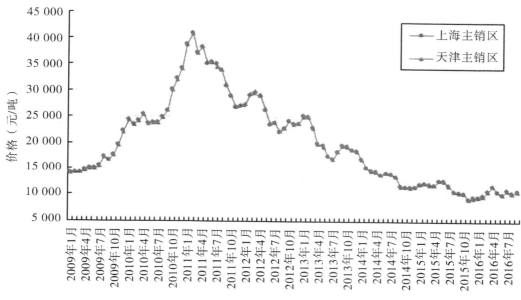

图3-3　国内主销区2009—2016年天然橡胶价格走势

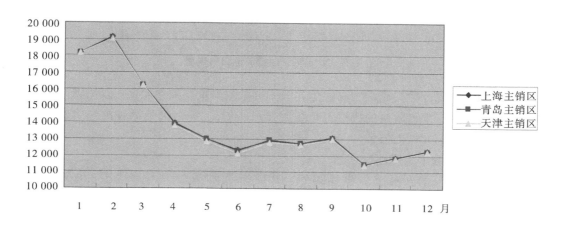

图3-4　国内主销区2017年全年天然橡胶价格走势

存累积、合成橡胶价格大跌等。从 2017 年 6 月初达到低点 12 200元/吨附近后，7—8 月都在 12 200~13 500元/吨低位振荡，已经三次探到低位 12 200~12 500元/吨，短期呈现上涨走势。橡胶走势比较胶着，上涨和下跌都呈现快拉急跌走势，而波动区间较前期大幅缩窄。2018 年的市场价格基本上仍处于低位震荡阶段，近期市场价格在 1.02 万元/吨徘徊。

（2）天然橡胶总进口量小幅增长

根据中国海关统计，2017 年，我国进口天然橡胶、复合橡胶和混合橡胶共 566.5 万吨，比去年的 448.4 万吨增长 26.34%，占世界贸易量的 47%（图 3-5）。其中进口天然橡胶 279.3 万吨，同比增加 11.68%；进口复合橡胶 12.0 万吨，同比减少 24.53%；进口混合橡胶 275.2 万吨，同比增长 51.38%。复合胶进口量大幅下降而混合橡胶进口量大幅增长的原因，主要是复合橡胶标准对其所含天然橡胶比例有明确的规定，限制了下游的使用，而合成橡胶税目下的混合橡胶（海关编码 400280）未对其所含的天然橡胶比例明确规定，许多企业改为进口混合橡胶。

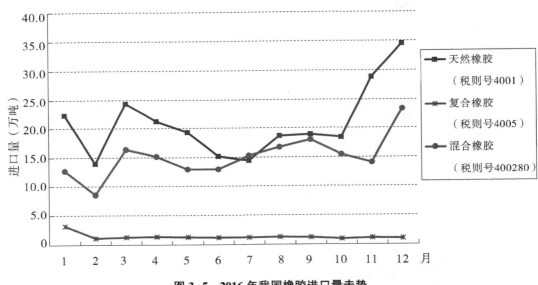

图 3-5　2016 年我国橡胶进口量走势

据中国海关统计数据显示，泰国是我国天然橡胶最重要的来源国，马来西亚则是传统的主要进口国，来自越南的比重不断增大（图 3-6）。国内天然橡胶市场对泰国的产量信息最为关注，即冲击最大。

（3）天然橡胶消费量略有增加

我国天然橡胶消费量已居世界第一，2017 年天然橡胶消费量达 538.6 万吨，较 2016 年增加了 9.07%，占世界总消费量的 38%~40%。2017 年，虽然我国轮胎出口遭受美国严重的反补贴、反倾销（"双反"）调查，但欧盟市场需求回缓，向印度、中东和非洲等新兴市场出口量增加，尤其是我国 2016 年 9 月开始实施史上最严《超限运输车辆行驶公路管理规定》后，国内重型卡车及其轮胎需求量增加，促进我国大轮胎厂

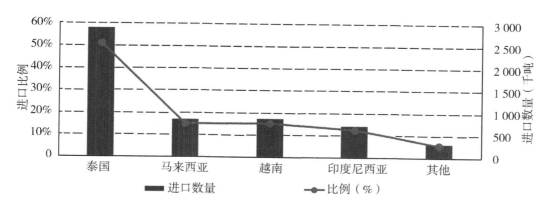

图 3-6　2017 年我国天然橡胶进口来源国分布情况

开工率保持稳定并且比去年略高。在轮胎需求增加和出口增长的影响下，我国天然橡胶消费量相应增加。2018 年 1—9 月，消费和进口仍呈增长态势，即使中美贸易战仍在进行，我国对天然橡胶需求也未见滑坡。

二、国内外天然橡胶科技发展现状

1. 世界天然橡胶科技进展概况

20 世纪 80 年代以前，主要是在橡胶树产胶生理学领域有重要发现，该发现揭示了橡胶生物合成通路与胶乳代谢的基本特点。近年来，受研究经费等因素影响，国外基础研究集中在法国、马来西亚、泰国、印度和日本等国家的一些团队，主要从事橡胶树基因组测序、遗传连锁图谱构建、标记发掘、抗性分子生物学等方面的研究，应用研究主要集中在生态环境、病虫害防治及加工产品研发方面。

生物技术研究方面，泰国大学研究者利用叶绿体微卫星标记对印度、泰国等栽培和野生橡胶树遗传多样性进行了评价研究。泰国研究者通过产量表现、乳胶生化参数、树皮解剖特征等以及采用 RAPD、SSR 等方面对泰国南部高产无性系橡胶进行了性能和遗传评价研究。菲律宾研究者利用 SSRs 标记对菲律宾 86 个橡胶无性系的遗传特性进行了研究。泰国研究者利用基因测序（GBS）技术构建了一个高密度集成橡胶树遗传连锁图谱。此外，国外研究者进行了橡胶树母株分株的遗传评价及早期选择研究，认为可以提高效率降低橡胶树育种周期。

产排胶机理方面，法国农业发展研究中心对橡胶乙烯响应因子进行了研究，表明胶乳收获诱导机制是非生物胁迫响应，这些机制可能取决于各种激素的信号转导通路，部分橡胶 Hberf 基因在橡胶激素信号转导通路中必不可少。

橡胶林生态环境研究方面，法国研究者研究了成熟橡胶树细根生产和周转的季节模式，分析了橡胶树根系动态、土壤深度、降水间的相互作用关系。德国研究者分析了热带低地雨林转化为油棕榈和橡胶种植园根系群落特征的退化，认为热带低地雨林化为种植园是对生态系统功能的威胁。

橡胶病虫害研究方面，泰国研究者对亚马逊地区 5 种原生橡胶树有关的植绥螨进行了调查分析，泰国研究者利用根际链霉菌进行了橡胶树白根病生物防治利用研究。哥伦比亚研究人员对橡胶树南美叶疫病的差异转录反应进行了分析研究。橡胶死皮病上，国外学者将橡胶生理性死皮分为可逆型和不可逆两类，即活性氧类死皮和褐皮类死皮。活性氧类死皮是因乳管内活性氧过量造成的，该类死皮是可逆的；褐皮类死皮是在活性氧类死皮的基础上进一步恶化，最终组织变形、褐变而不可逆。

在产品加工研发方面，越南和日本科研人员联合开展利用脱蛋白天然橡胶和新型聚合物聚合，制备用于汽车或电池领域的新型天然橡胶高聚合物，并研究了胶厂污水处理技术，促进了绿色农业的发展。

2. 国内天然橡胶科技进展概况

国内天然橡胶研究热点主要集中在以下领域：①橡胶树遗传育种；②高产抗性基因的发现、克隆与表达；③产胶生理；④天然橡胶加工、橡胶木综合利用领域；⑤天然橡胶产业经济领域。主要突破是完成了世界上质量最好的基因组图，发掘了大量重要功能基因，在乳管发育生物学和分化机制、产量形成机制、死皮发生发展的分子机制等方面研究水平居世界前列。1996—2015 年天然橡胶 CNKI 论文发文量和被引频次见图 3-7。

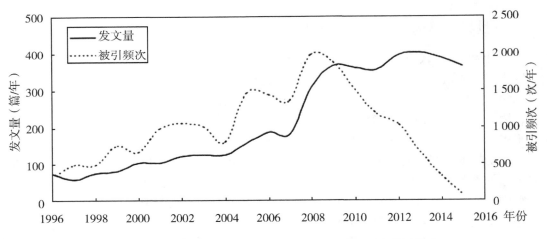

图 3-7　1996—2015 年天然橡胶 CNKI 论文发文量和被引频次

（1）天然橡胶遗传育种研究

在橡胶遗传育种方面，领衔完成了橡胶树全基因组测序，构建了高质量的橡胶树基因组图，相关研究在顶级植物学国际期刊《Nature Plants》上发表，入选《Nature》研究亮点，受到国际学术权威的高度评价和媒体的重点关注。开展了不同品种橡胶树花药愈伤组织诱导、分化及植株再生的比较研究，为橡胶树分子育种提供技术支撑。王惠君等利用橡胶树 GT1 与 IAN873 杂交组合 183 株实生苗的 F1 代群体作为构图群体，利用 SSR、SRAP、AFLP 3 种分子标记对该群体进行遗传连锁分析，构建 1 张包括 18 个连锁群、372 个标记位点的橡胶树分子遗传连锁图（LOD≥3），连锁图谱的总图距覆盖 1 735.9cM，所有标记间的平均图距为 5.22cM，可作为橡胶树农艺性状 QTL 分析的基础。张晓飞等以近年来在中国引种试种成功的国外胶木兼优无性系为亲本之一进行人工杂交授粉工作，研究其杂交子代苗期的性状表现，为胶木兼优品种的创新利用提供参考依据。

（2）高产抗性基因的发现、克隆与表达

重要突破是中国热带农业科学院（以下简称热科院）橡胶研究所与中国科学院（以下简称中科院）合作研究发现了一组可以使橡胶树进化出高产特性的基因，为橡胶树功能基因组学研究、重要分子标记发掘和高产优质抗逆分子育种奠定了坚实基础，相关研究在顶级植物学国际期刊《Nature Plants》上发表。程汉等从巴西橡胶树低温 cDNA 文库中筛选冷应答基因调控网络中的一些抗寒相关基因，分析其功能及各个基因之间的相互关系。康桂娟等进行了巴西橡胶树 HbNAM 基因克隆和表达分析，实时荧光定量 PCR 分析发现，HbNAM 在叶片、雄花、雌花、胶乳和树皮中均表达，其中以光合组织叶片和生殖组织雄花中的表达量最高，并且胶乳中该基因的表达受割胶、植物激素或植物生长调节剂茉莉酸和乙烯利以及低温胁迫影响，推测 HbNAM 可能与植物的生长发育和胁迫应答过程有关。刘辉等从巴西橡胶树中分离胁迫相关蛋白基因 HbSAP1，结果表明，HbSAP1 基因可能在橡胶树死皮发生、非生物胁迫应答、乙烯及茉莉酸信号转导中发挥重要调控作用。王立丰等从巴西橡胶树品种热研 7-33-97 叶片中克隆了核糖体 Hb RPL14 基因，进行蛋白的生物信息学分析及基因的表达分析，表明核糖体 Hb RPL14 基因受逆境调控，通过提高核糖体蛋白合成水平，参与橡胶树对干旱、机械伤害和白粉菌侵染的响应。

（3）产排胶机制研究

重要突破是中国热带农业科学院系统证实了乳管蔗糖代谢是橡胶产量形成的核心环节，并鉴定了决定乳管蔗糖吸收和降解的关键基因，获海南省科技进步一等奖，在《New Phytologist》《Plant，Cell & Environment》《FEBS Journal》等国际一流或主流期刊上发表。进行了低温促进巴西橡胶树排胶的生理基础研究，表明低温条件下胶乳中硫醇含量升高是促进橡胶树排胶时间延长的主要原因之一，该结果为深入阐明乳管堵塞机制和研发新型的排胶调节剂提供了参考依据。研究证明了割胶促进橡胶生物合成与乳管细胞内源茉莉酸含量显著增加有关，发现了一条激活橡胶生物合成的茉莉酸信号传导途径，为橡胶树产量潜力的遗传改良提供了候选的靶标基因。建立了橡胶树乳管分化能力的鉴定评价技术，筛选出乳管分化能力相关的 50 个单核苷酸位点。揭示乳管分化的分子调控网络。发现并证明以葡聚糖酶为核心的蛋白质网在乳管伤口堵塞中起关键作用，提出了乳管伤口堵塞的一个新模型，为产量调节剂研发提供了科学依据。研究了乙烯利对橡胶树乳管伤口堵塞相关蛋白基因表达和含量的影响，表明乙烯利刺激后 PR107 胶乳中 HGN1、Hevamine A 及 HEV 1 这 3 个基因的相对表达量均显著性降低，黄色体中和 C-乳清中对应的 β-1,3-葡聚糖酶、几丁质酶以及橡胶素蛋白含量也显著性降低，而割口处割面形成的蛋白质网明显多于对照胶树，且随着排胶时间的延长蛋白质积累增多。安峰等研究发现乙烯利刺激能增加橡胶树胶乳中的水通道蛋白基因 HbPIP2：3 表达量，并认为 HbPIP2：3 对乳管中的水平衡起着监管作用。史敏晶等进一步证明了乙烯利刺激降低胶乳排胶初速度。姚笛等获得到 5 个橡胶 JAZ 基因全长序列，并扩增得到 4 个基因的编码区，发现 4 个橡胶 JAZ 基因的表达都受到茉莉酸及创伤处理的影响，说明这些 JAZ 蛋白参与橡胶茉莉酸调控的创伤反应，为阐明橡胶产排胶调控机理打下基础。邓治等从橡胶树中获得了 HbADF 基因组序列，HbADF 在橡胶树不同死皮阶段和不同排胶时间段的表达存在变化，说明 HbADF 可能参与了橡胶树排胶和死皮的过程，同时研究发现，性氧产生和清除、细胞程序化死亡和橡胶合成途径是死皮发生关键调控途径，为阐明死皮发生机制提供了新观点。

（4）天然橡胶产品加工、橡胶木综合利用方面

在天然橡胶产品加工方面，研发出超低氨浓缩胶乳生产新技术，包括其保存剂、工艺、设备和超低氨浓缩胶乳产品，天然橡胶低碳、绿色加工技术与装备，天然橡胶干燥、包装自动化生产技术，开展特种高端橡胶如航空轮胎、高性能减振胶等的研发与应用，并研发了一种天然橡胶加工系统，申请获批了专利。在橡胶木综合利用方面，采用尿素-甲醛共聚树脂浸注处理人工林橡胶树木材，表明 UF 树脂浸注对橡胶木的密度、平衡含水率、湿胀性和硬度改善明显，并且越大改善效果越好；而对弹性模量和冲击韧性影响或高或低，且变化幅度有限；对抗弯强度的影响，低 WPG 时不明显，而在高 WPG 时提高明显。研究者将具有较好杀菌效果的碘代丙炔基丁基氨基甲酸酯和二癸基二甲基氯化铵用于橡胶木防霉防蓝变处理，表明采用常压处理和真空加压处理后，复配制剂处理材的防霉防蓝变性能可满足橡胶木加工初期生产周转的要求。

（5）产业经济研究

主要是在天然橡胶种植模式、林下经济、期货市场、发展潜力、产业链等方面进行了研究。主要突破是分析了产业链条全球布局的合理性以及必要性，对跨国产业链条进一步整合提出积极拓宽产业链的深度和广度、加强产业链各个环节的国内外对接、加强种植园的管理和规划的建议。

（6）其他

栽培技术研究。由于植胶环境所限和生产发展需要，我国在抗逆栽培领域的研究领先于世界，将科研和生产紧密结合，从环境类型区划、品种对口配置、抗逆栽培原理与技术等方面开展了系统研究，形成了完整的抗风、抗寒栽培技术体系，近年来又研发推广了围洞抗旱定植、抗旱保水剂、毡布抗旱防草和成龄胶园水肥一体化滴灌等新技术，保温材料包裹法、泡沫包裹法和液态喷剂等橡胶树抗寒防寒新技术，但突破性进展不多。此外，还对植物激素对橡胶树籽苗芽接苗的萌发情况及植物调节剂对籽苗芽接苗生长情况的影响进行研究。在橡胶组织培养上，研究者以橡胶花药体胚植株为外植体，探讨了不同急速对橡胶树不定芽诱导的影响，表明激素对茎尖不定芽诱导率的影响差异不显著，对繁殖系数的影响差异达显著水平。还开展了水肥滴灌对橡胶树小筒苗接穗部及根部生长与叶片养分的影响研究。

橡胶树病虫害研究。在常见病虫害防治方面，我国已建立比较成熟的预警和防控技术体系，近期还开发出低毒、高效、多效系列药剂，施药器械性能也得到了较大改善。

3. 热科院天然橡胶研究在国内外的地位

据 CNKI 统计分析，2010—2018 年，热科院发表与天然橡胶有关的中文期刊论文共

458 篇，占这些年我国发表天然橡胶相关期刊论文的 6.82%，居第二位。从外文期刊发表来看，根据 Web of Science 核心合集数据库检索结果，近年在 Web of Science 核心合集数据库全世界共发表天然橡胶有关研究论文的篇数在全球研究机构中居第一位。从引用被引用频次来看，引用频次最高的文章为 12 次，热科院被引频次最高的文章为 8 次，其次为 7 次和 4 次。从中外文期刊角度来看，热科院在国际天然橡胶研究中总体上处于世界前列，但具有较高影响力的研究成果还相对较少。在科技奖项、成果等方面，通过万方科技成果管理系统里天然橡胶研究相关领域登记成果、获奖成果等方面，中国热带农业科学院仍居领先地位。综合以上分析，可以看出热科院在国内天然橡胶研究领域仍处于领先的位置，但仍需加强重大成果的培育与推广应用。

三、中国天然橡胶科技主要问题、发展方向或趋势

1. 主要问题

（1）科技进步对单产提升贡献不明显

我国植胶生产条件先天不足，低温、台风等极端天气频繁，种植品种老化现象依然突出，新品种推广应用较慢，老胶园土壤肥力下降，新胶园环境条件差，导致我国橡胶树整体单位面积产量增长缓慢。

（2）病虫害防控仍有待加强

随着植胶区极端天气的频繁发生，橡胶树流行病虫害时有发生，影响天然橡胶的产量与质量。有必要开展高效可行的统防统治技术体系及绿色防控技术的研发与应用，同时进一步加强生物防治等。

（3）产业机械化程度低

我国胶园主要集中在丘陵山地，机械化难度大、程度低。割胶生产占整个生产成本的 70%左右，基本依赖手工作业，劳动强度大，从业意愿低。有必要加大对适用丘陵山地的机械设备研发，提高产业自动化、机械化程度。

（4）产品竞争力不强

目前，由于加工厂规模小，再加上受地理条件、橡胶树品种、割胶及生产季节的影响，不同加工厂之间的产品和同一厂家不同批次的产品质量存在着大小不同的差异，同时民营橡胶厂由于技术人员的缺乏，管理力量的薄弱，质量控制手段不完整等而造成产品质量不稳定，产品质量一致性差，加工成本高；而且，而且加工品种单一。长期以来，我国以生产标准胶为主要，SCR5 标准胶产量占总产量的 69%，SCR10、SCR20 分别占 8%和 1%，浓缩胶乳占 18%，其他约 4%。适于生产轮胎用的 SCR20 标准胶和子午线轮胎专用胶产量极少，产品结构与市场需求不适应。上述因素导致我国天然橡胶制品不能满足高性能用胶需要，长期依赖进口，产品竞争力差。

2. 发展方向或趋势

（1）抗性高产技术研发、集成与应用

通过对抗性高产品种选育、新型种植材料大规模繁育、超高产栽培、高产营养和土

壤管理、病虫害防控等技术的研发与集成,进一步提高天然橡胶单产,进而提高其产量。

(2) 绿色高效生产技术或工艺研发、集成与应用

通过对胶园轻简栽培管理技术、胶园林下经济模式与技术、木材深加工利用、种子和胶乳功能性组分开发等绿色高效生产技术或工艺的研发、集成与应用,进一步提升产业效益,改善植胶环境。

(3) 胶园适用机械与技术研发与应用

根据海南、云南、广东胶园地形地势特点及橡胶树品种结构,研发胶园小型多用机械与技术、智能化采胶技术与装备,提高天然橡胶产业生产机械化程度。

(4) 产品质量控制技术及新产品的研发

天然橡胶质量控制技术、高端和专用产品用胶、天然橡胶新制品,提升天然橡胶市场竞争力。

四、中国天然橡胶科技发展需求

近年来,我国天然橡胶研究取得的一定进展,但在遗传育种、产排胶机理、死皮病研究等方面还有众多需要开展的研究,结合我国在天然橡胶研究方面取得的基础,比较分析认为,重点有以下方面研究需求:

在遗传育种方面,加强橡胶树分子标记辅助育种技术研究与应用,利用分子标记技术分析遗传多样性,为选配杂交品种提供依据;加强选择和特异性相关的分子标记,建立遗传图谱,编制 DNA 指纹图谱等,推进橡胶树的分子标记研究的进程,提升试验植株的精确度,减短育种的周期,提高效率。

在产排胶机理研究方面,橡胶树中的关键基因和主要信号传递通路还不清楚,茉莉酸调控橡胶生物合成的分子机制还了解不多,重点开展橡胶树乳管分化及茉莉酸调控的分子机制、乙烯对橡胶生物合成和排放调控的分子机制、橡胶死皮病的发病机理和防控技术等研究。

在抗性基因的研究方面,可深入研究抗病相关基因与病害发生的分子机制,完善橡胶树的遗传转化体系,构建橡胶树的遗传图谱。运用基因组学、转录组学以及蛋白质组学的研究方法,从基因、RNA 以及蛋白质的整体水平研究巴西橡胶树的疾病发生机制以及抗病相关机制,为橡胶树病害的防治提供理论基础。

参考文献

祁栋灵,王秀全,张志扬,等.2013.世界天然橡胶产业现状及科技对其推动力分析[J].热带农业科学,33(1):61-66.

佚名.2017.云南省天然橡胶重大科技专项启动[J].特种橡胶制品(2):51.

Arantes F C, Gonçalves P S, Scaloppi Junior E J, et al. 2010. Genetic gain based on effective population size of rubber tree progenies [J]. Pesquisa Agropecuária Brasileira, 45(12): 1419-1424.

Diaby M, Valognes F, Clement-Demange A. 2010. A multicriteria decision approach for selecting Hevea clones in Africa ［J］. Biotechnologie, Agronomie, Société et Environnement, 14 (2): 299-309.

Shah A A, Hasan F, Shah Z, *et al.* 2012. Degradation of polyisoprene rubber by newly isolated bacillus sp. AF-666 from soil ［J］. Applied Biochemistry and Microbiology, 48 (1): 37-42.

第四章 中国木薯科技发展现状与趋势

　　木薯（*Manihot esculenta crantz*（*M. utilissima* Pohl））为大戟科木薯属植物，起源于南美洲亚马逊流域南部地区，作为一种重要的热带粮食作物、经济作物，于19世纪20年代引入我国，至今已有近200年栽培历史。木薯耐干旱、耐贫瘠，生长速度快，种植管理较为容易，在热带地区适应性广。木薯产量高、块根淀粉含量高，有"淀粉之王"的美称，非常适合提取淀粉，经适当处理可作为重要的主粮食物。近年来，我国木薯产业发展势头良好，科研创新成果支撑推动产业发展的能力不断增强。目前，木薯已成为我国第二大热带作物，在热带作物中越来越凸显出重要地位，已形成一个规模巨大的产业，但2011年以来，受国内外淀粉市场持续不景气的影响，我国木薯产业步入了一个相对低迷的时期，近年来广西木薯平均收购价格仅为500元/吨左右（韦继川，2018）。为促进木薯科技发展，科学把握木薯科技瓶颈问题，在搜集木薯近年来基础数据之后，对木薯产业科技发展现状、趋势进行分析，形成本报告。2017年年末，我国木薯实有面积473.61万亩，同比减少5.60%；收获面积470.93万亩，同比增加5.93%；总产量（干薯）271.27万吨，同比增加3.77%；单产576.02千克/亩，同比增加10.31%；总产值509 418.85万元，同比增长25.18%。

一、中国木薯产业发展现状

1. 产区布局

　　木薯在我国主要分布于华南地区，包括广东、广西、海南、福建、台湾、云南、贵州、四川、湖南、江西等省（区）。其中，广西壮族自治区（全书简称广西）、广东、海南三省（区）占绝对优势地位，其余省份的产业规模相对较小。全国最适宜和次适宜种植木薯的边际性土地面积分别为2.34万和16.48万公顷，合计18.82万公顷（张蓓蓓，2018）。农业农村部的数据表明：广西是我国最大的木薯产区，近年木薯面积一直300万亩左右，占全国木薯面积的6成左右；总产量（干薯）在170万吨以上，占全国总产量（干薯）的比重超5成；其次是广东，近年木薯面积一直在120万亩以上，占全国木薯面积的2成以上；总产量（干薯）在50万吨以上，占全国总产量（干薯）的比重超2成；海南近年木薯面积在20～40万亩波动；总产量（干薯）在波动较大，10万～55万吨波动。2017年，广西、广东、海南3省（区）木薯实有面积合计为445.77万亩，占全国473.61万亩的94.12%；总产量（干薯）合计为240.52万吨，占全国271.27万吨的88.66%；总产值合计为461 955.10万元，占全国509 418.85万元的90.68%。广西现有木薯淀粉加工厂近100多家，以木薯为原料的酒精厂20多家（李军，2018）。

2. 种植品种

目前，全国从事木薯育种、栽培、生物技术等领域的科研单位共有 6 家。其中，选育品种较多的有中国热带农业科学院热带作物品种资源研究所、广西亚热带作物研究所等机构。2018 年以来，全国共育成木薯品种 30 余个，但生产上品种更新速度较慢，存在着主推品种少、品种优势不明显等问题。

"七五"期间，华南热带作物科学研究院等研究机构对海南木薯种质进行了考察，共收集种质 36 份。之后，我国不断从国外引进优良种质，进一步丰富我国木薯种质资源，在引进国外品系（种）的基础上，中国热带农业科学院的育种工作者经过几十年的不懈努力，利用海南优越的地理优势，开展木薯杂交育种工作，先后选育出华南 6068、华南 124、华南 8013、华南 8002、华南 5 号、华南 6 号、华南 7 号、华南 8 号、华南 9 号等具有高产、高淀粉含量、抗逆性强的木薯新品种。广西亚热带作物研究所、华南植物研究所等单位也先后选育出具有区域特色的 GR891、GR911 和南植 199 等新品种。这些品种在木薯种植区广泛推广应用，产生了巨大的经济社会效益。现在我国种植的全部是自主创新的品种，我国木薯育种研究处于世界先进行列。现在中国热带农业科学院热带作物品种资源研究所已建成我国唯一的木薯种质圃，收集了来自国内外的木薯种质 500 余份。

3. 种植面积

受国内外淀粉市场持续不景气的影响，木薯平均收购价格低迷，种植效益差，农民收入低，种植的积极性不高，导致我国近年木薯年末实有面积、当年定植面积、收获面积持续下降。全国木薯年末实有面积由 2013 年的 560.84 万亩下降至 2017 年的 473.61 万亩，减幅为 15.55%，与上年同比减少 5.60%；当年定植面积由 2013 年的 389.56 万亩下降至 2017 年的 348.38 万亩，减幅为 10.57%，与 2016 年相比稳中有升，微增 1.79%；收获面积由 2013 年的 554.75 万亩下降至 2017 年的 470.93 万亩，减幅为 15.11%，与上年同比减少 5.93%。

4. 产量

近年来，受累于面积、单产下降的影响，我国木薯总产量（干薯）木薯也出现了较大幅度下降，并处于低迷状态。全国木薯总产量（干薯）从 2014 年开始连续 2 年出现大幅下降，至 2017 年逐渐保持稳定并稍有回升，2017 年全国木薯总产量（甘薯）比 2016 年微增 9.86 万吨，同比增长 3.77%。2013—2017 年，我国木薯总产量（干薯）几近腰斩，从 2013 年的 459.54 万吨下降至 2017 年的 271.27 万吨，降幅为 40.97%。

二、国内外木薯科技发展现状

1. 遗传育种

木薯为无性繁殖作物，遗传背景复杂，基因高度杂合，后代性状分离严重，并且具有自交不亲和、种子数量少等特性，给育种工作带来极大麻烦。

（1）分子育种

传统杂交育种周期较长，分子育种技术突破了传统育种技术中育种周期长、过程不可预测的局限，能够提高育种的精确性、高效性、可控性和可预见性，并为加快木薯的发育速度和种质的快速识别与鉴定提供了新的可能性。

● 功能基因分析挖掘

近期，木薯功能基因研究方面主要集中在淀粉累积、抗旱、抗低温、耐荫蔽、耐盐等相关功能基因的分析挖掘。

晋琳等对 GTP 的结构与功能进行了分析预测，结果表明，GTP 在不同植物中氨基酸组成成分基本一致，α-螺旋、延伸链和无规则卷曲是其重要的结构元件，含有叶绿体转运肽，无线粒体目标肽，整条肽链表现为疏水性，主要存在内质网和线粒体上。利用 q RT-PCR 对木薯膨大期 GPT 基因表达水平进行分析表明 GPT 对木薯块根膨大期淀粉累积有促进作用（晋琳 等，2018）。丁泽红 等研究表明，在木薯中 *P5CR* 基因有且仅有 1 个拷贝，在进化上比较保守，表达分析表明，*Me P5CR* 在叶片、须根和储藏根中表达量最高，而在叶柄和茎中的表达量最低；*Me P5CR* 表达量受低温胁迫诱导、但被干旱胁迫抑制；*Me P5CR* 在转录水平参与木薯干旱和低温胁迫响应（丁泽红 等，2018a）。丁泽红 等对克隆所得 TPS 基因 Me TPS1 的分析发现，其含有 TPS 家族保守结构域；Me TPS1 与杨树、杞柳中同源基因的亲缘关系较近；Me TPS1 含有干旱诱导元件（MBS）、热胁迫响应元件（HSE）、防御和胁迫响应元件（TC-rich repeats）以及光响应元件（ACE、Box I、Box 4）等；实时荧光定量 PCR 分析表明，Me TPS1 在叶片中的表达量最高，在须根和储藏根中表达量最低，并且 Me TPS1 基因的表达能被干旱、低温和遮阴处理显著诱导，但对 ABA 处理无明显响应（丁泽红 等，2018b）。丁泽红 等对克隆所得 Me TPS7 基因分析发现，其含有 TPS 家族保守结构域；Me TPS7 与杞柳和杨树中同源基因的亲缘关系较近；Me TPS7 含有干旱诱导（MBS）、低温和干旱响应（C-repeat/DRE）、热胁迫响应（HSE）、ABA 响应（ABRE）、以及光响应（ACE，G-Box，Box I，Box 4）等元件；实时荧光定量 PCR 分析表明，Me TPS7 在须根中表达最高，叶片和储藏根中表达最低；Me TPS7 基因的表达能被干旱、低温、遮阴和 ABA 处理显著诱导（丁泽红 等，2018c）。丁泽红 等对克隆所得 Me TPP1 基因的分析发现，其含有 TPP 家族保守结构域；Me TPP1 与杨树和杞柳中同源基因的亲缘关系较近；基因结构变异发现，Me TPP1 在木薯野生种和栽培种之间共有 9 个错义突变，推测可能与 Me TPP1 的表达有关；实时荧光定量 PCR 分析表明，Me TPP1 表达量受到干旱、低温和 ABA 处理的响应（丁泽红 等，2018d）。丁泽红 等对克隆所得 Me P5CS1 基因的分析发现，其含有 P5CS 保守结构域；Me P5CS1 与杨树、杞柳的 P5CS 基因亲缘关系相对较近；Me P5CS1 基因在第 1 张完全展开叶、老叶中的表达量受到 PEG 处理诱导，且与叶片中脯氨酸的含量变化趋势一致；Me P5CS1 基因的表达还受到脱落酸（ABA）、盐胁迫处理的诱导，他们还成功构建 Me P5CS1 基因的植物表达载体 p CAMBIA 2300-Me P5CS1（丁泽红 等，2017）。农丽丽等从木薯中克隆一了个同时具有 A20 和 AN1 结构域的锌指蛋白基因 *Metip* 并其特征进行了分析预测（农丽丽 等，2018）。肖亮 等从木薯中克隆了一个 *AFP2* 基因，Blastn 序列比对发现，*Me AFP2-like* 氨基酸序列和橡胶树 Hb AFP2

（XP_ 021636423）序列相似性最高，为 91%；系统进化树分析 Me AFP2-like 与橡胶树 Hb AFP2，蓖麻 Rc AFP2 聚为一支；荧光定量 PCR 结果表明，Me AFP2-like 基因在根中表达量最高，在叶片中表达量居中，在茎秆中表达量最低（肖亮 等，2018）。颜彦等分析发现，木薯 Me CIPK1 蛋白含有 CIPK 家族保守的丝氨酸/苏氨酸激酶结构域和 NAF 结构域，与橡胶树和麻疯树中的氨基酸序列同源性最高；荧光定量 PCR 结果表明 Me CIPK1 在转录水平受到 ABA、高盐胁迫、干旱胁迫和低温的抑制作用，同时受到氧化胁迫的诱导作用，推测 Me CIPK1 在木薯应答多种非生物胁迫的过程中可能会发挥重要作用（颜彦 等，2018）。颜彦等分析发现，Me Sn RK2-1 与橡胶树和麻疯树中的同源蛋白亲缘关系较近；荧光定量结果表明 Me Sn RK2-1 在转录水平受到高盐胁迫、H_2O_2 和低温的诱导作用的同时也受到了 ABA 和甘露醇的抑制作用（颜彦 等，2018）。颜彦等分析发现，MePYL8 基因与橡胶树和麻疯树中的氨基酸序列同源性最高，进化树分析显示 MePYL8 与拟南芥 PYL8/RCAR3 的亲缘关系最近；表达分析结果显示：MePYL8 在转录水平受到 ABA、高盐胁迫和干旱胁迫的诱导作用，同时受到氧化胁迫的抑制作用（颜彦 等，2018）。王硕 等对克隆所得木薯 MeCREB 基因在原核细胞中进行诱导表达，并对融合蛋白表达的主要因素进行了优化（王硕 等，2018）。陆小花 等对克隆所得木薯 MeNINV4 基因在原核细胞中进行诱导表达，并对融合蛋白表达的主要因素进行了优化（陆小花 等，2018）。雷宁 等克隆所得到木薯 MeTCP4 基因全长 cDNA，荧光定量 RT-PCR 结果显示 MeTCP4 基因在各组织器官都有表达，根部表达最低、茎次之、叶子中表达最高并且 MeTCP4 基因受干旱及低温胁迫抑制，构建了高、低植物表达载体（雷宁，李淑霞，彭明，2018）。马思雅 等克隆了木薯剪接因子 SR 蛋白（Me SRs）家族 18 个成员，蛋白理化性质分析表明，SR 蛋白均为亲水的碱性蛋白；通过在烟草叶表皮细胞中表达 GFP 融合蛋白，发现全部 18 个基因都具有位于细胞核中的荧光信号，表明木薯 SR 蛋白是核定位蛋白（马思雅 等，2018）。薛晶晶等采用 MSAP 技术结合 CE 分析 SC5 和 Cas36-12 的 DNA 甲基化水平，SC5 的 DNA 甲基化水平高于 Cas36-12，且超过了 50%；SC5 和 Cas36-12 块根发育 3 个关键期的甲基化变化趋势一致；形成期到膨大期主要以发生甲基化为主，而膨大期到成熟期，主要以去甲基化为主（薛晶晶，陈松笔，2018）。肖亮 等对木薯倍性间的遗传差异、DNA 甲基化水平和模式进行分析，结果表明，二倍体和同源四倍体的总甲基化率分别为 60.21%、59.52%，全甲基化率分别为 39.92%、41.42%，半甲基化率分别为 20.29%、18.10%。木薯多倍化后，其中有 27.30%的位点发生了过甲基化，四倍体有 25.00%的位点表现出去甲基化（肖亮 等，2018）。薛晶晶 等对克隆所得木薯 MeRFP8 基因，利用荧光定量 PCR 分析，结果表明：5℃低温胁迫 24h 内，SC8 和其四倍体 MeRFP8 基因先下调表达，后上调表达，呈"V"字形；而且 MeRFP8 基因在 SC8 的表达变化水平比其同源四倍体大，推测 MeRFP8 基因可能参与木薯的低温响应（薛晶晶，陈松笔，2017）。安飞飞等对木薯蔗糖磷酸合酶（SPS）、ADP 葡萄糖焦磷酸化酶（AGPase）、可溶性淀粉合成酶（SSS）、颗粒结合合酶（GBSS）、分支酶（SBE）、α-淀粉酶（α-amylase）、β-淀粉酶（β-amylase）和淀粉磷酸化酶（SP）等基因的表达情况进行了分析（安飞飞 等，2018）。唐枝娟 等从木薯中克隆得到一个具有典型植物 Rboh 基因家族特征的基因—Me Rboh E，分析表明，

Me Rboh E 基因在木薯组培苗的根中表达量最高，茎中次之，叶中最低；在受到低温（4℃）、高盐（300 mmol·L-1Na Cl）和 100 mmol·L-1ABA 诱导后，表达量呈现不同程度的上调（唐枝娟 等，2018）。丛汉卿等分析了木薯过氧化物酶（POD）基因（Me-POD）的序列特征，并检测乙烯（ET）和茉莉酸（JA）逆境信号对其表达的影响（丛汉卿 等，2016）。梁晓 等通过研究初步证实了保护酶 CAT、PPO 在木薯种质抗螨性中的功能（梁晓 等，2017）。尚璐 等研究发现，木薯碱性/中性转化酶 Me NINV4 能催化分解蔗糖（尚璐 等，2018）。罗兴录 等研究发现，木薯叶片 ABA 含量与块根的腺苷二磷酸葡萄糖焦磷酸化酶（AGPase）、可溶性淀粉合成酶（SSS）及淀粉分支酶（SBE）活性呈极显著正相关，与蔗糖磷酸合成酶（SPS）活性呈显著正相关；茎秆 ABA 与腺苷二磷酸葡萄糖焦磷酸化酶（AGPpase）呈显著正相关，与可溶性淀粉合成酶（SSS）以及淀粉分支酶（SBE）的活性呈极显著正相关；块根 ABA 含量与块根腺苷二磷酸葡萄糖焦磷酸化酶（AGPpase）、可溶性淀粉合成酶（SSS）活性呈极显著正相关，与蔗糖磷酸合成酶（SPS）活性呈现正相关，与块根淀粉分支酶（SBE）活性呈极显著负相关；茎叶、块根 ABA 含量与块根淀粉积累均呈现极显著正相关（罗兴录，潘晓璐，朱艳梅 等，2018）。时涛等从木薯中得到一个预测的木薯衰老相关基因 ORF，并对其功能进行了分析（时涛 等，2017）。

● 分子标记

木薯大多数农艺性状，如产量、品质和一些与抗性相关的性状都表现为数量性状遗传，而且它们之间还常常存在一些负相关性，因此，分子标记辅助选择对加快木薯育种进程意义重大。

俞奔驰 等基于 SLAF-seq 技术研发出725 220个 SLAF 标签，样本的平均测序深度为20.98 倍（×），多态性 SLAF 标签446 789 个，共得到2 504 553个群体 SNP 标记（俞奔驰 等，2018）。尚小红 等根据木薯 PSY2 的不同等位基因的 DNA 序列，开发了一个酶切扩增多态性序列（CAPS）标记，经验证、该标记的选择准确率达100%（尚小红 等，2018）。

（2）杂交育种

杂交育种是选育木薯新品种的主要途径，通过授粉杂交可创造丰富多彩的遗传变异。在木薯产业界内，过去有种看法，除了海南省外，我国其他省份、地区光热条件都不能完全满足木薯种子发育所需条件，无法开展木薯杂交育种。

广西壮族自治区亚热带作物研究所攻克了在广西无法进行杂交育种的技术难题，成功研发出木薯两性花诱导技术，诱导出的木薯两性花能自花授粉结实，采用 6 个木薯品种试验，诱导开花率高达100%，实现木薯可在 5—12 月开花，可杂交授粉时间长达 8 个月，开创了广西木薯杂交育种的先河，目前该项技术已申请了专利（俞奔驰 等，2017）。李恒锐 等以提高木薯单位面积产量与淀粉含量为目标，利用有性杂交、系统选育等途径和方法，培育出一批综合性状优良的木薯杂交新品系"桂垦系列"材料。经多年试验结果表明，"桂垦系列"材料具有产量高、品质优、抗逆性强的特点，可进一步开展区域性试验和生产性试验（李恒锐 等，2018）。

（3）诱变育种

诱变育种是继选择育种和杂交育种之后发展起来的一项现代育种技术，但存在有益突变频率较低，变异方向和性质难以控制主要问题。木薯诱变育种主要在辐射育种和多倍体（化学诱变）育种方面有新的研究进展。

^{60}Co-γ 射线诱变植株具有突变率高、稳定性好、育种周期短等优点，是目前应用最多的辐射源。谢向誉等观测了不同辐射剂量下木薯的生长情况，对辐射诱变后的种植材料进行了表型鉴定，并对表型变异稳定的突变体采用 SCoT 分子标记进行了分析检测（谢向誉 等，2018）。

采用多倍体育种培育的木薯多倍体品种，器官一般比原倍性植株有所增大，抗逆性也增强，同时淀粉含量也相对提高。符芳宁探讨比较了传统木薯诱导多倍体方法和利用间歇浸没式生物反应器（TIBS）诱导木薯多倍体效果（符芳宁，2018）。

（4）组培育种

目前，已有通过在培养基中加入选择压力定向筛选抗性品种的研究，陆荣生 等研究了草甘膦对愈伤组织增殖与分化的影响，进行了木薯抗草甘膦突变株系离体筛选，筛选获得了桂热-6 木薯抗草甘膦无性系，喷施试验表明，抗性无性系幼苗对草甘膦的抗性得到增强（陆荣生 等，2017）。

2. 种质资源鉴定评价

木薯种质资源鉴定和评价工作进展，主要集中在植物学性状、农艺学性状、品质性状、抗病性、细胞工程等方面。目前，对木薯种质资源鉴定、评价主要是通过大田调查的方式得出的，大田鉴定是对种质资源进行鉴定评价最直接的方法；活体或离体鉴定是另一种较直观的鉴定评价方式。

李晓莉 等通过聚类分析，探讨了 SC12、云南 8 号、SM2300-1、桂热 5 号、ZM8752 等 5 个木薯品种间的相似性，在遗传距离为 0.4 时，将 5 个品种分为 3 类，第Ⅰ类为云南 8 号，第Ⅱ类包括 ZM8752 与 SM2300-1，第Ⅲ类包括 SC12 和桂热 5 号（李晓莉 等，2018）。谢向誉 等从植物学性状、农艺性状及氢氰酸含量等方面对 31 份国内外引进与收集的木薯资源进行鉴定评价，从中筛选出 2 份单株产量高、收获指数高、氢氰酸含量低的种质，在优良食用木薯育种中重点利用（谢向誉 等，2017）。李月仙 等利用形态标记对来自菲律宾、云南、海南等 6 个地方的 50 份木薯种质资源进行了形态多样性分析，同时进行了形态标记聚类分析（李月仙 等，2018）。段春芳 等对 32 份木薯种质进行了棕榈疫霉根腐病抗病性评价，结果表明：高抗种质为'H360''华南 11 号''华南 8 号''H588''桂热 3 号''H873'和'H971'；抗病种质为'F556''H502''GR911''C-4''F10''南植 188'和'H47'；对 14 份抗棕榈疫霉根腐病木薯种质的农艺性状进行了鉴定和评价，结果表明：'华南 8 号''GR911''F556''C-4''H360'可以进一步加以利用（段春芳 等，2017）。袁帅 等对一个抗采后变质木薯种质与 SC8 木薯的田间农艺性状和叶绿素含量进行了比较，实验结果显示两个种质外观表型上差别不大，但 RYG-1 木薯块根较 SC8 块根更耐储藏（袁帅 等，2018）。杨龙等对 8 个木薯种质（3 个野生种和 5 个栽培种）叶片的营养及饲料价值进行测定和评价，结果表明，野生木薯 *M. cecropiaefolia Phhl* 完全展开功能叶片的综合营养价值较高，可考虑作为畜禽和蚕用饲料资源开发利用；栽培种木薯 SC9 新鲜叶片 HCN 含量较低，也可优先作为蚕用饲料（杨龙 等，2017）。

3. 品种筛选、品种比较

蒋学杰 等在山东开展了高纬度地区木薯不同品种比较试验，结果表明，4 个木薯品种中'华南 205'产量较高且适应性好（蒋学杰，何绪开，2018）。韦婉羚 等分析了 6 个木薯品种对朱砂叶螨的抗性，结果表明，新选 048、D346 和 F50 为 MR 级别，螨害指数为 56.11%～61.41%；华南 8 号、华南 205 和桂热 4 号为 S 级别，螨害指数为 74.26%～84.07%，新选 048 对朱砂叶螨的抗性最强、产量相关性状较好、产量最高，可在朱砂叶螨高发区推广种植。可溶性糖、可溶性蛋白、脯氨酸、游离氨基酸含量、水含率和叶片厚度等可作为木薯朱砂叶螨抗性的重要鉴定指标（韦婉羚，2018；韦婉羚 等，2017）。黄堂伟 等比较了 8 个木薯品种苗期长势及叶片生理特性，结果表明，整个生长时期，新选 048 和桂垦 09-26 的综合性状最优，适合大面积、规模化推广种植；辐选 01、桂垦 09-11、华南 124 的综合性状居中；GR891、华南 205 的综合性状一般；南植 199 的综合性状相对较差（黄堂伟 等，2017；黄堂伟 等，2018）。吴庆华 等在福建云霄县开展了 4 个食用型木薯品种对比试验，经综合评定，SC1424 食用性最优（吴庆华，张树河，2018）。周明强 等在贵州望谟县、贞丰县、兴义市 3 个点对 15 个木薯品种开展了品种比较试验，鉴选出新选 048、桂热 3 号、GR911、华南 5 号适宜贵州栽培种植的优良品种（周明强 等，2017）。李罡 等在云南文山南亚热带中高海拔河谷山地生态气候区开展了木薯品种比较试验，结果表明，新选 048、SC205 和 WR121 增产达极显著水平，H873 的增产不显著，其他品种（系）均比对照有不同程度的减产。SC205 和 WR121 增产差异达显著水平且综合性状表现优良，可进行示范种植；新选 048 和 H873 产量较高，但综合性状表现还有不尽如人意的地方，建议继续参加试验（李罡，邓国军，赵大伟，2018）。刘翠娟在广西合浦开展了 3 个鲜食木薯品种比较试验，结果表明，沙田面包木薯具有高产量、高淀粉、含氢氰酸低等优势，作为鲜食木薯品种，值得推广种植（刘翠娟 等，2018）。

4. 繁育技术

木薯种子显示了高度的基因多样性，有性繁殖会导致基因严重分离，因此作为无性繁殖作物，从特定的组织再生植株显得尤为重要。木薯科研工作者也一直在朝着这个方向努力。目前，木薯已经建立的再生体系主要有器官发生途径、体细胞胚发生途径、脆性胚性愈伤（FEC）再生和原生质体再生 4 种。

曾文丹 等研究建立了液体培养诱导木薯试管块根发生技术方法（曾文丹 等，2018）。李天 等研究了石灰种茎处理对木薯萌发和幼苗生长的影响（李天 等，2018）。岑湘涛 等通过建立木薯无性繁殖体系进而利用无菌苗叶片进行愈伤组织诱导及植株再生研究（岑湘涛 等，2018）。文峰 等总结归纳了木薯原生质体在再生过程中的四种重要影响因素，包括分离原生质体的脆性胚性愈伤组织的状态、原生质体提取与纯化的方法、培养原生质体的培养基、胚状体的分化与萌发（文峰，2018）。朱文丽 等研究建立了 SC8 木薯微茎尖离体脱毒培养与病毒检测技术体系（朱文丽 等，2018）。

5. 生理生化

刘子凡 等比较了4种木薯光合—光响应曲线的模型拟合效果，得出修正直角双曲线模型是拟合木薯光合—光响应曲线的最佳模型（刘子凡，魏云霞，黄洁，2018）。张振文 等研究确定了木薯叶花青素最优提取工艺（张振文 等，2018）。张振文研究了温度对木薯叶片叶绿素荧光及 Rubisco 酶的影响，结果表明，温度决定了木薯的叶片荧光效率，且与 Rubisco 活性密切相关（张振文 等，2017）。王琴飞 等研究确定了木薯叶中芦丁、烟花苷、槲皮素和山奈酚的提取和检测方法（王琴飞 等，2018）。董蒙蒙分析在低氮条件下 IAA 对不同氮效率品种木薯生长、N 积累量的影响，探究 IAA 与硝酸盐转运蛋白的表达的关系（董蒙蒙，2018）。王树昌 等研究了干旱胁迫对木薯 SC5 抗性生理指标以及 SC124 体内激素水平的影响，研究表明，SC5 具有较强的干旱适应能力；木薯通过内源激素水平调控下游基因表达来度过干旱期（王树昌 等，2018；王树昌 等，2017）。王定美 等分析不同干燥温度对木薯嫩茎叶黄酮提取率及干燥后其贮存稳定性的影响，进一步提出了基于黄酮利用的木薯茎叶干燥贮存预处理方案（王定美 等，2017）。韦小烨 等建立稀氢氧化钠溶液超声提取鲜木薯中的氰化物，再用流动注射分析仪测定其含量的方法（韦小烨 等，2018）。尚小红 等研究了木薯'新选 048'二倍体及其同源四倍体对干旱胁迫的生理响应（尚小红 等，2018）。蒋翠文 等对盐酸提取－原子荧光光谱法测定微量硒的条件进行了优化，并对富硒木薯中无机硒含量进行了测定（蒋翠文 等，2018）。

6. 栽培技术

栽培技术研究主要集中在间作套种栽培模式、栽培措施、肥效等方面。木薯因生长期长，植株高大，行株距宽，最适宜间作套种，在热带和亚热带地区，木薯可与旱粮作物、经济作物、绿肥作物、热带作物、热带果树和经济林木等间作套种（曾文丹 等，2016）。近期，木薯间作套种栽培模式主要在木薯–大豆、木薯–花生、木薯–凤梨、木薯–西瓜等有新的研究动态。高蕊 等研究了木薯∥大豆间距对间作作物农艺性状及品质的影响，结果表明，D30 的间距间作模式下，木薯和大豆的品质性状具有优势，而 D50 的间距间作模式下，木薯和大豆的产量性状具有优势（高蕊 等，2018）。林洪鑫 等研究分析了施氮和木薯–花生间作对木薯氮磷钾素积累和系统氮磷钾素利用的影响规律，同时还研究了施氮和木薯–花生间作对作物产量和经济效益的影响（林洪鑫 等，2018；林洪鑫 等，2018）。李恒锐 等进行了木薯间作套种凤梨高效立体栽培技术研究，包括种植要求、选种用种、种苗处理、科学种植、田间管理和收获等技术措施（李恒锐 等，2018）。李荣云 等通过不同的间套种方式试验，得出木薯行间套种两行大豆是最佳的大豆套种方式，套种亩产值最高（李荣云 等，2018）。李富山 等研究总结出一套桂垦 09-11 木薯套种西瓜高产高效栽培技术（李富山 等，2018）。

罗兴录研究了木薯连作障碍机理，木薯连作障碍与理化性状恶化、速效氮磷钾含量下降、土壤微生物组成变化、木薯根系分泌有机酸在土壤中积累有密切关系，木薯连作导致土壤理化性状恶化、土壤板结、通透性差、土壤有效养分含量下降、土壤真菌种群减少、木薯根系分泌有机酸在土壤中积累，是木薯连作障碍的主要原因（罗兴录，2018）。周明强 等对 GR3、GR911、SC5 等品种进行贵州省山地木薯高产创建栽培技术研究，分别确定了产量、淀粉含量、综合 3 个目标的品种、种植密度、尿素施用量、钙镁磷肥施用量、硫酸钾施用量 5 因素最优水平参数（周明强 等，2018）。蒋学杰研究总结了木薯在江北高纬度地区山东省莒县的栽培管理技术，包括地块选择、品种、整地施肥、种植、田间管理、病虫害防治、收获等关键技术（蒋学杰，2018）。梁海波 等研究分析了华南四省区木薯施用氮磷钾肥效果，针对现存问题，提出各地区需遵循"大配方，小调整"的施肥原则，并构建木薯推荐施肥网络体系（梁海波 等，2017）。陶林 等研究了土壤调理剂对土壤肥力和木薯产量的影响，结果显示土壤调理剂能提高土壤孔隙度和保水能力，增加土壤有机质、氮、磷、钾含量，从而促进木薯发芽、生长以及对土壤养分的吸收，提高木薯产量（陶林，罗兴录，2018）。郑华 等研究了氮磷钾肥对木薯'桂热 4 号'生物量动态的影响（郑华 等，2018）。苏必孟 等基于主成分分析，对 4 种木薯抗旱栽培措施进行了主成分分析与综合评价，结果表明，不同处理的主成分分析综合得分排序为：2% 石灰水浸种（0.773）＞施用保水剂（0.687）＞种茎蜡封（0.477）＞CK（0.249）（苏必孟 等，2017）。谢向誉 等比较分析了超高产高效栽培、高产高效栽培与常规栽培（CK）3 种栽培模式对木薯生理特性、产量及经济效益的影响，研究得出，通过栽培技术的集成优化可以大幅度提高木薯产量和经济效益（谢向誉 等，2017）。易怀锋 等探究了不同种植种茎长度和节点数对木薯农艺性状的影响，结果表明：木薯种茎的节点数与株高、茎粗、第一分支高度、茎秆叶鲜重、鲜薯重和鲜薯数均无显著相关性，种茎的长度与茎秆叶鲜重和第一分支高度显著相关，增大木薯种茎长度可以提高鲜薯重、茎秆叶鲜重及第一分支高度（易怀锋 等，2018）。崔振德 等针对木薯种植机种茎切断装置设计中存在的问题，进行了有关切秆装置设计的理论研究，分别对外形尺寸、整体结构、切秆刀辊、刀片及护盖等进行了分析与设计（崔振德 等，2017）。

7. 收获、加工、贮藏及综合利用

（1）收获

戚鹏伟研制了一种适合于我国黏性土壤作业，拔起速度可控，融挖掘松土-拔起-抖动分离功能于一体的新型木薯块根收获机（戚鹏伟，2018）。益爱丽 等针对木薯挖掘铲存在的碎土困难、挖掘铲质量大及铲尖磨损严重等问题，基于仿生学原理，设计了一种模仿狗前爪结构的仿生木薯挖掘铲（益爱丽 等，2018）。邓干然 等根据木薯生产机械化农机农艺结合的要求，针对宽窄双行起垄种植模式，对振动链式木薯挖掘收获机进行优化改进（邓干然 等，2018）。李玲 等设计了一种适用于 4 UMS-1800 型双行挖掘式木薯起薯收获机的木薯提升装置，其主要在于将木薯收获机起薯铲起松的木薯提升到土壤表面，代替人工刨土起薯的过程（李玲 等，2018）。王锦涛针对广西大学原拔起式木薯收获机液压系统发热及拔起速度控制精度较低等问题，先对收获机液压系统、电控系统进行了优化设计，后采用 pso 算法，对控制器参数进行了优化研究，结合联合仿真方法，验证电液系统以及控制参数的合理性（王锦涛，2018）。赵亮 等基于 ADAMS 软件对采用 SolidWorks 软件所设计的木薯收获机械茎秆切割装置进行运动仿真，证明所设计切割装置的运动状态与物理样机相符（赵亮 等，2018）。郑贤 等针对挖拔式木薯收获机无法根据木薯块根生长情况和土质情况的变化实现精确控制木薯块根拔起的问题，采用联合仿真技术，以较优块根拔起速度模型为基础，根据拔起力变化，控制木薯收获机拔起速度使其达到减少块根拔断损失率的目标，对木薯块根拔起过程进行模糊 PID 自适应控制，且对模糊 PID 自适应控制算法进行了优化和物理试验验征（郑贤 等，2017）。卢煜海 等运用 UG 对此前设计的一种卧式杠杆木薯拔起装置的机械进行有限元分析，从而验证该装置的可行性（卢煜海 等，2018）。陈炎杰 等对木薯关键形态特征（全株重量、根块俯视投影面积，茎秆截面面积）进行了统计分析，以统计数据和相关公式计算为前提，进行数学建模，得出可靠的木薯块根的最大起拔力（陈炎杰 等，2017）。吕凯英 等针对挖拔式木薯收获机在收获过程中，带有一定倾角的挖掘铲会有朝着深度方向行进的趋势的问题，研究出一套挖掘装置挖深控制系统的试验台，该试验台可满足对挖掘铲的挖深进行合理控制，在不伤薯的情况下，可减小机具的动力消耗（吕凯英，2018；熊佳 等，2019）。郑爽 等研制了一种立轴式木薯茎秆粉碎还田机，与后悬挂于拖拉机的木薯块根挖掘收获机配合，可实现木薯秸秆粉碎还田、木薯块根挖掘收获联合作业（郑爽 等，2018）。

（2）加工

木薯除了直接加工食用外，主要深加工产品有木薯淀粉、木薯酒精及木薯饲料等。

宋颖雪 等以新鲜甜木薯和高筋面粉为主要原料研制新鲜甜木薯面包，得到最佳工艺参数（宋颖雪 等，2017）。樊艳叶 等研究了高温醇碱法处理过程中碱浓度、处理温度、时间以及料液比等条件对木薯淀粉结晶度及晶体结构的影响，研究证明，高温醇碱法可制备可控去结晶化木薯淀粉（樊艳叶 等，2018）。孙锦 等利用微波超声波辅助制备了木薯淀粉纳米颗粒，获得了制备木薯淀粉纳米颗粒的最优条件（孙锦 等，2018）。高凤苑 等成功制备了具有高溶胀性能的木薯淀粉基水凝胶，并得到最佳工艺参数（高凤苑 等，2018）。任欢欢 等优化了超声波辅助复合酶法酶解木薯淀粉的工艺参数（任欢欢 等，2018）。张婷 等研究了木薯酒发酵过程中的有机酸变化及对其品质的影响（张婷 等，2018）。徐思思 等研究得到了酸式聚磷酸铵制备木薯淀粉磷酸酯的最佳工艺条件（徐思思 等，2018）。罗虎 等研究确定木薯生料发酵产燃料乙醇的最佳条件为料水比 1∶2.0，活性干酵母接种量 0.15%（质量分数），发酵温度 32℃，发酵周期 120 小时，尿素添加量 0.20%（质量分数），发酵得到的燃料乙醇的酒精度可达 15.12%（体积分数）（罗虎 等，2018）。冯巧娟 等研究了青贮时间和温度对木薯块根和叶发酵品质及氢氰酸含量的影响（冯巧娟 等，2018）。

三、中国木薯科技瓶颈、发展方向或趋势

1. 瓶颈

我国木薯育种起步较晚，虽然在种质资源收集保存、评价、杂交育种等方面已取得一定进展，但与其他薯芋类作物，如甘薯、马铃薯、山药、芋等相比，木薯种质资源利

用率还比较低，遗传研究进展较慢，尤其是现代分子遗传学研究落后，导致木薯新品种选育进程缓慢，育种效率不高，限制了木薯产业的进一步发展。

2. 发展方向或趋势

（1）主食化

木薯在食品及工业中的应用极具发展潜力，2015 年国家提出马铃薯主食化发展战略，给木薯产业同样指明了一条发展方向。木薯用于食用与马铃薯相比毫不逊色，甚至更胜一筹，具有巨大的发展潜力。

（2）工业化

加强木薯食用化和能源化多元开发，调整加工产业结构，实现产品多元化发展，加快产业转型升级，提高其竞争力，是当前木薯积极应对外部环境变化，重振木薯产业的希望所在。随着能源短缺问题的恶化和对清洁能源需求的旺盛，木薯淀粉发酵的乙醇将会有越来越大的需求。在食品加工领域，使用木薯加工而成的变性淀粉已经开始大量使用，有的超市已经开始售卖木薯薯片，甜品中的芋圆也因添加了木薯粉变得 Q 弹顺滑，西米露主要也是用木薯粉加工的。越来越多的食品加工研究将目光锁定在木薯粉加工而成的面包、蛋糕、饼干、月饼等，而木薯粉中含有膳食纤维，同时去除了木薯本身所含的有毒成分，相信这种"粗粮粉"将越来越受到市场的欢迎（张鹏 等，2018）。

四、中国木薯科技发展需求建议

预计到 2020 年国内市场木薯需求量将增加至现有量的一倍以上，高达 1 400 万吨，市场前景广阔，木薯科技发展需求将主要集中于种质资源、品种选育、栽培管理技术和精深加工等领域。

木薯种质资源考察和收集工作有待进一步加强。目前我国木薯种质资源的搜集面和搜集量还相当有限。一方面需要进一步开展国内资源的搜集，要注重优质、多抗和可育种质资源的搜集、引进，还要加大对濒危的地方品种和野生资源的搜集力度；另一方面还需积极开展国外资源的引进工作。

进一步开展安全、高效、低成本保存技术研究。由于木薯是无性繁殖为主的作物，长期种植易种性退化，因此要重视种质资源的提纯复壮，保持其优良种性。离体保存是木薯种质资源保存的一条有效途径。因此，深入开展低温、超低温离体保存、种源脱毒、有性繁殖等技术的研究，建立安全、高效、低成本的保存技术体系，是木薯种质资源保存技术发展的必然趋势。

建立木薯种质资源的鉴定评价体系，开展优异种质的挖掘利用现保存的木薯资源只进行了初步的鉴定评价，尚需加强农艺性状尤其是品质和抗逆性状的鉴定和评价。将传统技术和分子生物学技术相结合，进行种质的遗传多样性评价，进行核心种质资源研究，对重要基因进行分子标记和功能分析，可以切实推进木薯种质创新和品种选育。

以提高产量、鲜食品质、抗性等为育种目标，开展木薯良种的选育工作。

系统开展木薯的栽培技术体系集成创新等应用研究和营养代谢、抗性机理、基因组学等基础研究，是今后木薯种质资源研究工作的重要方向。

木薯食用化和能源化多元开发。

参考文献

安飞飞，冷青云，李开绵，等.2018.木薯华南8号及其四倍体块根淀粉代谢相关基因表达分析［J］.南方农业学报，49（8）：1484-1489.

岑湘涛，林小静，吴诗敏，等.2018.植物生长调节剂对木薯组织培养再生的影响［J］.湖北农业科学，57（16）：102-104.

陈炎杰，廖宇兰，刘世豪，等.2017.木薯形态及其收获起拔力分析［J］.农机化研究，39（8）：195-198.

丛汉卿，龙娅丽，齐尧尧，等.2016.木薯过氧化物酶基因序列分析及其乙烯和茉莉酸甲酯诱导表达特性［J］.南方农业学报，47（12）：2009-2014.

崔振德，邓干然，李国杰，等.2017.木薯种植机种茎切断装置的设计［J］.农机化研究，39（4）：144-148.

邓干然，黄应强，郑爽，等.2018.振动链式木薯挖掘收获机的改进设计与试验［J］.现代农业装备（3）：35-39.

丁泽红，付莉莉，黄猛，等.2017.木薯MeP5CS1基因的克隆、表达分析及载体构建［J］.江苏农业科学，45（18）：40-43.

丁泽红，付莉莉，颜彦，等.2018a.P5CR基因的进化及其在木薯中的表达分析［J］.生物技术通报，34（3）：105-112.

丁泽红，付莉莉，吴春来，等.2018b.木薯Me TPS1基因克隆、表达及生物信息学分析［J］.江苏农业科学，46（9）：28-33.

丁泽红，付莉莉，吴春来，等.2018c.木薯Me TPS7基因克隆及其在非生物胁迫下的表达分析［J］.分子植物育种，16（7）：2085-2093.

丁泽红，铁韦韦，付莉莉，等.2018d.木薯Me TPP1基因克隆、结构变异及其表达分析［J］.生物技术通报，34（1）：97-103.

董蒙蒙.2018.IAA对不同氮效率品种木薯生长及氮素吸收的影响［D］.南宁：广西大学.

段春芳，李月仙，刘倩，等.2017.32份木薯种质对疫霉根腐病的抗性评价和农艺性状分析［J］.植物保护，43（1）：148-152.

樊艳叶，杨慧，廖安平，等.2018.木薯淀粉的可控去结晶化研究［J］.食品工业科技.

冯巧娟，朱琳，吴安琪，等.2018.青贮时间和温度对木薯块根和叶发酵品质及氢氰酸含量的影响［J］.草业科学，35（5）：1293-1298.

符芳宁.2018.木薯多倍体诱变及后代鉴定研究［D］.南宁：广西大学.

高凤苑，韦东来，张鑫，等.2018.木薯淀粉水凝胶的制备及表征［J/OL］.食品工业科技：1-9.

高蕊，龚颖婷，李沛然，等.2018.木薯//大豆间距对间作作物农艺性状及品质的影响［J］.大豆科学，37（1）：81-86.

黄堂伟，罗兴录，单忠英，等 . 2018. 不同木薯品种生理特性及产量比较研究 ［J］. 江苏农业科学，46（8）：64-69.

黄堂伟，罗兴录，樊吴静，等 . 2017. 不同木薯品种苗期长势及叶片生理特性比较 ［J］. 南方农业学报，48（1）：51-56.

蒋翠文，谢丽萍，李秦，等 . 2018. 响应面优化原子荧光光谱法测定富硒木薯中的 硒含量 ［J］. 化学研究与应用，30（6）：1036-1040.

蒋学杰，何绪开 . 2018. 高纬度地区木薯不同品种比较试验 ［J］. 中国园艺文摘，34（5）：39-40.

蒋学杰 . 2018. 高纬度木薯栽培管理 ［J］. 特种经济动植物，21（5）：32-33.

晋琳，李开绵，秦于玲，等 . 2018. GTP 结构与功能预测及其在木薯膨大期的表达 分析 ［J］. 基因组学与应用生物学，37（6）：2467-2476.

雷宁，李淑霞，彭明 . 2018. 木薯 MeTCP4 转录因子的克隆、表达分析及植物表达 载体的构建 ［J］. 分子植物育种，16（5）：1517-1523.

李富山，黎萍，周飞燕，等 . 2018. 桂垦 09-11 木薯套种西瓜高产高效栽培试验初 报 ［J］. 中国热带农业（4）：38-41.

李罡，邓国军，赵大伟 . 2018. 木薯新品种（系）鉴定试验总结 ［J］. 南方农业，12（18）：186-187.

李恒锐，黎萍，杨海霞，等 . 2018. 广西木薯杂交新品系"桂垦系列"材料选育初 报 ［J］. 农业研究与应用，31（3）：1-5.

李恒锐，陆柳英，何文，等 . 2018. 木薯间作套种凤梨高效立体栽培技术研究 ［J］. 农业研究与应用，31（2）：10-14.

李军 . 2018. 加强木薯食用化和能源化多元开发 重振广西木薯产业 ［J］. 农业研究 与应用，31（1）1-4.

李玲，黄应强，邓干然，等 . 2018. 4 UMS-1800 型木薯起薯收获机提升装置的设计 ［J］. 农机化研究，40（9）：149-153.

李荣云，刘翠娟，廖琦，等 . 2018. 木薯间套种大豆试验产量与效益分析 ［J］. 农 业科技通讯（5）：136-137.

李天，魏云霞，黄洁，等 . 2018. 石灰种茎处理对木薯萌发和幼苗生长的影响 ［J］. 江西农业学报，30（5）：1-6.

李晓莉，贺新桠，肖鑫辉，等 . 2018. 5 个木薯品种染色体核型与聚类分析 ［J］. 热 带作物学报 .

李月仙，刘倩，严炜，等 . 2018. 木薯种质资源在云南的形态多样性及其形态标记 聚类分析 ［J］. 华中农业大学学报，37（3）：10-18.

梁海波，黄洁，肖鑫辉，等 . 2017. 华南四省区木薯施用氮磷钾肥效果分析 ［J］. 中国农业大学学报，22（3）：51-59.

梁晓，卢芙萍，卢辉，等 . 2017. 保护酶 CAT 在木薯种质抗螨中的功能初步研究 ［J］. 热带作物学报，38（2）：343-348.

梁晓，卢芙萍，卢辉，等 . 2017. 保护酶 PPO 在木薯种质抗螨中的功能初步研究

[J].生物技术通报,33 (4):143-148.

梁晓,卢芙萍,卢辉,等.2017.保护酶 SOD 在木薯种质抗螨中的功能初步分析[J].基因组学与应用生物学,36 (5):2055-2060.

林洪鑫,潘晓华,袁展汽,等.2018.施氮和木薯-花生间作对木薯养分积累和系统养分利用的影响[J].中国农业科学,51 (17):3275-3290.

林洪鑫,潘晓华,袁展汽,等.2018.施氮和木薯-花生间作对作物产量和经济效益的影响[J].植物营养与肥料学报,24 (4):947-958.

刘翠娟.2018.鲜食木薯品比试验[J].现代园艺 (10):12-13.

刘子凡,魏云霞,黄洁.2018.木薯光合—光响应曲线的模型拟合比较[J].云南农业大学学报 (自然科学),33 (4):611-616.

卢煜海,叶自旺,成铭,等.2018.基于 UG 对卧式杠杆木薯拔起装置的有限元分析[J].农机化研究,40 (12):43-46.

陆荣生,韩美丽,杨迪,等.2017.木薯抗草甘膦突变株系离体筛选[J].湖北农业科学,56 (1):160-165.

陆小花,尚璐,姚远,等.木薯 MeNINV4 基因在原核细胞中的表达及优化[J].基因组学与应用生物学:1-12.

吕凯英.2018.挖拔式木薯收获机挖深控制系统的研究[D].海口:海南大学.

罗虎,李永恒,孙振江,等.2018.木薯生料发酵生产燃料乙醇的工艺优化[J].生物加工过程,16 (4):80-85.

罗兴录,潘晓璐,朱艳梅.2018.木薯内源 ABA 含量与块根淀粉积累关系研究[J].热带作物学报,39 (3):472-479.

罗兴录.2018.木薯连作障碍机理研究[A].中国农学会耕作制度分会.中国农学会耕作制度分会 2018 年度学术年会论文摘要集[C].中国农学会耕作制度分会:中国农学会耕作制度分会,1.

马思雅,顾进宝,马晓雯,等.2018.木薯 SR 家族基因的克隆和亚细胞定位[J].分子植物育种,16 (9):2768-2777.

农丽丽,何于洁,吴振波,等.2018.木薯 A20/AN1 锌指蛋白基因的克隆及其预测性特征[J].基因组学与应用生物学,37 (8):3445-3452.

戚鹏伟.2018.新型木薯收获机的的设计与试验[D].南宁:广西大学.

任欢欢,杨晓宇,梁晓娟,等.2018.超声波辅助复合酶法酶解木薯淀粉工艺优化[J].食品工业科技,39 (8):106-112,118.

尚璐,姚远,王运林,等.2018.木薯碱性/中性转化酶 MeNINV4 酵母功能互补[J].分子植物育种,16 (4):1073-1078.

尚小红,单忠英,严华兵,等.2018.木薯 '新选 048' 二倍体及其同源四倍体对干旱胁迫的生理响应[J].植物生理学报,54 (6):1064-1072.

尚小红,周慧文,严华兵,等.2018.木薯块根肉质颜色基因 CAPS 标记的开发与验证[J].分子植物育种,16 (3):873-879.

时涛,李超萍,蔡吉苗,等.2017.一个预测的木薯衰老相关基因的获得及其功能分析［J］. 广东农业科学，44（2）：6-11.

宋颖雪，陈善明，谢彩锋，等 . 2017. 新鲜甜木薯面包配方和工艺研究［J］. 粮食与油脂，30（2）：18-21.

苏必孟，刘子凡，黄洁，等 . 2017. 基于主成分分析的木薯抗旱栽培措施的综合评价［J］. 热带作物学报，38（2）：189-193.

孙锦，刘芳，何会泉，等 . 2018. 微波超声波辅助制备木薯淀粉纳米颗粒及其特性表征［J］. 食品工业科技，39（20）：128-134，140.

唐枝娟，朱寿松，于心怡，等 . 2018. 木薯 MeRbohE 基因的克隆及表达分析［J］. 热带生物学报，9（2）：170-175.

陶林，罗兴录 . 2018. 土壤调理剂对土壤肥力和木薯产量的影响［J］. 广东农业科学，45（2）：61-67.

王定美，王伟，李勤奋，等 . 2017. 干燥温度对 2 个品种木薯嫩茎叶黄酮提取率的影响［J］. 农业资源与环境学报，34（1）：86-94.

王锦涛 . 2018. 拔起式木薯收获机电液系统优化［D］. 南宁：广西大学 .

王琴飞，吴秋妃，徐缓，等 . 2018. 木薯叶片中黄酮醇类物质的提取与检测［J］. 西南农业学报，31（8）：1694-1699.

王树昌，于晓玲，阮孟斌，等 . 2017. 干旱胁迫对木薯 SC124 体内激素水平的影响［J］. 热带农业工程，41（Z1）：32-36.

王树昌，于晓玲，阮孟斌，等 . 2018. 干旱胁迫对木薯 SC5 抗性生理指标的影响［J］. 分子植物育种，16（4）：1294-1299.

王硕，刘姣，符少萍，等 . 2018. 木薯 MeCREB 基因的分子克隆及其在原核细胞中的表达和优化［J］. 分子植物育种，16（10）：3168-3173.

韦继川 . 2018. 广西，木薯大省的尴尬与出路［J］. 农家之友（8）：20-21.

韦婉羚，罗兴录，王天亮，等 . 2017. 不同木薯品种对朱砂叶螨抗性分析［J］. 南方农业学报，48（12）：2182-2189.

韦婉羚 . 2018. 不同木薯品种（系）对朱砂叶螨的抗性研究［D］. 南宁：广西大学.

韦小烨，黄一帆，陈桂鸾，等 . 2018. 流动注射法测定鲜木薯中氰化物［J］. 化学分析计量，27（3）：20-23.

文峰 . 2018. 影响木薯原生质体再生植株的因素［J］. 农业研究与应用，31（2）：37-39.

吴庆华，张树河 . 2018. 食用型木薯新品种在云霄薯区的试验与评价［J］. 福建农业科技（4）：4-6.

肖亮，尚小红，单忠英，等 . 2018. 木薯 MeAFP2-like 基因的序列特征及表达分析［J］. 分子植物育种，16（20）：6566-6571.

肖亮，周慧文，谢向誉，等 . 2018. 木薯及其同源四倍体基因组与 DNA 甲基化差异分析［J］. 热带作物学报，39（5）：833-839.

谢向誉，陆柳英，曾文丹，等 . 2017. 31 份木薯种质资源的鉴定评价及遗传多样性

分析 [J]. 南方农业学报, 48 (3): 393-400.

谢向誉, 尚小红, 周慧文, 等. 2018. ^{60}Co-γ 辐射对木薯生长影响及其突变体的 SCoT 分析 [J]. 热带作物学报, 39 (3): 513-519.

谢向誉, 严华兵, 曾文丹, 等. 2017. 不同栽培模式对木薯生理特性、产量和经济效益的影响 [J]. 湖北农业科学, 56 (5): 822-827.

熊佳, 廖宇兰, 吕凯英, 等. 2019. 挖拔式木薯收获机挖深液压控制装置的设计与试验 [J]. 农机化研究, 41 (6): 116-120, 129.

徐思思, 徐保明, 时爽, 等. 2018. 酸式聚磷酸铵制备木薯淀粉磷酸酯的工艺研究 [J]. 湖北工业大学学报, 33 (4): 5-8.

薛晶晶, 陈松笔. 2017. 木薯环指蛋白基因 MeRFP8 克隆及表达 [J]. 福建农林大学学报 (自然科学版), 46 (1): 73-80.

薛晶晶, 陈松笔. 2018. 木薯不同发育期块根基因组 DNA 甲基化变化分析 [J]. 生物技术通报, 34 (5): 117-123.

颜彦, 丁泽红, 铁韦韦, 等. 2018. 木薯 MeSnRK2-1 基因克隆及表达分析 [J]. 分子植物育种, 16 (15): 4839-4844.

颜彦, 铁韦韦, 丁泽红, 等. 2018. 木薯 MeCIPK1 基因克隆及表达分析 [J]. 分子植物育种, 16 (13): 4151-4156.

颜彦, 铁韦韦, 丁泽红, 等. 2018. 木薯 MePYL8 基因克隆及表达分析 [J]. 分子植物育种, 16 (14): 4498-4504.

杨龙, 张冠冬, 宋雁超, 等. 2017. 野生和栽培木薯叶片的营养及饲料价值研究 [J]. 南方农业学报, 48 (2): 238-245.

易怀锋, 熊贤坤, 段春芳, 等. 2018. 木薯种茎长度与节点数对其农艺性状的影响 [J]. 热带农业科学, 38 (5): 20-23, 33.

益爱丽, 廖宇兰, 吕凯英, 等. 2018. 一种木薯收获机仿生挖掘铲的设计方法 [J]. 农机化研究, 40 (10): 63-68.

俞奔驰, 韦丽君, 雷开文, 等. 2018. 基于 SLAF-seq 技术的木薯 SNP 标记开发 [J]. 植物生理学报, 54 (6): 1029-1037.

俞奔驰, 韦丽君, 李军, 等. 2017. 木薯两性花及其种子的形态特征 [J]. 植物学报, 52 (2): 175-178.

袁帅, 李瑞梅, 周杨骄, 等. 2018. 两个木薯种质田间农艺性状及叶片生理指标比较分析 [J]. 分子植物育种, 16 (7): 2316-2321.

曾文丹, 曹升, 周慧文, 等. 2018. 液体培养诱导木薯试管块根发生技术 [J]. 分子植物育种, 16 (15): 5015-5022.

曾文丹, 严华兵, 谢向誉, 等. 2016. 木薯间作套种不同作物栽培模式及经济效益研究概况 [J]. 农学学报, 6 (12): 11-15.

张蓓蓓, 马颖, 耿维, 等. 2018. 4 种能源植物在中国的适应性及液体燃料生产潜力评估 [J]. 太阳能学报, 39 (3): 864-872.

张鹏, 王红霞, 吴晓运, 等. 2018. 常常被忽略的木薯养活了世界七分之一的人口

[J]. 科学大观园（19）：8-11.

张婷，陈小伟，张琪，等. 2018. 木薯酒发酵过程中的有机酸变化及对其品质的影响分析 [J]. 中国酿造，37（5）：86-91.

张振文，林立铭，余厚美，等. 2017. 温度对木薯叶片叶绿素荧光及 Rubisco 酶的影响 [J]. 江西农业学报，29（1）：1-5.

张振文，徐缓，吴秋妃，等. 2018. 木薯叶花青素提取工艺研究 [J]. 热带作物学报，39（3）：570-574.

赵亮，薛忠，王凤花，等. 2018. 基于 ADAMS 的木薯茎秆切割过程虚拟仿真研究 [J]. 中国农机化学报，39（4）：21-24.

郑华，文峰，罗燕春，等. 2018. 氮磷钾肥对木薯'桂热 4 号'生物量动态的影响 [J]. 热带农业科学，38（4）：12-19，23.

郑爽，邓干然，张劲，等. 2018. 立轴式木薯茎秆粉碎还田机的研制与试验 [J]. 现代农业装备（3）：40-44.

郑贤，陈科余，杨望，等. 2017. 木薯收获机块根拔起机构自适应控制算法研究 [J]. 农机化研究，39（4）：12-20.

周明强，班秀文，欧珍贵，等. 2017. 贵州省木薯引种及品比试验 [J]. 湖北农业科学，56（3）：418-421.

周明强，班秀文，杨成龙，等. 2018. 贵州省山地木薯高产创建栽培技术 [J]. 湖北农业科学，57（3）：13-15.

朱文丽，韦卓文，李开绵，等. 2018. 木薯微茎尖离体脱毒与病毒检测技术分析 [J]. 分子植物育种.

第五章　中国香蕉科技发展现状与趋势

一、中国香蕉产业发展现状

香蕉（*Musa nana* Lour.）是世界四大水果之一，在国际鲜果市场上占有很重要的地位。香蕉主要分布在南北纬30°以内的热带和亚热带，其主产区为中美洲、亚洲、南美洲及非洲等地。目前，香蕉已成为中国南亚热带地区最大宗的水果。

1. 香蕉的起源与主栽品种

香蕉起源于亚洲南部，原产地是东南亚和印度等地，包括中国南部，属于芭蕉群（scitamineae）芭蕉科（Musaceae）中的芭蕉（*Musa*）属。芭蕉属又有5个区，其中，食用蕉属真芭蕉（Emusa）区，其花序是向下垂悬的，汁液呈乳汁或水状，也就是人们广义上所说的香蕉。

中国是香蕉原产国之一，国外一些主要栽培品种如矮香牙蕉即原产华南。目前海南、广东、广西、云南等省、自治区都发现有野生蕉分布。目前我国香蕉主要品种有帝王蕉、粉蕉、大蕉、香牙蕉等，其中香芽蕉所占比例达到了90%以上。香芽蕉的主要品种有巴西蕉和威廉斯，还有衍生出来的8816、B6、巴西长秆等品种，占全国种植面积的80%以上，其他种植面积较大的有台蕉一号、漳州天宝蕉等特色品种（黄菁华，2015）。

2. 产业区域布局与产量

我国香蕉主要分布在广东、广西、海南、云南、福建华南5省，四川、贵州南部也有少量栽培（杨培生 等，2003）。根据中国农业农村部《香蕉优势区域布局规划（2007—2015年）》，海南全省、广东的粤西、珠三角、粤东、福建的闽南、广西的桂南、桂西南、云南的滇南是中国香蕉优势区域。结合各香蕉产区的地形地貌、台风影响、地理位置、产业基础、发展潜力等实际情况，中国香蕉产区可分为海南—雷州半岛、粤西—桂南、珠三角—粤东—闽南和桂西南—滇南等4个香蕉优势区域。从各香蕉主产省区来看，广东种植面积和产量居全国第一，但是海南单产水平较高，香蕉品质好，产业化经营水平最高，云南和广西近几年则发展最迅猛。

中国是世界香蕉生产和消费大国，2016年全国香蕉收获面积44万公顷，产量1 356万吨，收获面积和总产量分别位居全球第五位和第二位，面积和产量分别占世界的8%和12%。新中国成立近70年特别是改革开放40年来，中国香蕉生产发生了翻天覆地的变化。改革开放前中国香蕉生产模式为房前屋后的零星种植，大规模产业化生产的很少，国家也未将其纳入计划管理，属于自由购销商品，香蕉产量多年在20万吨上下徘徊，到 1978 年也只有 26.7 万吨（FAO 数据）。

改革开放 40 年来，中国香蕉栽培面积和产量增长很快，特别是在 20 世纪 80 年代，可以说是井喷式发展。例如，1978 年香蕉产量只有 26.7 万吨，到 1988 年就增加到 205.84 万吨，增长了 6.6 倍，年均增长 22.30 万吨，而同期世界香蕉产量年增长率仅为 2.1%。1988—2009 年，中国香蕉生产进入了稳步发展时期，香蕉总产量从 205.84 万吨增加到 821 万吨，基本上每 10 年翻一番，年均增长速度达 7.2%。1988 年，中国香蕉产量居世界第 9 位，1998 年上升到第 7 位，2009 年超过巴西，跃居第 3 位，当年香蕉产量占世界总产量的比重也达到 8.60，仅次于印度和菲律宾。2016 年中国香蕉的总产量达到了 1 359 万吨，占世界总产量的 12%，仅次于印度位居世界第二。

3. 消费市场与主要产销企业

十几二十年前，香蕉还只是在大中城市才能消费的高端产品，现在，香蕉已成为人人都能消费的大众水果，且香蕉市场已经形成低、中、高档次的多层次的消费结构，以此更能满足于不同层次消费者的需求。随着人们的生活水平不断提高，全国香蕉的消费群体还在不断扩大，人均年消费量也在逐年增加。目前中国年人均香蕉消费量为 10 千克，而世界平均水平为 15 千克，在一些发达国家，香蕉人均消费量也远高于中国，如美国年人均消费量为 13.3 千克，欧盟国家为 11.6 千克，日本为 11.2 千克。可见，中国香蕉消费还存在较大的发展潜力。

中国作为世界上第二大香蕉消费市场，一直受到国际香蕉巨头的关注，每年向中国的出口量由 2000 年 60 多万吨的最高峰下降至 2011 年每年 30 多万吨，到目前中国市场上的香蕉基本是国产香蕉。虽然香蕉进口量减少，但是国际香蕉巨头仍然在伺机反攻中国市场。香蕉巨头都乐（Dole）公司已在中国内地九大中心城市组建了现代化的加工催熟与物流配送中心，以新鲜、快速、无缝隙的配送系统，标准化、现代化的经营理念占领香蕉销售的制高点。并直接与沃尔玛（中国）及其他主要大型超市合作，所有产品直接卖给超市或通过分销商进行销售。2008 年，金吉达品牌国际公司进入中国市场。此外，国际香蕉巨头还采取与中国香蕉产业化龙头企业合作或收购股权的方式，控制国产香蕉发展，拓展香蕉市场份额。

4. 中国香蕉种植典型地区

（1）海南省

香蕉是海南的特色优势产业，从 20 世纪 90 年代中后期开始，随着不少工商资本介入海南的香蕉种植，并且通过香蕉优良品种选育、组培苗技术、节水灌溉技术、果实护理技术、香蕉的标准化保鲜包装技术等在海南的大面积推广应用，2009 年以来，海南香蕉产业发展迅猛，海南香蕉在国内市场的占有率达 80%，产量占全省水果的 60% 以上，迅速成为中国香蕉产业化发展的领头羊和风向标。2017 年海南全省种植面积 3.4 万公顷，产量 129.2 万吨，香蕉已成为海南农民收入的重要来源。海南香蕉种植主要分布在琼西南和西北部地区，西南以乐东、东方、昌江等市县为代表，西北以临高、澄迈和海口等市县为代表。海南香蕉生产以反季节蕉为主，即每年集中于 2—6 月上市，这与中国其他香蕉产区形成了错季供应，上市时间岔开，香蕉质量也相对较高。海南香蕉与国外进口香蕉相比，具有较强的竞争力，主要表现在：品质优势、区位优势、有机栽培优势及发展环境优势（夏开勇，2009）。随着土地流转政策的完善、产业优势区域转移步伐的加快及优胜劣汰竞争机制发展，海南香蕉产业的规模化和组织化发展趋势与10年前相比发生了根本性的变化。海南一方面通过土地流转实现规模化，另一方面通过各种组织载体如产业联盟、专业合作社、专业协会、公司等实现横向纵向的一体化组织化。目前，海南以200亩以上规模种植为主。此外，海南香蕉生产社会化服务新模式出现。一些市县成立了蕉园的专业化技术管理团队，面向海南的香蕉企业、种植大户与合作社提供全程的技术、管理和销售服务。蕉园专业技术和经营管理的社会化服务，解决了一家一户办不了、办不好、办了也不合算的难题，开创了香蕉高品质生产和规模化经营的新模式，实现了香蕉枯萎病的大面积有效防控，以及香蕉标准化技术的无缝推广，是新型经营主体和新型经营模式的有益探索。

（2）台湾省

早期，台湾因其香蕉风味独特、深受消费者喜爱，而赢得了"香蕉王国"的美誉。20世纪六七十年代是台湾香蕉产业发展的顶峰时期，栽培面积达到了4万多公顷（60多万亩），年出口量40多万吨，是当时台湾主要的外汇收入来源，为台湾经济腾飞积累了大量的原始资本。90年代以后，因土地、劳动力等因素的制约，香蕉产业开始没落，至2009年，出口量从40多万吨降至2万吨左右，其市场份额大多被菲律宾香蕉所代替。台湾香蕉主要分布在屏东、南投、嘉义、高雄、台南、云林和台东等地区，2015年受台风及寒害影响，台湾香蕉总产量约43万吨，总面积约10万公顷（周维，2017）。虽然台湾香蕉的出口量下降，但是香蕉迄今仍是台湾外销的最大宗生鲜农产品，并逐渐向精致农业方向发展，从量的竞争提升到质的竞争。例如在日本市场，台湾香蕉比菲律宾等地香蕉价格高1～2倍，原因是台湾气候优越，管理精良，所生产的香蕉品质上乘，深受日本传统消费者的喜爱。

（3）福建省

福建省是香蕉产业发展的优势区域之一。香蕉的产品价格、销售渠道和经济效益相对稳定，因而我国种植面积和产量逐年增加。2005—2014年我国香蕉种植面积从276.3公顷增加到392公顷，年产量从2005年的651.8万吨增加到1 179.1万吨。其中福建省香蕉产量稳定在90万吨左右，但种植面积减少了3万公顷（周红玲 等，2017）。

（4）广东省

广东省地处南亚热带，水、肥、气、热条件优越，地缘优势明显，是发展香蕉产业的优势区域，一直以来都是我国最重要的香蕉产区。1985—2009年，按每5年新增种植面积2万公顷、新增产量50万吨的速度平稳增长。2003年以前，广东省种植面积不断增加，2003—2009年，面积稳定在12.58万～12.86万公顷，2009年广东香蕉种植面积12.74万公顷，产量357.88万吨，分别占全国总量的41.9%和47.9%；同时单位面积产量逐年增加，由1985年的10.5吨/公顷增至2009年的28.09吨/公顷，2005—2009年单产均高于全国平均水平，面积和产量均占全国首位（丰锋 等，2012）。

（5）广西壮族自治区

近几年来广西香蕉产业发展迅速，已经成为广西桂西、桂南、桂东南地区农村经济的一大支柱产业，为促进农民增收、扩大城乡居民就业和改善生态环境作出了积极贡献。2000—2009 年，广西香蕉总产基本平稳增长，只有 2002 年、2003 年和 2008 年因上年滞销或灾害减产，其他年份均攀升。2000 年以来，广西香蕉售价基本保持在 1.2 元/千克以上，并且保持了 10 年之久；2009 年广西香蕉面积达到历史最高的 81.9 千公顷，产量达到 173.47 万吨，仅次于海南和广东两省（郑文武 等，2010）。

5. 中国香蕉的产业特点

（1）种植区域不断扩大

香蕉的种植区域由最初的海南、台湾、广东种植，逐渐发展到内地的广西、云南、贵州、四川、福建等地种植，一方面是由于内地少有台风天气，使得香蕉的生长风险降低；另一方面香蕉的栽培技术不断改进，保证了香蕉能在内地亚热带甚至是温带地区的生长。

（2）香蕉种植由原来的零星种植转化为规模化，集约化生产

随着香蕉产区的各级政府积极推进香蕉的集约化生产进程，严格实施《农民专业合作社法》以来，多地涌现了大批香蕉合作社、联合体、产业园区、生产小组、专业协会等多种合作形式。香蕉的集约化生产不仅节省了劳动力成本，还提高了生产效率，保证了产品质量。

（3）香蕉生产及管理技术日趋完善和成熟

中国香蕉的生产基本已经实现品种良种化，工厂化种苗生产，大量的香蕉高产栽培技术得以广泛应用，同时，还实现了香蕉的全年生产（杨培生 等，2003）。

（4）形成了不同层次的营销体系

随着香蕉产业的蓬勃发展，各香蕉主产区均涌现了一批专业的香蕉营销队伍。国内香蕉的龙头企业的市场营销建设布局日趋完善，形成了自己的品牌。

（5）产品竞争力日益增强

今年以来，进口香蕉逐渐不敌国产香蕉，并已逐渐退出市场，尤其在内陆表现更甚。以海南万钟和广西金穗为代表的香蕉产业化龙头企业，生产的香蕉无论是外观还是品质方面，都毫不逊色进口香蕉，逼迫进口香蕉逐渐退出中国市场。

二、国内外香蕉科技发展现状

1. 香蕉育种技术发展现状

过去对香蕉的研究非常有限，香蕉育种工作一直进展缓慢。另外，由于大部分香蕉为多倍体、单性结实、花粉育性低以及无性繁殖后代的特性，使香蕉的育种工作难以顺利进行。随着科学技术的不断进步，逐步对香蕉的研究有了深入的探索，并发展迅速。科研工作者针对香蕉的育种做了大量的工作，主要有杂交育种、基因工程辅助育种、分子标记辅助育种、体细胞杂交育种及突变育种等。

（1）香蕉杂交育种

在香蕉杂交育种上，巴西木薯和水果作物农业研究中心（EMBRAPA-CNPMF）已经得到抗香蕉枯萎病号生理小种、线虫病、香蕉尾孢菌引起的黄斑病、细菌性萎蔫病、象甲和黑叶条纹病的四倍体 AAAB 基因型杂交后代。淀粉类四倍体香蕉，如栽培品种 BITA 03 和 PITA 16，已在乌干达热带农业国际研究所（IITA）遗传改良项目中获得，BITA 03 和 PITA 16 分别被用于葡萄酒和啤酒的生产。在印度香蕉研究中心（BRS）遗传改良计划中，四倍体杂交后代 BRS-01 和杂交后代 BRS-01 表现出对色蕉球腔菌和香蕉褐缘灰斑病菌有一定免疫力。FLHORBAN 920 和 FLHORBAN 918 两个杂交种，是由法国农业研究中心（CIRAD）进行开发获得的，表现出对黑条叶斑病枯萎病和线虫病的抗性。从世纪年代起，早期香蕉育种计划已在田间试验或种植，但至今得到的香蕉杂交品种很有限。对于香蕉的杂交育种，在第一个育种计划启动年后，才发布了第一个杂交栽培品种金手指 AAAB（FHIA-01）。

（2）香蕉基因工程辅助育种

香蕉基因组共有 5 亿～6 亿个碱基对，约为拟南芥的 5 倍。目前的研究主要集中在抗病、品质等相关基因研究上。香蕉基因组测序的完成，为香蕉转基因育种提供了先决条件。对于香蕉转基因育种而言，建立良好的转基因受体系统，并采用适宜的转基因方法，是其遗传转化的一个重要环节。香蕉受体系统以组织培养为基础，主要有原生质受体系统、香蕉器官受体系统、胚状体发生受体系统及丛生芽增殖受体系统等。转化方法主要有基因枪法、电击法、农杆菌介导法、基因枪与农杆菌介导相结合法等，其中农杆菌介导转化是主要的转化手段。

（3）分子标记辅助育种

传统的育种方法主要是依靠形态标记进行选择，香蕉的高度不育和多态性使得育种不但耗费大量的人力和物力，而且需要很长的时间。近年来，随着生物技术的发展，香蕉育种的方式有了很大的变化，各种遗传标记尤其是 DNA 分子标记技术的应用，极大地缩短了育种周期。主要研究的范围有亲缘关系分析及分类研究、目标基因定位和基因连锁图谱的构建、遗传变异分析等。

（4）体细胞杂交育种

体细胞杂交即细胞融合，是获得体细胞杂种的一种新技术，能克服远缘有性杂交的困难，打破物种分类界限，扩大利用种质资源的范围，开创由远缘植物导入抗病性、耐寒性等有用性状的途径。Matsumoto 等应用电击法，将不抗病但具有优良性状的三倍体香蕉品种 Maca（*Musa* sp. AABgroup）和抗病的二倍体野生蕉品种 Lidi（*Musa* sp. AA group）的原生质体融合在一起，希望得到既抗病又具有其他优良性状的新品种。但在杂交过程中也存在一些困难，如技术较烦琐、杂交频率较低等，还有待于原生质体再生植株技术的进一步完善。

（5）突变育种

突变育种是采用自发突变和人工诱变进行种质资源筛选的一种育种方法。台湾香蕉研究所利用组培过程中的自发突变，筛选出抗黄叶病（即巴拿马病）品系。Stover 等也列出 54 种不同的体细胞变异，突变类型包括株型、色泽、子房及果实等，但自发突变育种效率较低，而人工诱变育种解决了这一难题。当前主要采用化学诱导和物理诱导。Drew 的实验表明，由愈伤组织再生的植株变异率达 22%。早期 Simth 等就用 0.5%秋水仙素和 0.2%DMSO 从微繁的二倍体无性系中获得四倍体，得到的 SH-3362 对冷害非常敏感，但对镰刀枯萎病具有一定的抗性。

2. 香蕉栽培技术发展现状

（1）香蕉对环境条件的要求

香蕉生长适温为 24～32℃，最适 27℃，若气候在此范围内的天数越多，抽蕾越早，产量越高。香蕉喜高温，光照充足而不过烈。蕉林过密或光照不足易发生病虫害，致使采收延迟，产量低，蕉果品质差。香蕉性喜湿润，怕干旱忌涝。持水率以 60%～70%为宜，根系浸水 2～3 天，就会被迫进行无养呼吸，而导致烂根甚至减产。以土层深厚（高产土层要求 60～80 厘米深）、肥沃疏松，排水良好，富含有机质冲积壤土或砂质壤土为宜，土壤酸碱度接近中性最佳。

（2）蕉园土地的选择与备耕

选择生态环境良好，远离城镇、工业区、医院等无"三废"（废气、废物和废水）污染，年均温 20℃以上，交通方便、避风向阳背北向南、土质疏松、土壤肥沃、富含有机质、土层深厚、保水保肥力强、土壤酸碱度微酸至中性、排灌方便、地下水位较低的地方建立蕉园。坡园地种蕉须开沟种植，在耕好的地块用开沟犁开沟，沟深约 30 厘米左右；水田种蕉要起畦种植，较好的做法有双畦植法，即每两行香蕉开挖一条排水沟，沟宽约 30～40 厘米。高产香蕉一定要施足基肥，以利蕉苗早生快发，基肥要用有机肥，有机肥可用农家土杂肥、牛粪、鸡粪、豆饼等。香蕉种植多应采用组培苗，因为组培苗苗相整齐，生长期一致，大田种植前要经过炼苗。

（3）蕉园管理

高产蕉园管理目标为：蕉苗成活率高，蕉苗早生快长，蕉园杂草少，香蕉病虫害少，生长平衡，香蕉植后约 5 个月开始抽蕾，开始收获至收获结束不超过 2 个月。蕉园要常巡视，及时查缺补漏，发现有带病植株，及时清除，以免影响整片蕉园。香蕉苗定植一周后及时追肥，追肥后及时灌水。植后约 45 天，要结合松土、施肥、培土和除草，拓宽灌水沟等。

3. 病虫害防治技术发展现状

（1）香蕉枯萎病

香蕉枯萎病是世界香蕉种植区广泛分布且危害极为严重的毁灭性病害。化学防治、生物防治、农业防治及综合防控是目前防治枯萎病的主要手段。

化学防治。化学防治方法中，不同药剂对香蕉枯萎病的防控效果存在很大差异，其中咪鲜胺防治效果最佳，多菌灵和福美双次之。不同施肥方法对香蕉枯萎病抗性也有很大影响，一次性施肥相对于常规性施肥能显著降低香蕉枯萎病的发病率。此外，施用不同形态的氮肥对香蕉抗病性也有影响，与铵态氮相比，硝态氮处理可增加植株抗病相关矿质元素的吸收，诱导香蕉苗木质素形成，使其木质化程度增加，从而维持较高的光合作用，保持较高的抗病水平。

生物防治。目前，香蕉枯萎病的生物防治取得了一定的效果。应用生物有机肥可建立有益菌株改变根际菌群主导微生物群落，从而减少病原体在香蕉根际的定殖。生物有机肥的连续应用可增加土壤中的微生物种类和群落数量，诱导形成稳定可培养的细菌代谢潜力，特别是对碳水化合物、羧酸和酚类化合物的利用，显著减少了疾病发病率和增加作物产量。此外，研究发现外源褪黑激素的应用可以改善香蕉对枯萎病的抗性。Saravanan 等发现，荧光假单胞杆菌对香蕉枯萎病菌有很高的抑制活性，同时它还能激发香蕉的系统抗性，提高香蕉抗病能力。Fishal 等发现从健康油棕根分离的内生细菌 *Pseudomonas* sp.（UPMP3）可以诱导易感病香蕉品种对枯萎病菌的抗性，是一种有发展前景的生防剂。生防菌的发掘并应用于防治香蕉枯萎病符合生态保护的发展趋势，因此在抗病育种比较缓慢的情况下，挖掘和推广防效更好的生防菌并应用于生产实践是未来发展的重要方向。

农业防治。研究发现香蕉与水稻、甘蔗、玉米、水生植物等作物进行轮作，且轮作时间高于 5 年能有效防治香蕉枯萎病。同时，应采取高畦栽培模式，避免出现积水的现象，旨在对病原菌产生阻隔性。此外，还应施入有机肥或石灰氮，及时优化与改善种植区的土壤环境，增施 N、P、K 肥，及时补充 Ca、Mg 等微量元素，其不仅利于病菌的生长，也能促进植物的快速生长。另外在选种时，必须要选择抗病性强、耐病的品种。

综合防治。迄今仍未有抗性表现良好的适宜广泛推广的香蕉品种和特效药剂，因此枯萎病的综合防控尤为重要。中国热科院与国家香蕉产业体系专家联合研究出包括拮抗菌、可以水肥共施的复合微生物菌肥发酵工艺、应用抗病品种和有机肥的一套枯萎病综合防控技术体系，成效显著。有的专家还提出合理的防治方法，因地制宜，综合防控。因此，改变传统单一的防控方法，进行多方面的综合防控，是未来进行香蕉枯萎病防控的一个主要方向。

（2）叶斑病

香蕉叶斑病（*banana sigatoka disease*）是香蕉叶部病害的总称，常见种类有尾孢菌叶斑病、小窦氏霉叶斑病、暗双孢霉叶斑病、弯孢霉叶斑病等。化学防治、生物防治、物理防止及综合防治是目前防治叶斑病的主要手段。

化学防治。Raghuveer 等进行了印度阿鲁纳恰尔邦地区香蕉褐缘灰斑病杀菌剂喷施防治研究。印度的 Tyagi 等进行了 20% 唑菌胺酯 WG 对香蕉褐缘灰斑病等防效评价研究。菲律宾东南大学以 YLI 和 YLS 为评价指标，研究了中草药（OHN），椰子油（VCO）和 OHN-VCO 混合物对菲律宾香蕉叶斑病的防治效果。Shinde，D. L 等以嘧菌酯、戊唑醇、氟硅唑、氢氧化铜和木霉菌剂为供试药剂，进行了香蕉叶斑病新型复方杀菌剂研究，结果表明，嘧菌酯 0.15%+戊唑醇 0.1% 和戊唑醇+木霉菌可有效防治香蕉叶斑病。

生物防治。对于香蕉叶斑病的生物防治，多国进行相关研究，取得大量研究成果。Alvindia 等研究了生物防治剂（木霉菌和解淀粉枯草芽孢杆菌）、植物油（楝叶油、蒜油和辣椒油）和无机盐（碳酸氢钾）等对香蕉褐缘灰斑病和灰纹病的防治效果。Sagratzki 等利用从木霉属中分离出的 29 个种进行香蕉褐缘灰斑病田间防治试验，其中 4

个种具有防治效果，经分子生物学鉴定防治效果最显著的种为深绿木霉（*Trichoderma atroviride*），其防治效果与嘧菌酯相同，是一种良好的香蕉叶斑病生防菌。*Thangavelu, R* 等研究了 *Zimmu*（大蒜×洋葱）提取物对香蕉叶斑病的防治效果，结果表明，Zimmu提取物不仅可以有效防治香蕉叶斑病，还可以提高香蕉绿叶数量和产量。以色列的 Reuveni，M 等研究了一种含有茶树精油的新型有机杀菌剂防治香蕉叶斑病。

物理防治。巴西的 Gasparotto 等研究了高密度种植对香蕉叶斑病的防治效果，结果表明，高密度种植不能有效防治香蕉叶斑病。Khan 等研究了气候因素对孟加拉不同地区香蕉叶斑病的影响及减少环境破坏的防治措施。Chillet、Marc 等为了减少香蕉叶斑病造成的损失，进行了坏死叶片移除处理研究，结果表明，在香蕉叶斑病高发期前1个月切除坏死叶片可以延长香蕉的绿色生长期，减少香蕉早熟数量和香蕉叶斑病对产量的影响。

综合防治。西班牙的 Hincapie 等研究了乳酸和几丁质酶培养细菌种群叶面施用对香蕉叶斑病的防治效果，结果表明，细菌种群数量与香蕉叶斑病为害程度相关性不显著（p>0.05），Ingrid Gutierrez-Roman 等进行了灵杆菌、几丁质酶和灵菌红素对香蕉褐缘灰斑病病原菌的杀菌活性研究，结果表明，混合几丁质酶和灵菌红素的生物防治效果最佳。

（3）香蕉虫害

香蕉虫害主要有根结线虫病、香蕉穿孔线虫、冠网蝽、斜纹夜蛾等。在种植时，应选用无病的香蕉苗，并增施有机肥。选择无病苗时，应选择不存在线虫污染的土壤营养杯，禁止发生幼苗感染线虫病的现象。对于任何营养杯，都要利用杀线虫剂来对土壤进行消毒，还要反复地晒土，等到线虫死亡之后以作备用。此外，还要施入生物菌肥、有机肥或厚孢轮枝菌微粒剂，1亩剂量应为2.0千克，以增强香蕉的抗病性能，及时优化与完善植株根部的微生物群落，从而达到抑制根结线虫生长与发育的目的。

及时消除虫源将受害的叶片予以剪除，并对这些叶片进行集中化烧毁或埋到土壤之中，从而达到隔断与减少虫源的目的。若虫低龄期，主要使用浓度为5.5%的高氯·甲维盐750倍液或4.5%高效氟氯氰菊酯750倍液，实施叶片的轮换式喷雾处理，以达到杀死若虫的目的。及时铲除香蕉园内的杂草，并人工捏死幼虫。

三、中国香蕉科技瓶颈、发展方向或趋势

1. 自然灾害严重，香蕉抗风险能力较弱

目前，我国香蕉产业虽然已基本上形成以广东，广西，云南，福建，海南为主的区域化布局，种植的香蕉占全国的99%，但是广东，海南，福建，台湾等地处沿海边锤、热带北缘，广西地靠内陆，每次的寒害、风害、季节性干旱都给香蕉生产造成很大损失，产业抗风险能力弱，使得产业安全存在较大的隐忧。台风是使香蕉生产受创的主要原因之一，蕉园成片或连片吹倒，给蕉农造成不可估量的损失；香蕉对温度反应敏感，忌低温，整个生育期要求高温多湿，如遭遇寒潮时，有些灾害严重的香蕉园只能砍掉香

蕉苗，目前，防寒的手段较为单一，主要是通过盖地膜、盖天膜、追加肥料、果实和蕉苗套防寒袋等，无形之间增加了农户种植的成本；香蕉生长过程中，对于水分也有着严格的要求，如果水分不足，植物生长发育就会不良，出现早衰，雨水过多，又会对植物根系生长造成不利影响，严重的情况下，出现植物死亡也是很有过多；除此之外，受到枯萎病、黄叶病、根线虫、叶斑病等病虫害的影响，使香蕉的品质降低，外观差异大，从而导致香蕉销量下降。目前市面上并没有很好的根治病虫害方法，只能通过农药、施肥和加强管理来预防。种植香蕉投入大，风险高，易受病虫害和气候影响，这些都一定程度上打击了蕉农种植的积极性，不利于香蕉产业化的发展。

2. 产品深加工能力弱

蕉农由于长期与市场隔绝，且文化程度普遍不高，缺乏市场意识，根本不了解实际的商品化处理，更难说积极实现商品化操作，这就导致实际的生产发展与市场需求之间的不对接，这不利于产业化的健康发展，目前香蕉多以北运鲜销为主，加工产品还没大规模生产，原因多方面，其一是香蕉加工时容易褐变，影响品质，其二是香蕉果实中含有大量果胶，对加工工艺要求很高，而目前我国大部分产区都没有成熟的技术保障。目前，香蕉加工品种很少，主要是香蕉片干，不能对香蕉进行二次加工或者深加工，使得香蕉种植总体经济效益并不高。

3. 物流效率低，销售方式单一

香蕉采后对贮藏条件有较为严苛的要求：最适温度 12.8～26℃，相对湿度 90%～95%，温度过低容易产生冷害，温度过高果实无法正常转黄甚至会引起高温烫伤。因此需要高效率的物流网络保障，而目前香蕉的运输更多的是依靠陆运和水运，这两种运输方式易受到天气和路况的影响，严重的，甚至会延误香蕉的销售，从而贱卖。

目前，香蕉的销售方式常见的有自产自销、批发市场销售和产销一体化销售等。自产自销由于缺乏保鲜、包装处理，附加值不高，加上配送范围有限，因此，能销售的香蕉数量也有限，且经济效益较低。批发市场具有规模性和集中性，能将生产者手中分散的香蕉集中起来再由批发商统一收购，然后运往其他地区异地销售，这种方式的销售范围较大，是香蕉销售的重要方式，在香蕉流通过程中起着重要作用。蕉农与合作社签订相应合同，蕉农按照约定进行香蕉生产，合作社或者龙头企业负责收购和销售，这种方式使蕉农没有后顾之忧，还能对蕉农进行一定的资金投入和技术支持，降低了自然风险和市场风险，品牌效益较好的企业对香蕉进行包装后，使得香蕉附加值提高。一方面，经销商只会在有需求的时候，才会去分散的农户那里去采购，如果没有需求，就不会存在采购行为，这就会使得农户陷入孤立无援的状态；另一方面，蕉农的法律意识比较薄弱，违约率高，对于两者之间信用有一定影响，进而影响香蕉的生产销售。

4. 国际竞争力不强

我国热带地区自然条件与东南亚国家十分相似，资源和出产也大体相同，但与我国香蕉种植区相比，其他国家热带气候条件更典型。且东盟国家的香蕉上市时间早于我国，通过早熟和反季节品种抢占先机的优势也不复存在。与东盟建立自贸区后，香蕉不可避免的受到东南亚国家的激烈竞争和严重威胁。

大部分蕉园的香蕉已引种多年，后备品种少，结构比较单一，品种的趋同性很高，种植香蕉的方法和技术相似，产品成熟期比较集中。加上缺乏完整的质量安全管理、控制体系和标准化方案，导致时常出现香蕉农药、化肥等有害物质残留，果实整齐度差，良莠不齐问题。而其他国家纷纷提高农产品进口的卫生标准，不能提高香蕉的质量，导致国产香蕉在国际竞争中处于劣势，无法突破贸易堡垒提高市场占有率。

另外，国内香蕉深加工技术不成熟，产品单一化，而国外香蕉加工技术较为成熟，产品也较为丰富，如香蕉干、香蕉脆片、香蕉饼、香蕉酒等。如何把品牌更好地推向市场、对产品如何进行包装，将香蕉品牌进一步提高，走出国门，冲出亚洲，更明确的市场定位、价格及带来显著的经济效益提高值得思考（王芳 等，2016）。

5. 生产成本高，技术普及推广不开

在十年前，劳动力成本是每天每人 50 元左右，今天的劳动力成本已经翻了一倍多，虽然说可以借助于机械收割，但是香蕉种植规模较小，反而会增加机械化成本，从而经济效益更低。加上现在农资价格增长过快，种植成本越来越高，但是香蕉的价格增涨幅度并不大，这一方面挫伤了蕉农的积极性，另一方面可能出现不按正常流程操作的行为，使得香蕉的质量受到负面影响。

我国的农业技术人员分布不均，结构不合理，知识结构老化，尤其是基层科技推广队伍不稳定，推广机制不够灵活，技术和相关的服务衔接不当等原因，且蕉农的文化程度普遍不高，对新技术的接受能力较弱，对新品种不了解，况且新技术和新品种的推广需要一定的周期，大多蕉农都持观望的态度，不愿轻易尝试，政府也没有很好的组织专业人员对农户进行指导和培训，使得个别有利于提高香蕉产量、质量的新品种得不到很好的推广，对新技术渴望了解的农户也没有很好的渠道获得相关的信息，错失了提高产量和收入的机会。

四、中国香蕉科技发展需求

1. 大力开展香蕉创新技术培训，提高香蕉产业科技水平

为了增加香蕉种植的技术含量，增强我国香蕉的国际市场竞争力，应积极鼓励香蕉生产经营企业与高等院校、科研院所等相关单位建立协作关系，构建产学研平台，开展科技联合攻关，致力于新品种选育及引种示范、高效栽培关键技术、采收包装、贮运保鲜等方面的研究。职能部门应以大学、科研院所为依托，充分发挥农业技术推广网络作用，加大培训力度，通过专家讲座、集中培训、技术班等形式，对技术骨干、香蕉种植大户、农村经济能人等进行强化技术培训，推广普及香蕉标准化栽培技术、水肥一体化生产技术、病虫害综合防治技术、测土配方施肥技术、节水灌溉技术，提高蕉农生产技术水平，帮助其解决技术难题，突破技术发展瓶颈。同时以国际组织和先进国家的标准为参考，构建并完善香蕉标准化体系，通过广播、电

视、报刊、网络等多种媒体，采取专题报告会、科技讲座、学习培训、现场会等各种形式，大力宣传普及香蕉标准化知识，将标准化技术覆盖到育苗、栽培、采收、加工、包装、运输、贮藏等环节，尽早实施香蕉标准化生产，提高果品质量，增强市场竞争力，提高产品附加值。

2. 加大创新力度，降低香蕉生产成本

香蕉的人工成本和化肥农药分别占总成本约30%和35%，成本上升已成为近年来香蕉成本收益率和产业竞争力下降的主要因素之一。如何降低香蕉的生产成本，增加香蕉的经济效益成为亟待解决的问题。首先，应该突破技术壁垒，加快新技术的研究步伐，如新型的栽培技术和新型肥料等不仅可以节省劳动力成本还可以达到高产的目的。其次，应该提高香蕉产业的机械化应用水平，香蕉生产中的机耕、节水和施肥技术一体化可节省不少劳力。保鲜包装技术，不仅要做到节省劳力，还要做到分级包装和标准化的流水线作业。目前，香蕉的包装不仅耗人力，且主要包装的是统货，没有分级，同国外差距较大。香蕉无损采收及商品化处理机械化，可保证蕉果从采收到包装等环节不落地作业，实现无损采收和商品化处理后，香蕉的外观和质量会得到较大的提高。机械化处理生产线可有效提高生产率，每小时处理香蕉的生产能力可由人工处理0.5吨提高到3吨以上。应用香蕉采收机械化技术，不但可以提高香蕉的商品档次，延长货架期，提高市场竞争力，而且还能显著降低劳动强度、劳动成本及生产费用。

3. 改良香蕉栽培技术，防范香蕉病虫害

要想提高香蕉的产量和质量，理应从栽培技术上突破。在香蕉的生产过程中应进一步地推广高产优质栽培技术，高标准、高要求进行品种选择、建园、种苗培育、定植、水肥管理。大力推行"测土配方""三套技术"（香蕉"割蕾"后，依次套上报纸、蓝色打孔塑料薄膜、编织袋）、"无着地技术"（"手推车+软垫"及"摩托车+软垫"无损伤不着地采运方式，从收割、运输、保鲜、包装等各个环节均"无着地"规范操作）等香蕉标准化生产技术。

此外，香蕉病虫害、台风及冷害是制约香蕉产业发展的主要障碍。选育优质、高抗的新品种是解决这些问题最根本的途径。而目前香蕉的主栽品种均为三倍体（AAA），难以进行常规杂交育种，绝大部分香蕉品种是通过自然变异和人工选择获得，特别是优良变异单株的筛选和诱变育种。引种具有简单易行、立竿见影等特点，深受广大育种工作者青睐。引进的优良品种试种成功后，通过组织培养技术工厂化育苗，能够在短时间内大量扩繁，对促进香蕉良种普及与产业发展作用显著。为丰富香蕉栽培品种，在积极发展原有香蕉品种的同时，应有计划地引进优质（果指长大、耐贮运、风味好）、产量高、抗逆性好（耐寒、耐旱、耐涝、抗风、抗叶斑病等）的外来名优新品种。通过适时留芽、适时种植、科学肥水管理以调节香蕉生育期；运用果实套袋、蕉园深挖沟、遮盖保温材料等措施缓解香蕉寒（冻）害，减少寒害造成的损失。也应创新枯萎病防控模式，可通过技术服务企业搭建的香蕉生产社会化服务平台，为香蕉枯萎病起到有效防控作用（王芳 等，2017）。

4. 加速产业资源整合，推动香蕉产业化、组织化、规模化经营

我国虽然是世界香蕉生产大国，但是我国香蕉产业化程度不高，大部分蕉园集中在农民手上。虽然香蕉产业近年来也迅速发展了一些香蕉专业合作社、协会、种植企业、家庭农场和专业大户，但单个规模和实力仍然有限，比如部分合作社只能提供信息和技术推广，对本地市场都产生不了影响，更谈不上区域市场乃至全国性市场。因此，政府要大力扶持香蕉新型经营主体，使之成为推进供给侧结构性改革、提高香蕉产业竞争力的主导力量。目前，各地区的香蕉生产多是一家一户分散进行，生产规模小，不利于产业化发展，要进一步树立现代化、规模化、集约化、大市场的生产观念。扶持培育一批辐射带动能力强、可以联通国内外市场与基地农户的龙头企业，推动农工贸一条龙，产供销一体化产业链的形成。引导农户、农场职工、小企业主等采用联合、合股、合伙等多种合作形式，通过担保贷款、分散经营、统一管理与销售等手段，创新经营机制，发展规模化生产，解决小农户与大市场之间的矛盾。通过引导香蕉协会、龙头企业的发展，加快香蕉产业化经营步伐，促进生产、加工、销售各个环节有机结合。通过建立优势产业区，并扶植国内大型香蕉种植企业，然后带动周边农户，最后形成大的"公司+农户"型的大企业，将有利于我国香蕉产业规模化、标准化发展。另外，还可以通过培育国内大型香蕉龙头企业、合作社主体，以组织化和规模化发展为路径，以先进适用技术为依托，按照标准化香蕉产业园区的模式，通过统一技术、品牌和市场，整合香蕉产业资源，推动中国香蕉产业化经营，迅速提高中国香蕉的产业化和品牌化经营水平。各主产省区可以选择2～3家产业化龙头企业或有一定规模且比较规范的合作社为载体，借鉴韩国等政府支持大企业、大财团的经验，开展香蕉产业资源整合试点。

5. 完善中国香蕉产业损害预警机制，确保产业安全

完善中国香蕉产业损害预警机制，首先应从法律法规抓起，我国现有关于产业损害方面的法律法规有《对外贸易法》《反倾销条例》《反补贴条例》以及《保障措施条例》等，还包括一些政策性文件，如2005年、2011年颁布的商务部《关于进一步加强产业损害预警工作的指导意见》等。这些法律法规所涉及的仅是基本的产业损害预警，而对于具体操作等细节性问题没有规定，也没有产业损害预警机制的专门立法。这就导致产业损害预警的法律依据不足或无法可依等现象的出现。

其次是完善产业损害预警机制中的预警数据源。我国香蕉产业还没有建立系统的预警机制，只能沿用农业预警机制，而随着我国对外贸易经济的不断发展，我国对外进出口产品的涉及面越来越广，再加上国际经济局势变化速度快，应着手建立各个行业自己的预警机制，自己的产业安全数据库和指标体系，因为各行业都有自身的特点，对于不同产业损害预警建立不同的指标体系更能确保产业监测、预警的准确性。政府、行业协会、企业在损害预警机制应急预案中均占据着重要的地位，但目前我国缺乏三者之间的综合协调机制，不能及时准确地相互配合。针对香蕉产业损害预警机制，就应当联合有关政府、各香蕉产业协会及部分香蕉种植企业，进

行互相沟通与配合，做好对香蕉产业检测数据的检测、及时发布预警信息，使三方信息畅通。

6. 积极参与国际香蕉市场的竞争

目前我国香蕉出口几乎零增长，情况十分不乐观。因此我国应当加大力度拓展海外市场，积极"走出去"以实现出口增长。周边的日本、韩国和俄罗斯市场，应当作为国产香蕉出口的主要目标市场。日本和韩国是全球香蕉的成熟市场，年消费量在150万吨以上，俄罗斯远东地区是香蕉的新兴市场，全年香蕉消费量在50万吨以上。但是近几年日本、韩国市场的进口贸易壁垒设置非常严格，对于无法达到其要求的香蕉企业就需要寻找新的海外市场来拉动我国香蕉的出口。近年来我国也陆陆续续出口一些香蕉到中亚的哈萨克斯坦、塔吉克斯坦，据乌鲁木齐当地出口商了解，哈萨克斯坦人对香蕉的需求量很大，但是很多商人对香蕉运输储藏和催熟技术不是很了解。因此，加强两国香蕉运输储存和催熟技术的交流，不仅可以促进我国香蕉催熟技术的发展，同时也可以进一步开拓中亚、西亚市场。为我国香蕉找到更广阔的销路，从而分散国内市场价格波动的风险。

在当前全球经济一体化不断深化的形势下，立足于全球香蕉市场，积极开拓海外香蕉种植和收购是一条积极有益的探索途径。从世界大型跨国香蕉企业发展历史来看，借助别国的地理资源，走出去，才能不断地发展壮大自己。国际大型香蕉贸易跨国公司dole，金吉达在南美、加勒比海，亚洲等地区都有自己的香蕉园。他们不断地穿梭于世界之间，充分利用他国资源为自己谋求财富。因此，我们也可以积极借鉴相关经验，鼓励我国企业积极走出去，利用别国的地理资源优势，异地生产，异地销售。但是如何正确引导"走出去"力量，让其服务于"走出去"的国家战略，并保障我国香蕉境外投资的安全和利益已经成为重要问题。

7. 完善香蕉质量标准体系，突破国外技术贸易壁垒

据欧洲经济委员会调查，技术壁垒约占非关税壁垒总量的25%，由此产生全球1/4左右的贸易争端。技术壁垒已经成为制约我国出口贸易增长的主要屏障之一。对于我国香蕉的出口，要突破国外技术贸易壁垒瓶颈，必须要完善中国香蕉生产的质量标准体系。政府要加强热带水果生产技术标准和质量标准体系建设，建立健全产前、产中、产后全过程监管体系。加强对相关国际标准和发达国家标准的研究，制定中国香蕉质量、卫生安全标准，并且根据国际市场的需要，不断更新标准，使香蕉品质标准与安全卫生、分级、包装、运输标准相配套，形成与国际标准接轨的香蕉产品质量标准体系，使香蕉的生产、加工、管理和服务实现标准化和程序化，以提升中国香蕉国际竞争力、从而保证出口香蕉顺利进入国际市场，减少损失。同时，促使原来鲜果销售为主的传统市场模式转换为鲜果和加工产品并重的市场模式，大力推进香蕉加工业重点项目建设，大力培育龙头、骨干企业，推动香蕉深加工，以空间换时间，延长销售寿命，实现产销的良好互动，通过企业的牵引和带动，实现产业化升级，削弱产业风险，增强国际竞争力（许文 等，2017）。

参考文献

丰锋，吕庆芳，李映志，等．2012．广东香蕉产业可持续发展的思考［J］．广东农业科学，39（6）：158-159，169．

黄菁华．2015．钦州市香蕉产业化现状及发展对策研究［D］．南宁：广西大学．

王芳，过建春，柯佑鹏，等．2017．2016年我国香蕉产业发展报告及2017年发展趋势［J］．中国热带农业（3）：25-29，21．

夏勇开，过建春．2009．香蕉标准化生产攻克国际贸易绿色壁垒田［J］．中国集体经济（1）：36．

许文．2017．海南香蕉产业面临的主要问题及应对措施［J］．农业科技通讯（10）：34-35，198．

杨培生，陈业渊，黎光华，等．2003．我国香蕉产业现状、问题与前景［J］．果树学报（5）：415-420．

郑文武，尧金燕，彭宏祥，等．2010．广西香蕉产业可持续发展之战略探讨［J］．中国农学通报，26（17）：434-438．

周红玲，郑云云，洪佳敏，等．2017．福建省香蕉产业发展现状及对策［J］．现代农业科技（5）：100-101．

Oliveira Neto, J. O. de Oliveira, E. N. A. de Feitosa, *et al.* 2018. Use of banana peel in the elaboration of candy mariola type［J］. Cientifica（Jaboticabal），46（3）：199-206.

Pourhaji, F. Tabatabaee, F. Mortazavi, S. A. 2018. Mohebbi Mazaheri, M. banana milk production and kinetics of optimum sample transfer mass during hot air drying［J］. Journal of Innovation in Food Science and Technology, 10（1）：37-49.

Silva A. J. P. da Coelho, E. F. Coelho Filho, M. A. Souza, J. L. de. 2018. Water extraction and implications on soil moisture sensor placement in the root zone of banana［J］. Scientia Agricola, 75（2）：95-101.

第六章　中国荔枝科技发展现状与趋势

荔枝（*Litchi chinensis* Sonn.）属无患子科（Sapindaceae）荔枝属，该属仅荔枝和菲律宾荔枝（*Litchi philippinensis* Radik）两个种，后者经济价值极低，仅荔枝一个种作为果树栽培（王家保，2007）。荔枝原产于中国和越南，因对气候条件要求严格，适合生长的地区少，主产区集中在北纬 22°～24°30′ 的国家和地区，包括亚洲的中国大陆、中国台湾地区；印度、越南、缅甸、孟加拉国、柬埔寨、老挝、马来西亚、菲律宾、斯里兰卡、印度尼西亚、日本和以色列；非洲的南非、毛里求斯、马达加斯加、留尼旺、加蓬和刚果；美洲的美国、巴西、巴拿马、古巴、洪都拉斯、波多黎各以及特立尼达和多巴哥；欧洲的西班牙和法国（黄循精，2007）。中国是世界上栽培荔枝最早和产量最多的国家，已有 2 200 多年的栽培历史．主要分布在 18°～31°N，经济栽培区域主要在 19°～24°N 的地带（刘忠，2012），包括广东、广西、福建、海南、云南、四川、贵州、台湾 8 个省区。

我国是荔枝资源的重要来源地之一，在荔枝开花生物学、遗传多样性、功能基因克隆分析、品种鉴定、种质资源收集保存等领域开展了相关研究并取得一定进展。现就以荔枝在以上几个方面的研究进展做一介绍。

一、中国荔枝产业发展现状

目前，荔枝种植面积达 20 万亩以上的国家有中国、印度、越南、泰国和马达加斯加，其中，中国（不含我国台湾）、印度、越南 3 个国家的种植面积和产量分别占世界的 90% 以上和 92% 以上。2017 年，据主产国统计数据估算，世界荔枝种植总面积达 1197 万亩，同比下降 0.25%。其中，中国占世界的 70.14%，印度占 11.53%，越南占 10.45%，泰国占 2.21%，马达加斯加占 1.67%，其他国家占 4.00%；世界荔枝总产量约 375 万吨，其中中国荔枝产量占 63.85%。

据中国农业部发展南亚热带作物办公室统计，2017 年，中国荔枝种植面积为 839.62 万亩，总产量达 239.43 万吨，单产达 321.63 千克/亩，种植面积和产量均居世界第一位。其中，广东是中国荔枝种植面积最大的省份，以 411.30 万亩（农垦 9.84 万亩）、产量高达 131.5 万吨位居首位，单产达 330.15 千克/亩；其次是广西，种植面积为 304.30 万亩，产量 68.12 万吨，单产 255.4 千克/亩；排列第三的是福建省，种植面积为 40.80 万亩，产量为 18.43 万吨，单产 552.0 千克/亩。其他热区省份也有种植面积大小不一的荔枝，如海南 31.13 万亩（总产 15.80 万吨，单产 609.80 千克/亩）、云南 11.57 万亩（总产 2.48 万吨，单产 480.89 千克/亩）、四川 37.10 万亩（总产 1.98 万吨，单产 157.77 千克/亩）、贵州 3.12 万亩（总产 1.02 万吨，单产 408.0 千克/亩）。

中国的荔枝种植主要以规模化的果场和专业合作社为主导方向，小规模农户种植逐渐减少；但果园的栽培管理方式还比较粗放，栽培技术包括合理施肥、适度放梢、合理修剪和病虫方式等还达不到丰产稳产的标准。目前中国荔枝的加工方式以荔枝酒、荔枝果汁、荔枝罐头和荔枝干为主，企业已形成年超过40万吨的加工能力。

二、国内外荔枝科技发展现状

我国是荔枝资源的重要来源地之一，荔枝遗传基础研究、品种资源研究、栽培技术、病虫草害防治、采后处理技术及加工技术与废弃物利用等领域开展了一系列研究并取得一定进展。

1. 荔枝遗传基础研究

（1）开花生物学特性研究
● 染色体

研究表明，荔枝体细胞染色体正常数为二倍体（2n=30），还会出现2n=15～29以及2n=31～60的染色体异常细胞（黄素华，2002）。染色体数目的改变或结构变异有可能造成胚胎的部分败育或完全败育，但吕柳新 等（吕柳新 等，1987）对"兰竹"和"绿荷包"的研究认为，这2个品种的胚胎部分败育或完全败育，并非由于其染色体的数量或结构变异造成的，认为可能是基因突变、多对基因互作及长期人工选择的结果。分离鉴定与胚胎分化发育密切相关的特异蛋白和基因对认识胚胎分化发育的分子本质具有重要意义（陈伟 等，2001）。陈伟 等（2001）利用IEF-SDS-PAGE分析了荔枝胚胎发育过程中蛋白质组分的表达动态，发现大多数蛋白质组分在各发育时期的图谱相似，但不同发育时期存在变化，并发现了前期鱼雷胚、后期鱼雷胚、前期子叶胚6个新出现的特异蛋白，其中4个蛋白与鱼雷胚发育密切相关，2个与子叶胚发育相关。李蕾 等（2008）鉴定出9个与焦核荔枝胚胎发育相关蛋白。

● 花性别分化

在花器的发育过程中，花序原基是最先发生的，再形成数个大小不等的单花原基，其次是萼片原基、雄蕊原基，最后才形成心皮原基（许淑珺 等，2012）。徐是雄（1990）通过对荔枝雌雄花器官发育过程的扫描电镜观察发现荔枝雄蕊的发育较雌蕊稍早些，但王平 等（2010）研究发现雌花和雄花早期发育基本同步，并认为从雌雄蕊消长及雌蕊花柱道和雄蕊花药壁发育状况，可以判别花朵性别歧异的方向。荔枝除了形成正常两性花外，还形成许多单性花，即雄蕊发育不良的雌花和雌蕊发育不良的雄花（徐是雄，1990）。此外，通过对胚珠发育的观察，林晓东 等（1999）提出荔枝不同类型花歧化发育的假设模式，认为胚珠在孢子母细胞时败育，严重萎缩，导致雄花的形成；若胚珠在功能大孢子出现前后败育，则在胚珠形成椭圆的、内含皱折的空腔，决定雄能花的形成；若胚珠能通过2核胚囊期，则建成雌蕊结构完整的雌花。而植株体内营养元素的含量也影响着植株花蕊的形成，研究发现，C/N较大有利于雄蕊分化，反之则有利于雌蕊分化；氨基酸含量较高有利于雌蕊分化，脯氨酸与花粉育性也存在着密切相关性（肖华山 等，2002）。但是，调节荔枝雌、雄花的发育不是某一种激素单独作用的结果，而是各种激素在时间、空间上的相互作用产生的综合效果（肖华山 等，

2013)。此外，对于荔枝的无核情况，研究认为，大孢子发育异常无法完成受精和单性结实是导致荔枝无核的主要原因（李明芳 等，2016）。

● 花粉育性

花粉母细胞在减数分裂过程中，存在着分裂不同步、不均等多种异常情况，刘丽琴等（2015）研究认为，荔枝花粉母细胞在分裂过程中发现的落后染色体、染色体片段、不同步以及不均等分裂等异常现象主要来源于终变期出现的较高频率的单价体，与细线期发现的多核仁现象没有直接关系，异常现象是导致多分体形成的主要原因，可导致花粉败育。异常行为的发生可能与品种、个体或气候因素有关。向旭 等（1994）的研究也表明，雄花开放前的天气状况，特别是花药发育期的旬平均气温明显影响荔枝花粉发芽能力（花粉质量）。激素也影响着花粉的萌发，在25℃条件下，0.4%的尿素对荔枝花粉萌发及生长的促进作用最为显著（符碧，2001）。此外，研究表明钙信号可能调控荔枝的花粉萌发与花粉管生长（李颖颖 等，2010）；B、Zn、Mo 等矿质元素不同浓度对荔枝花粉萌发和生长的作用亦有差异，高浓度时抑制花粉萌发与生长，低浓度则表现出促进作用；生长调节剂 6-BA、Zeatin、GA3、IAA、NAA 对荔枝花粉活力的影响也较明显，但与使用浓度密切相关（向旭 等，2000）。此外，对荔枝花期中花药散粉量和萌发率的影响中，从雄花的铃铛花期至完全开放阶段（花药变褐之前）的花粉散粉量和萌发率最高。

● 花芽分化

荔枝花芽分化一般：末次秋梢老熟（营养生长停止）→成花诱导→花发端（"白点期"）→花序发育→花发育→花穗形成→开花（李建国，2007；Chen HB，2005；Wei YZ，2013）。荔枝花序为多聚伞圆锥花序，其花芽生理分化在北半球一般于 9 月中旬开始，10 月中旬达最高峰；形态分化则于 10 月中旬开始，翌年 3—4 月初开花；形态分化延续时间很长，但从整个过程来说，主要的分化期在 12 月—翌年 3 月；南半球花的形态分化则在 6—9 月（肖华山 等，2002）。花芽分化过程表现明显的阶段性和节奏性，任一阶段条件不满足均可导致花芽分化失败，影响荔枝花芽分化的外因主要包括末端枝梢状态、温度、水分、及内外源激素。梢内碳水化合物积累、内源激素含量影响成花（陈厚彬 等，2014）。多效唑、乙烯利能促进荔枝花芽分化，诱导成花，荔枝抽花穗枝数、侧穗数、成化率都比对照高（陈炫 等，2009）。此外，研究发现不同荔枝品种的光合特性与碳氮物质变化收齐花芽分化的阶段性影响更大，而"白点"期是荔枝碳氮物质变化较为关键的转折点（张红娜 等，2016）。但是与"白点"相比，荔枝花序对低温更敏感（鲁勇 等，2013）。如果在荔枝成花诱导期，经过较低温（15℃/8℃，昼 12小时/夜 12 小时），或者中度低温（18℃/13℃）处理，再转移到高温（28℃/23℃）条件下，植株成花枝率低，而且也减少了每穗花的小花数和雌花质量（周碧燕 等，2010）。

● 采后果实变化研究

荔枝果实采后变化除了有基因控制，果皮中水溶性花青素苷、总酚、类黄酮活性氧等有机物分子含量的变化密切相关。研究发现，采后"乌叶"荔枝果实较不容易发生果皮褐变就与其保持较低的果皮 PPO 和活性而减少果皮花色素苷、总酚和类黄酮含量的下降有关。而"乌叶"果实较长贮藏期也与其具有较强的活性氧清除能力有关（陈艺晖，2014）。

● 其他方面

研究发现低温诱导对荔枝是一个非常重要的手段，其在荔枝成花期间使其幼叶光合能力不足，进而可能影响其成花诱导效果；同时低温诱导也是造成其叶片光合速率下降的主要原因（张红娜 等，2016）。在荔枝萌芽中，荔枝的新梢生长是循环进行而树干生长则持续到冬季，顶端分生组织在休眠与活跃变换中，维管形成层在整个生长期都表现出活跃生长（王丽敏 等，2010）。

（2）遗传多样性研究

● 野生荔枝遗传多样性

野生荔枝因其在园艺学性状、植物学性状、遗传多样性、抗性等方面具有栽培荔枝所不具有的特性，是荔枝品种改良、种质创新的重要基因库。我国对野生荔枝遗传多样性的研究主要集中在对海南、广西、四川及福建等地野生荔枝的表型、等位酶、DNA水平遗传多样性的研究。

傅玲娟 等（1983）对海南霸王岭林区野生荔枝的调查发现，海南野生荔枝的叶片和果实具有丰富的多样性，其中果实多样性尤为突出。刘冰浩（2008）对广西部分野生荔枝果实多样性进行了比较分析。在等位酶多样性分析上，姜东成 等（2009）对海南吊罗山和霸王岭2个国家级自然保护区野生荔枝的等位酶遗传多样性分析表明，2个自然保护区群体的遗传多样性的常用指标非常接近，野生荔枝具有较高的遗传多样性，但遗传变异差异很小，遗传多样性主要存在于居群内；且检测到8个稀有等位基因，2个自然保护区的野生荔枝有各自特有的稀有等位基因。

DNA水平上的遗传多样性主要是运用多种分子标记手段，如SSR、ISSR、RAPD、AFLP等。姚庆荣（2004）利用SSR引物对海南野生荔枝、半野生荔枝及栽培荔枝进行了遗传多样性分析，发现野生荔枝的遗传多样性大于半野生荔枝和栽培荔枝。罗海燕（2007）利用ISSR的分析发现海南野生荔枝个体间遗传多样性并不十分丰富；聚类分析显示，野生种质覆盖了各个类群，半野生种质存在少数几个类群里，而栽培种质全部集中在同一个类群中，表明野生、半野生到栽培荔枝基因型逐渐趋向单一，遗传多样性水平逐渐降低。陈业渊（2012）、邓穗生 等（2006）对海南野生、半野生荔枝遗传考察研究表明，海南荔枝种质资源间遗传基础虽然较宽，但大部分荔枝间亲缘关系较近，且栽培荔枝（半野生荔枝）与野生荔枝明显区分开来；海南野生荔枝的分类带有明显的地理分化特点，且野生荔枝的地理分化大于形态分化，霸王岭野生荔枝被分成不同的类群，说明霸王岭的野生荔枝遗传多样性较其他林区的野生荔枝丰富，是野生荔枝种的核心地区。

刘冰浩（2008）对广西部分野生、半野生及栽培荔枝种质遗传分析表明野生荔枝群体内的遗传多样性低于半野生荔枝群体和栽培荔枝群体。通过构建UPGMA聚类图，广西博白野生荔枝分布于整个类群，野生荔枝与半野生荔枝聚为一类，栽培荔枝单独为一类，表明半野生荔枝遗传物质比栽培荔枝更接近野生荔枝，在荔枝演化发展中处于过渡位置。陆桂锋 等（2017）采用ISSR分子标记技术对24份广西古荔枝种质资源的遗传多样性及亲缘关系分析研究发现，广西古荔枝品种资源间的遗传基础宽，可作为今后荔枝杂交选育的优良种质资源。

刘忠（2012）通过对四川岷江下游荔枝资源的多样性研究表明，岷江下游荔枝古树资源是荔枝育种和生物多样性保护的特殊资源。李焕岑 等（2009）对福州市荔枝古树资源的多样性分析表明，福州市区荔枝古树群体存在一定的遗传变异，初步确定 17个荔枝古树为福州市荔枝古树的核心种质。

● 品种鉴定

利用分子标记技术对荔枝品种鉴定是目前荔枝品种鉴定的一个重要方法。孙清明 等（2013）利用 SNP 分型技术证实御金球为 1 份全新荔枝种质，为今后荔枝种质的鉴别提供了可借鉴手段。并利用 EST-SSR 标记对荔枝两个杂交群体 F1 代实现 100% 真假杂种鉴定。刘伟 等将 SNP 标记鉴定了荔枝 3 个 F1 杂交群体，并利用特异性 EST-SSR 和 SNP 分子标记，证实燎原应是一份与现有荔枝种质资源完全不同的新种质，推测'燎原'是云南本地种质与外来广东栽培品种的杂交后代（刘伟 等，2016）。

夏玲 等（2014）利用优化荔枝 SCoT 反应体系的 4 条引物将 60 株杂交后代鉴定出来，而 SCoT 标记能将 30 株荔枝杂交后代区分开。针对荔枝 EST 序列较少的现状，孙清明 等（2011）构建了一个果皮发育关键期 cDNA 文库，开发了 100 个具有多态性的 EST-SSR 标记，为进一步研究荔枝及其近缘物种的遗传变异打下基础。向旭 等（2010）的研究也表明 EST-SSR 在荔枝品种和种质资源上多态性丰富多样，可作为一种高效分子标记对荔枝种质资源分析。

李明芳（2003）利用 SSR 引物鉴定出"哈蛛红"与"海垦 13 号"是同一个品种。向旭 等（2010）利用自主开发的 30 个 EST-SSR 分子标记鉴别并证明了"红灯笼"是与主栽品种完全不同的新品种，构建了荔枝核心种质。ANUNTALABHOCHAI 等（2000）利用 RAPD 在分析荔枝遗传多样性的基础上发现，品种'O-Hia'和品种'Haak Yip'是同物异名品种。王家保 等（2006）对海南荔枝的 RAPD 分析也发现部分供试品种存在明显的同名异物现象。曾淇 等（2010）研究发现淮枝（广东）与淮枝（海南）两者可能为同名异物品种。DEGANI 等（2003）研究也发现有 7 对荔枝种质属于同一品种，该分析表明可利用 ISSR 对形态学及同工酶分析相似的荔枝种质进行进一步的亲缘关系鉴定。VIRRUEL 等（2004）利用 SSR 标记对 21 份荔枝进行分析，供试材料被分为 2 个主要的类群（远古品种和新近多样性品种）；研究证明了 SSR 标记在对荔枝及其相关种质的相似性鉴定和种质保存中的有效性。昝逢刚 等（2009）利用 SRAP 标记分析了 46 份荔枝多样性，发现引物 me7-em2 能在"海垦 18 号"或"水东"中扩增出 1 条特征谱带，从而将其与其他材料区别开来，说明 SRAP 标记可用于荔枝的品种鉴定。

● 遗传图谱、指纹图谱

构建遗传图谱、指纹图谱是鉴定荔枝的重要基础研究。XIANG 等（2014）利用 242 对 EST-SSR 标记构建了 416 个来自中国不同地区荔枝种质的遗传连锁谱图，获得 8 个连锁群。陈业渊（2012）通过 SSR 和 AFLP 分子标记技术构建了 11 个荔枝主栽品种 SSR 指纹图谱，并赋予每个供试材料唯一条形码，为品种鉴定、新品种审定及品种保护提供了可靠的 DNA 分子证据。赵玉辉 等（2010）构建了"马贵荔"和"焦核三月红"的分子遗传图谱，其中"马贵荔"的遗传图谱为 20 个连锁群，"焦核三月红"的遗传图谱为 19 个连锁群。认为在构建遗传图谱时，若大幅度增加 AFLP 和 SRAP 位点，能提高遗传图谱的密度和均匀度。利用裂解色谱法测定，运用模糊聚类法分析比较不同品种荔枝的指纹图谱，能为进一步开展荔枝品质鉴定提供依据（温靖 等，2011）。

● 蛋白质组学

李开拓（2011）建立了适合荔枝果皮和假种皮中总蛋白质提取的方法和双向电泳体系，通过对果皮、假种皮不同时期的蛋白质进行分离、质谱分析，获得部分差异蛋白的完整肽指纹图谱，成功鉴定部分差异蛋白及其功能。克隆获得了包括果皮 Actin1、UFGT、OEE1、rbcs、Aconitase、ASR、TCTP、14-3-3 等的 cDNA 序列及 VSP 基因的开放阅读框，这有助于了解和掌握荔枝果实着色机理以及果肉品质形成的分子机制，为生产上提高荔枝果实商品价值提供理论指导和有效措施（李开拓，2011）。

（3）功能基因的克隆鉴定

● 荔枝果实相关基因

荔枝果的色泽是果实品质的一个重要方面，即使是风味极佳的品种，也只有表现出典型色泽时才具有较好的吸引力和竞争力。影响荔枝果实色泽的一个重要因素是花色素苷含量。赵志常 等（2012）采用同源克隆、3′RACE 和 5′RACE 技术等方法，从荔枝果皮中克隆获得了花色素苷生化途径中的关键酶基因：花青素合成酶（*Anthocyanidin synthase*，ANS）基因，开放阅读框长度为 1 074 bp，编码 357 个氨基酸；二氢黄酮醇 4-还原酶（dihydroflavonol 4-ruductase，DFR），开发阅读框全长 1 062 bp，编码 352 个氨基酸（赵志常 等，2013）；类黄酮糖基转移酶（UFGT）基因，开发阅读框为 1 410 bp，编码 469 个氨基酸（赵志常 等，2011）。Hu，B. 等克隆获得了与荔枝花青素积累相关的基因 LcGST4，其表达模式与荔枝中的花青素积累密切相关（赖彪，2016）。

荔枝果实采后褐变是影响荔枝贮运的重要因素。在众多褐变因素中，酶促褐变是果皮褐变的主要原因。刘保华（2012）采用接头 PCR 和热不对称交错 PCR 相结合，克隆获得妃子笑荔枝果皮多酚氧化酶（PPO）基因启动子序列，长度为 1 048 bp；克隆获得了荔枝漆酶基因 *LcLac*，全长 1 779 bp，含一个 1 701 bp 的完整开发阅读框，编码含 566 个氨基酸残基的多肽（刘保华 等，2012）。果皮细胞失水也是荔枝采后褐变的主要原因之一。王凌云 等（2013）从妃子笑中克隆获得了 9 个质膜水孔蛋白基因（*LcPIP*）cDNA 全长序列，其中 *LcPIP1-1*、*LcPIP1-2*、*LcPIP1-3*、*LcPIP1-4* 属于 PIP1 亚家族；*LcPIP2-1*、*LcPIP2-2*、*LcPIP2-3*、*LcPIP2-4* 和 *LcPIP2-5* 属于 PIP2 家族。此外，还克隆获得了荔枝果皮的 2 个过氧化物酶基因 *LiPOD1* 和 *LiPOD2*，*LiPOD1* 的 ORF 全长为 1 062 bp，编码 353 个氨基酸；*LiPOD2* 的 ORF 全长为 990 bp，编码 329 个氨基酸（郑雯 等，2011）。1 个 ABA、衰老、成熟诱导基因 LcAsr，全长 1 177 bp，包含 1 个 488 bp 的内含子（张静 等，2013；董凤英 等，2009）。抗坏血酸过氧化物酶（APX）基因，全长 1 118 bp，含有 645 bp 的 ORF，编码 214 个氨基酸（赖建勋 等，2007）。王家保（2007）通过 cDNA 微阵列杂交筛选，获得了一批在采后 0～48 小时不同阶段果皮及不同荔枝组织中差异表达的基因 709 个及组织特异性表达基因，并发现有大量差异表达基因参与了基础代谢、次生代谢、细胞壁代谢、转录因子、激素应答原件等多种代谢途径，认为期指一些基因的表达变化可能在调节荔枝果皮衰老过程中起着重要作用。这些重要功能基因的分离和克隆为更好地了解采后荔枝果实失水的分子机理的研究奠定了基础，同时也为利用基因工程手段对荔枝种质资源改良提供技术保障。

此外，还克隆了与荔枝幼果的脱落密切相关的荔枝 ACC 氧化镁（ACO）基因 Lc-ACO1（吴建阳 等，2013）。全长为 1 231 bp，其中 5′非编码区包含 89 bp，3′非编码区包含 215 bp，开放阅读框包含 927 bp，编码 309 个氨基酸。果实发育的无核荔枝凝集素（LcLec）基因的部分 cDNA 和 gDNA 序列（孙科源 等，2011）、果实生长发育、裂果相关的膨大素基因（Expansin）片段 Lc-Exp1 和 Lc-Exp2（陆旺金 等，2003）、2 个内切-1,4-B-葡聚糖酶基因（EG）全长序列 LcEG1 和 LcEG2（吴富旺 等，2009），以及在果皮和叶片中特异性表达的荔枝快速碱化因子（LcRALF）基因（王家保 等，2009）、荔枝 PPO 基因部分启动子序列（王家保 等，2013）等。王惠聪 等（2016）克隆了 5 个荔枝细胞壁酸性转化酶（CWAI）基因全长，即 LcCWAI#1、LcCWAI#2、LcCWAI#3、LcCWAI#4、LcCWAI#5；通过基因沉默技术证明，沉默所述酸性转化酶基因能够缩小荔枝的种子大小，提高荔枝焦核率。荔枝果实生长发育、果实色泽、果皮褐变、果实失水、裂果、幼果等相关基因的克隆和分析，为研究荔枝果实品质相关基因的表达与环境条件的互作提供了较好的基础。

● 荔枝花调控相关基因

植物 FT 同源基因在成花过程中起关键作用，FT 蛋白已被证明是开花素。丁峰 等（丁峰 等，2011；2012）应用 RT-PCR 方法克隆得到荔枝 FT 同源基因 LcFT1 和 LcFT2、AP1 同源基因 LcAP1、Actin 同源基因 LcActin4 和 LcActin7。定量分析表明，在"三月红"荔枝花芽分化期 LcFT1 和 LcFT2 基因只在叶中表达，并且在成熟叶中表达量最多；而 LcAP1 基因在成熟叶、幼叶、老茎、嫩茎、花芽和花梗中均表达，在花芽中表达最多。LFY 基因处于成花调控网络的关键位置，是开花启动过程的主要调控基因，李宁 等（2013）、DING F 等（2006）从荔枝花芽中分离得到 LEAFY 同源基因（LcLFY）的 cDNA 全长序列。无核荔枝无核果实的形成是由于胚胎败育而引起，已开展与无核荔枝胚胎发育相关的 MADS-box 基因及胚胎败育相关基因的研究。禤维言 等（2006）获得了与无核荔枝花发育相关的基因 LMADS1，并通过农杆菌介导成功的把该基因整合到转化拟南芥的基因组中。肖靖 等（2012）从"糯米糍"荔枝果皮中克隆到了 1 个 1 208 bp 的 MADS-box 基因 LcMADS9。董晨 等基于转录组数据，克隆鉴定获得了 21 个生长素反应因子（ARF）基因，这 21 个 ARF 基因在花穗发育过程中有明显不同的表达规律（董晨 等，2017）。详见表 6-1。

表 6-1　荔枝花相关基因克隆

编号 （Accessing No.）	基因 （Gene）	长度 （ORF length/bp）	氨基酸 （Amino acid）	作者和年份 （Author and year）
JN214349	LcAP1	917	245	丁峰 等，2011
HQ588865	LcActin4	1 613	377	丁峰 等，2012

（续表）

编号 （Accessing No.）	基因 （Gene）	长度 （ORF length/bp）	氨基酸 （Amino acid）	作者和年份 （Author and year）
HQ588866	LcActin7	1 605	316	—
JN214350	LcFT1	931	174	丁峰 等，2011
JN214351	LcFT2	525	17	—
未登记	LcLFY	1 397	390	李宁 等，2013
KF008435	LcLFY	1 167	388	DING F 等，2013
AY705793	LMADS1	623	208	禤维言 等，2006
未登记	LcMADS9	1 208	245	肖靖 等，2012
未登记	LcARFs 家族	—	53～1 117	董晨 等，2017
KT946768	LcGST4	645	214	张红娜 等，2016

● 荔枝胚有关的基因

荔枝古树是荔枝种质资源的重要保护对象，为了更好地保护荔枝古树，挖掘其相关优质功能基因资源，由表 6-2 可知，许珊珊（2012）、练从龙 等（2014）克隆获得了福州荔枝古树花药胚性愈伤组织 SOD 3 类型基因的 11 条 cDNA 全长和 1 条 cDNA 部分序列，包括 LcFe-SOD、LcFe-SOD1、LcFe-SOD5、LcFe-SOD1A、LcFe-SOD1B、LcFe-SOD3、LcFe-SOD4、LcFe-SOD6、LcMn-SOD、LcCu/Zn-SOD1、LcCu/Zn-SOD2、LcFe-SOD7a，其中 LcFe-SOD2 为部分序列。张以顺 等（2004a；2004b）克隆获得与荔枝败育胚的 S-腺苷甲硫氨酸合成酶基因（SAM 合成酶基因），并利用 SSH 克隆获得荔枝败育胚的差异表达基因 cDNA 片段，并获得 3 个阳性克隆，认为 S-腺苷甲硫氨酸合成酶基因和泛素结合酶基因可能与桂味荔枝品种的败育间存在某种关联。刘兴地 等（2013）克隆了无核荔枝生长素反应因子（ARF）和半胱氨酸蛋白酶抑制剂全长基因，及 MYB 基因核苷酸序列。这些基因的获得为研究荔枝种子退化、胚败育的分子机制，基因如何调控，为进一步研究基因的功能奠定基础。

表 6-2　荔枝胚相关基因克隆

编号 （Accessing No.）	基因 （Gene）	长度 （ORF length/bp）	氨基酸 （Amino acid）	作者和年份 （Author and year）
JN671967. 2	LcFe-SOD	1 176	236	许珊珊，2012
JQ771618	LcFe-SOD1	1 205	174	—
JQ861697	LcFe-SOD5	756	159	—
JQ861693	LcFe-SOD1A	525	—	—
JQ861694	LcFe-SOD1B	525	—	—
JQ861695	LcFe-SOD3	525	174	—
JQ861696	LcFe-SOD4	414	137	—

（续表）

编号 （Accessing No.）	基因 （Gene）	长度 （ORF length/bp）	氨基酸 （Amino acid）	作者和年份 （Author and year）
JQ861698	*LcFe-SOD6*	711	236	—
HQ661041	*LcMn-SOD*	665	221	—
JQ771619	*LcCu/Zn-SOD1*	684	223	—
JQ771620	*LcCu/Zn-SOD2*	700	234	—
KC492109	*LcFe-SOD7a*	2 284	250	练从龙 等，2014
KC492110	*LcFe-SOD7b*	928	—	—
未登记	*SAM* 合成酶基因	1 515	393	张以顺 等，2004
未登记	*LcMYB*	1 177	292	刘兴地 等，2013

此外，还克隆获得了荔枝营养贮藏蛋白质 *LcVSP*1 基因的 5' 调控序列（钟廷琼 等，2008）、NBS-LRR 类抗病基因同源序列 RGA（黄代青 等，2002）、可能与荔枝的焦核基因相关的 2 条特异片段（刘成明 等，2002）、编码荔枝乙烯受体的 LcERS1（韩继成，方宣钧，2003）、筛选获得了在叶片特异性表达的基因 LcFKBP16-2 启动子。利用分子标记手段对荔枝成花的鉴定；热科院环植所获得了一种荔枝叶片特异性表达基因 LcFKBP16-2 启动子，该启动子在荔枝叶中表达活性强烈，而在果肉中则低表达。

（4）品种资源收集与保存

张小磊（2010）收集了福建福清市等地 30 份荔枝晚熟种质资源，确立了晚熟荔枝核心种质。刘冰浩 等（2010）编制并分析了广西博白县江宁镇野生荔枝种群的静态生命表和生存分析函数表，发现该种群生长过程中出现了 2 次死亡高峰期，生存现状严峻，亟待加强保护。陈业渊（2012）考察了海南野生、半野生荔枝资源，摸清了海南野生、半野生荔枝生长、分布现状，并绘制了野生、半野生荔枝分布图，收集了 120 余份荔枝种质资源，筛选出优异种质 30 多份。海南省农业科学院热带果树研究所荔枝资源圃收集保存了 60 份海南原生荔枝种质资源，对这批种质成花率、开花量、单果重、果实成熟期、单株产量、果实外观、内在品质等性状进行评价（庄光辉 等，2011）。国家荔枝种质资源圃（广州）内共收集、保存荔枝种质资源 300 余份，其中 96 份为广东省资源（陈业渊，2012）。

2. 荔枝栽培管理技术研究进展

（1）种子的处理

温度对荔枝种质的发芽具有重要的影响作用，研究发现，高温对七月熟荔枝种子活力影响很大，高于 46℃ 催芽抑制种子的发芽率和发芽势，并推断种子催芽耐高温的临界温度为 42℃（付丹文 等，2014）。此外，利用含有沉默表达载体的 LcCWAIs 基因片段转化获得的农杆菌工程菌的菌液浸染荔枝植株，能有效抑制大核荔枝品种种子的发育，提高其焦核率（禤维言，2005）。利用含有沉默表达载体的 LcCIF 基因片段转化获得的农杆菌工程菌的菌液浸染荔枝植株，可促进液态胚乳早期发育，从而提高糯米糍荔枝的坐果率的技术（王惠聪 等，2016）。

（2）花的处理

荔枝花果的发育影响到荔枝最后的荔枝的挂果数量和产量。在荔枝生产管理中，对花的管理对今后荔枝挂果、果实大小等都有重要的影响。物理手段用于花的管理，如疏花不仅能显著减少花量，缩短荔枝开花期，增加其坐果量；留花量最少的重度疏花其花期最短，雌花比例、坐果量及单珠产量都最高（胡福初 等，2017）。在同等气候和地理条件下，2次短截花穗并留7厘米左右穗长有利于改善花穗结构，提高坐果率。在花穗生长中期开始修建花穗，能明显提高单穗挂果数和产量，综合效果最好（陈艳艳 等，2017）。在荔枝花芽生理分化期及之前环剥可明显提高成花，初花期环割和打孔能明显提高坐果。

利用植物生长调节剂对花进行处理同样能提高成果、坐果率。研究发现，在1—2月当妃子笑的花穗形态分化生长到10～15厘米时，用浓度50～100毫克/千克的生长延缓剂烯效唑喷花穗，能抑制妃子笑花穗的过早发育，使花穗变得短壮，花量减少，坐果率提高（李伟才 等，2011）。多肽能提高荔枝单珠花穗数、单果鲜重和单株产量，并且是花期和采收期提前。在合适的时机对荔枝花穗进行喷施药物，使花穗长度一般控制在16厘米以下，花穗较短，易于授粉受精，提高坐果率。在荔枝花蕾期经叶面喷施烯效唑、赤霉素、乙烯利、氯化苯脲和萘乙酸可调控开花动态、坐果量及果实品质性状（胡香英 等，2016）。

人工授粉也是促进荔枝成花率的一种重要手段，按照一定方式进行人工授粉，不仅可以避免套袋程序，避免对荔枝雌花和叶片的伤害，还能极大提高人工授粉效率，缩短杂交育种年限。但花粉的存储条件则会显著影响荔枝授粉的方式及花粉的发芽率。有研究发现调花剂能极大地增加雄花比例，抑制花穗过长生长，避免沤花。此外，研究还发现，利用嫁接技术，将早熟荔枝品种来源的接穗嫁接到晚熟荔枝枝条上，能使晚熟荔枝提早开花，使晚熟荔枝抽花穗的时间与早熟荔枝相当，开花时间提早2～3个月。

（3）树体的处理

在树体管理上，环剥技术、遮阴等能有利于控制荔枝树梢生长，促进成花坐果。如果在树体主干螺旋环剥、环割2处与50%主枝环割2处环割均能增加果穗枝条数与产量，但环割1处反而降低果穗枝条数与株产。对荔枝树体进行间伐回缩修剪能有效提高荔枝叶片光合和蒸腾作用及叶片质量，同时适当的株行距如4米×6米也有利于叶片进行光合和蒸腾（戴宏芬 等，2016）。

套袋也是果树树体管理的一个重要技术手段，不仅能促进果实生长，减少病虫害危害，且能降低果实的落果率，且能够改善荔枝果实外观、提高还原糖、总糖含量、讲题果皮质量与种子质量，提高可食率；但研究发现如果进行整株套袋，除了能提高果实色泽外，对荔枝的株产、单果数、单果质量、果实可溶性糖等产量和风味因子并未产生明显影响。但是如果通过覆盖网和顶部盖片罩住整个荔枝树以隔离异株花粉及传粉虫媒，则不仅能起到防风、防雨、防病虫害的作用，还能显著提高荔枝杂交育种工作效率和杂交成功率。

（4）灌溉

旱冬灌溉、根际交替灌溉等均能提高荔枝的成化率、提高荔枝产量。信息技术在荔枝栽培管理中的应用也取得一定成就，为提高水资源利用率和灌溉智能化管理的需要，谢家兴 等（2015）设计了以无线传感器网络技术为核心的荔枝园节水灌溉控制系统，能够准确监测荔枝园信息采集和控制电磁阀工作，实现和控制荔枝园智能节水灌溉双向通信。

（5）施肥

施肥是促进荔枝树体生长、开花结果的重要手段。栽培中利用外源菌液，从而提高荔枝焦核率及坐果率。配方施肥和营养诊断施肥技术为荔枝不同生育期的按需施肥提供了科学依据。荔枝叶片养分含量周年变化规律及钾氮肥不同施用比例的研究为荔枝生产中的施肥管理、营养调控与增产增效提供理论依据和实践指导。结合氮稳定同位素示踪技术研究不同形态氮肥对荔枝植株氮素吸收粉皮的影响有利于促进荔枝生产中氮肥的合理调控。例如：在三月红荔枝果实膨大期经叶面喷施 P、K 和 Ca 可促进果皮着色；Ca+Mg 和 Ca 处理能改善果皮着色和果肉风味品质，Ca+Mg 处理主要通过对 ABA 代谢的调控进而促进荔枝果皮着色，有助于解决果皮"滞绿问题"（高丹 等，2017）。合理调控钾、氮养分施用比例（K_2O/N），不仅可以提高内外果皮的 Ca/B 比值，还有利于降低内外果皮 K/Ca、Mg/Ca、（Mg+K）/Ca 和 K/B 的比值，对提高果实耐贮性具有重要作用。也有研究发现如果在荔枝第一次理落果后叶面喷施硼钙肥 5 次左右将有利于防控桂味荔枝落果和裂果（钟敏芝 等，2017）。此外，有机肥的使用对于提高荔枝果实产量、品质、风味、减少树体病虫害发生等方面也有较多的研究，如果在荔枝生产中将化肥和有机肥合理配施（姚丽贤 等，2017）。外源激素的增加也能显著提高荔枝产量和品质，如外源激素 5-ALA（氨基乙酰丙酸）能显著促进果实直径和长度，能通过促进采收期果皮中花青素而非叶绿素的积累改善果实色泽。

3. 荔枝病虫草害防治

（1）荔枝虫害防治研究

据统计，荔枝害虫有 90 多种，主要害虫有荔枝蝽、蛀蒂虫、瘦蟥、卷叶蛾类、尺蟥类、介壳虫类等 10 多种。其中荔枝蒂蛀虫（*Conopomorpha sinensis* Bradley）、荔枝蝽（*Tessaratoma papillosa* Drury）是荔枝的主要虫害。

● 荔枝蝽的防治研究

荔枝蝽是荔枝常见虫害，会对荔枝的果实、花穗和嫩梢产生危害，最终会导致十分严重的叶片萎缩和落果现象。如果荔枝蝽象危害十分严重，轻则造成减产，重则导致绝收。对荔枝蝽的为害特点、生活史及历期、发育历期等迁移越冬、聚集性及对光、色的趋向性、趋花果嫩枝性、交尾及产卵习性、卵孵化与若虫习性、抗药性及生化特性，以及空间分布型、种群生命表、自然种群动态及影响因子等各方面都开展详细研究。这有助于的研制和开发荔枝蝽防治药物，实现对荔枝蝽的综合治理及生态调控。

王玉洁（2010）、赵冬香（2006）、莫圣书（2007）、黎荣欣（2013）、刘雨芳 等

（1998）等学者对荔枝蝽的臭腺、雌性生殖系统、触角、卵、成虫、雌成虫排泄物等进行了详细的观察，发现当蝽象受惊扰或侵略时，它们会从背面腹部腺体（DAG）或后胸腺体（MTG）处产生大量具有强烈刺激性气味的化学物质，具有防御捕食者的作用、告警信息素的作用以及性信息素的作用等。对荔枝蝽 *Tessaratoma papillosa*（Drury）臭腺分泌物的乙醚提取物进行研究，发现其对荔枝蝽成虫有显著的驱避作用，这表明荔枝蝽成虫臭腺分泌物对荔枝蝽具有显著的生物活性（王玉洁 等，2009）。荔枝蝽卵在荔枝树上的分布是不均匀的，表现为在植株的东南部其卵密度较高，而西北部卵密度较低；在植株垂直方位上的分布以下层枝梢上卵密度最大，中层次之，上部的卵密度最低（谢钦铭 等，2001）。在对光的反应中，雌雄成虫都对红色（186C）与蓝色（299C）表现出强烈嗜好（王玉洁 等，2011）。

荔枝蝽的防治，从药剂防治到生物防治，一直受到关注。研究发现5%高效氯氟氰菊酯微乳剂和20%呋虫胺可溶粒剂对荔枝蝽蟓若虫的防治效果最好；而轮换使用对荔枝蝽效果较好的拟除虫菊酯类和新烟碱类杀虫剂，可达到对环境和荔枝蝽的可持续治理（徐淑 等，2015）。田间防治荔枝蝽时，每亩的用药量以66.67g 80%敌百虫可溶性粉剂左右为宜。30%敌百虫乳油1 000倍液和5%锐劲特悬浮剂2 000倍液对荔枝蝽象成虫的杀虫效果最好、药效最稳定（徐荣文 等，2013）。生物防治研究发现，浓度为 $8\times10^6 \sim 10\times10^6$ PIB/毫升风热棉铃虫核型多角体病毒（简称 NPV）防治荔枝蒂蛀虫效果达到 77.30%～83.43%；中期、后期各施药1次，可达到最佳防治效果（黄家善 等，2013）。利用天敌对害虫进行防治也目前防治荔枝害虫的一种重要研究内容，王玉洁 等的研究认为广斧螳可能具有作为有效天敌应用于荔枝蝽生物防治的潜力（王玉洁 等，2015）。此外，为了制订和实施荔枝蝽的预测预报方案，刘吉敏 等（2012）研究了荔枝蝽越冬成虫的发生规律及交配节律，发现4—5月为荔枝蝽越冬成虫交配高峰期，荔枝蝽越冬成虫交配出现两次高峰期和低谷期，高峰期分别出现在9：00和13：00，低谷期出现在6：00和19：00；成虫行多次交尾和产卵，交尾持续时间一般为10～11小时，交尾活动昼夜均可进行。

● 荔枝蒂蛀虫的防治

荔枝蒂蛀虫（*Conopomorpha sinensis* Bradley），也叫荔枝细蛾、爻纹细蛾，属于鳞翅目细蛾科是影响荔枝生产及出口的重要害虫。该虫主要以幼虫为害，在营养生长期，幼虫蛀食新梢、新叶至嫩梢干枯，新叶中脉变褐；在开花结果期为害花穗和果实，致使花穗干枯、果实落果和造成"虫粪果"，严重影响产品产量和质量（李小云，2005）。对荔枝蒂蛀虫的为害特点、生活史及历期、发育历期、发生规律及生活习性（李志强 等，2008），湿度对其生长发育的影响（李志强 等，2009）等；雄蛾触角感受器（张辉 等，2013），成虫羽化和交尾规律及性信息素释放节律（张辉 等，2014）、产卵选择机制（董易之 等，2017）；对光、色的趋向性（李志强 等，2009），以及空间分布型、种群生命表、自然种群动态及影响因子（王少山 等，2008）；以及遗传学方面如转录组数据（孟翔 等，2016）各方面都开展详细研究。这有助于的研制和开发荔枝蒂蛀虫防治药物，实现对荔枝蒂蛀虫的综合治理及生态调控。

对荔枝蒂蛀虫的防治，主要有预测预报、物理防治、化学防治和生物防治等几种手段。

在预测预报方面，冼继东 等（2004）用逐日查蛹羽化进度法和虫蛹分级预报法预测荔枝蒂蛀虫的发生期，预测的发生期与实际的发生期相一致。陈加福（2004）认为，荔枝蒂蛀虫的防治适期计算方法为：防治适期（卵始盛期）= 蛹始盛期（16%～20%）+蛹期+成虫产卵前期（多数2d）+卵期，在此基础上应用温控历期实验法得出荔枝蒂蛀虫世代有效积温以及发生世代数和各世代的历期，预测下一代的防治适期。贤振华 等（2000）的研究认为，可以根据荔枝果实的物候期对荔枝蒂蛀虫进行短期的预测预报，如荔枝幼果果皮颜色的变化，以及幼果果核种腔内含物的变化等。邓晓瑶 等（2009）的研究认为可通过气象要素预测荔枝蒂蛀虫的发生，如该虫的为害率会随着冬春季日照的偏少而增加。董易之 等（2015）对荔枝蒂蛀虫幼虫虫龄数及不同温度下各虫态和各龄幼虫的发育历期进行观察研究，发现在20～32℃温度范围内，荔枝蒂蛀虫的卵、各龄幼虫和蛹的发育历期均随温度升高而缩短。温湿度还对荔枝蒂蛀虫在幼虫脱果爬行成茧期、蛹期有强烈影响，研究发现荔枝蒂蛀虫具有"厌湿性"，即养虫环境的湿度越高，蒂蛀虫幼虫和蛹的死亡率就越高，提出了在挂果期持续保持地面潮湿、辅助控制荔枝蒂蛀虫为害的可能性（李志强 等，2009）。

物理防治主要是通过对荔枝园的清理、辐射、光照等方法。辐射处理可以抑制微生物引起的果实腐烂，减少果实害虫的发生，延缓果实的衰老，在荔枝上，75～300Gy 的有效 CO 辐射可成功控制昆士兰果食蝇；250Gy 以上的辐射剂量可使荔枝蒂柱虫幼虫全部死亡，但对果肉质量无明显影响（姚振威 等，1993；侯任昭 等，1993）。如果用 0.25～0.60kGy 的 60Co-射线对荔枝蒂蛀虫的卵和蛹进行辐照处理，卵的孵化率随着辐照剂量的增加而降低（胡美英 等，1997）。对于利用人工光照来物理防治荔枝蒂蛀虫，李志强 等（2009）研究发现荔枝蒂蛀虫并没有"趋光性"，因此利用夜晚人工光照等物理防治方法来建立果园新的生态平衡，辅助控制或减轻荔枝蒂蛀虫为害的可能性并不大。

生物防治主要包括利用荔枝蒂蛀虫的天敌昆虫，包括捕食性、寄生性，以及生物（微生物、植物源）农药的方法对荔枝蒂蛀虫进行防治。在天敌昆虫中，研究发现中华微刺盲蝽（*Campylomma chinensis* Schuh）、中华草蛉 ［*Chrysoperla sinica*（Tjeter）］、捕食螨等是通过直接捕食荔枝蒂蛀虫；而食芽胚赤眼蜂（*Trichogramma embryophagum* Harting）、安荔赤眼蜂（*Trichogramma oleae* Voegele et Pointe）、刻绒茧蜂等是荔枝蒂蛀虫的寄生性天敌（曾赞安 等，2007）；对荔枝蒂蛀虫幼虫或蛹有寄生作用的天敌还有蒂蛀虫绒茧蜂（*Apanteles sp*）、甲腹茧蜂（*Chelonus sp*）、白茧蜂（*Phanerotoma sp*）等寄生蜂（陈燕 等，2014）。荔枝蒂蛀虫防治的微生物农药主要有苏云金芽孢杆菌（*Bacillus thuringiensis*，简称B.t）、绿僵菌 ［*Metarhizium*（*Metsch*）. Sorokin］ 和阿维菌素（Avermectins）等（陈燕 等，2014）。植物源农药主要是从植物提取物中获取能对荔枝蒂蛀虫产生干扰、趋避等作用的物质，如从非洲山毛豆（*Tephrosia vogelli*）、飞机草（*Eupatorium odoratum*）、大叶桉（*Eucalyptusrobusta*）等植物的乙醇提取物对荔枝蒂蛀虫成虫产卵有较好的干扰作用，驱避作用效果在 80%～90%（冼继东 等，2002），还有研究发现芸香科的四季橘和沙田柚提取物、香紫苏油、肉桂油和香茅油对荔枝蒂蛀虫的产卵有驱避作用（杨长龙 等，2007；黎卓维 等，2007）。

化学防治虽然目前在国内仍有大部分地区在使用，但是由于化学物质残留等问题，已逐渐被物理防治和生物防治所代替。而且，化学防治要在成虫的盛发期其防治效果才能达到最佳；或者参照果树的物候期进行防治，例如新梢期和果实膨大期（陈燕 等，2014）。

（2）荔枝采后病害的防治研究

病害和果皮褐变是影响荔枝果实贮藏期及货架寿命的重要因素，而病害会加速荔枝果皮褐变。荔枝果实常见的采后病害有近 10 种，以霜疫霉病、酸腐病、炭疽病、青霉病等最为严重（王继栋 等，2002）。研究发现低温、低 pH 值可减少荔枝霜疫霉菌的生长，热水浸酸处理和低湿度能有效控制荔枝霜疫霉病和青霉病的发生，而果皮干燥后浸酸处理对控制荔枝青霉病的发生更有效。适宜条件的热处理也可控制果实采后病害的发生，降低腐烂率，减轻冷害，延缓果实衰老，维持较好的果实品质。

适当的生物制剂也是抑制荔枝采后病害的主要防治方法之一。陶挺燕 等研究了 6 种拮抗菌对荔枝病原菌荔枝霜疫霉病（*Peronophythtora litchi*）的效果，结果以 *Ba-cillus subtilis* 最佳，*B. subtilis* 培养物及其提取物均抑制荔枝霜疫霉病的发生，但提取物效果更好，可使 5e 包装贮藏物荔枝 30 d 时几乎无病害发生，而对照则有近 1/4 病害（陶挺燕 等，2010）。吴光旭 等用百合科植物开口箭的根茎提取物处理妃子笑、淮枝荔枝，发现开口箭正丁醇萃取物和乙酸乙酯萃取物对荔枝霜疫霉菌菌丝生长起显著抑制作用（吴光旭 等，2006）。华南农业大学获得的一株荔枝内生株枯草芽孢杆菌——枯草芽孢杆菌 NMB-8，对荔枝霜疫霉病菌也具有强烈的抑制作用，具有优异的防治荔枝霜疫霉病的生防作用（姜子德 等，2011）。在双氢青蒿素、厚朴酚、辣椒碱、青蒿琥酯、蛇床子素以及蒿甲醚等 6 种植物提取物均发现有防治荔枝霜疫霉的提取物，其中以厚朴酚最佳（汪静 等，2016）。其他的如 QoI 类杀菌剂烯肟菌酯、烯肟菌胺、SYP-2815 和苯醚菌酯 4 种药剂对荔枝霜疫霉病菌菌丝扩展及孢子囊产生量均表现出一定的抑制作用（周俞辛 等，2016）。研究还发现，如果用超声波提取法获得的植物粗提物，将更有利于对植物中抑制荔枝霜疫霉活性物质的提取（曾令达 等，2016）。ClO_2 和 NO 处理也能有效抑制荔枝采后病害的发生（郭芹 等，2013）。

（3）荔枝病虫害的检测方法

利用生物技术的方法对荔枝病虫害的快速检测是病虫害早期检测和及时防控的重要方法。对荔枝重要病害荔枝霜疫霉病的检测，李本金 等以荔枝霜疫霉三磷酸鸟苷（GTP）结合蛋白基因为靶序列，设计特异性引物，建立的环介导等温扩增（LAMP）检测方法明显提高检测效率，且程序便捷，所需设备简单和肉眼能判断结果的优势，适合基层部门及田间荔枝霜疫霉快速检测（李本金 等，2016）。李亭潞 等针对荔枝霜疫霉 *Peronophythora litchii* 的 M90 基因和荔枝炭疽病菌 *Colletotrichum gloeosporioides* 的 GS 基因序列设计了 4 条特异性引物，并对反应扩增体系及其反应组分进行了一系列的比较和条件优化，建立了该两种病原真菌的 LAMP 快速检测方法，有望用于田间对两种病害的早期检测，为制定科学合理的防治措施提供可靠依据（李亭潞 等，2015）。

4. 荔枝采后理化性质及保鲜贮藏研究

（1）荔枝采后理化性质研究

影响采后荔枝果实品质和货架期的重要因素果实褐变一直是研究的重点，采后荔枝果实体内 PPO 活性、果皮花色素苷、总酚、类黄酮等物质的含量变化，活性氧清除能力，以及茶多酚、苹果多酚 App 等均与果实褐变有关（董新玲，2015）。研究还发现土壤酸碱度及土壤和树体的缺素也是荔枝果皮褐腐病发生的可能诱因（罗剑斌　等，2014）。

（2）荔枝果实的采收

恰当的采收方式不仅可保证荔枝果实良好品质，延长果实采后贮藏保鲜期，且能减少对果树造成伤害。目前，研究多集中在荔枝的机械采摘方式上，采摘机器人的运用能有效减少荔枝果实和树体的损伤。研究发现采用基于 Retinex 图像增强的不同光照条件下的成熟荔枝识别，其识别的正确率达到 90.9%（熊俊涛　等，2013）。或者通过对荔枝图像的各色彩模型的分量图的分析，利用荔枝图像识别的融合方法，能 86.67% 的识别结果母枝（郭艾侠　等，2013）。叶敏　等建立了扰动条件下的荔枝母枝夹持模型，所设计的夹指结构能适合不同直径母枝的稳定夹持，对母枝损失小，且在野外环境下使用 15N 夹持力采摘荔枝果串，成功率为 100%（叶敏　等，2015）。还有研究通过对荔枝图像颜色特征的分析，将荔枝彩色图像转化到 HSV（hue saturation value）色彩空间中，分割 H 分量图，识别出荔枝果实（毛亮　等，2011）。这些研究结果都为水果采摘机器人的室外作业的实时性和有效性提供指导。此外，一些保障果树不受损伤且能提高采收效率降低成本的采收机械也被运用，如高空荔枝采摘装置、滚筒梳剪式荔枝采摘试验装置等采摘机械装置，有效增加荔枝采摘效率，尽最大可能保持荔枝的营养成分和风味物质。

利用计算机、网络等信息技术研发智能荔枝采摘系统、智能灌溉远程监控系统等一直是荔枝机械化、智能化的重要内容之一；此外，通过对树体、树冠的信息精确采集，为荔枝生产管理智能化提供基础信息；基于农业物联网的荔枝园信息获取与职能灌溉专家决策系统，实现了荔枝园的环境信息获取与职能灌溉，能更好地指导用户管理荔枝园。

（3）荔枝的保鲜贮藏

荔枝成熟的季节为高温多雨的夏季，加上荔枝特殊的果实结构，采摘前后都极易受病原菌侵入，且采后生理代谢旺盛，因此采后极易变质，极不耐贮运，据统计，每年荔枝因保存不当损失达 20% 以上（车文成　等，2012）。常温下，荔枝采用一般 2～3 天果皮开始失水变色，继而外观和品质均受到严重影响（周秋艳　等，2017）。

荔枝的保鲜，关键在于采后处理技术和贮藏温度，必须根据实际状况选择合适的处理技术，将贮藏温度控制在适当范围内，从而让荔枝得以完好保存。目前常用的保鲜方法多为低温贮藏以及在低温的基础上配合气调保鲜、化学保鲜、涂膜保鲜等技术方法。

● 低温保鲜

低温可降低各种生理活动的反应速度，同时也抑制了微生物的生长繁殖，使荔枝成熟和腐败的速度变慢，更长时间地保持荔枝的原有风味和性状，延长荔枝果实的贮藏期。目前，荔枝运输过程中普遍采用泡沫箱加冰的方法，也是这个原理（李华彬　等，2017）。研究表明，在 3℃（相对湿度为 90%～95%）的低温条件下，荔枝保鲜期可达 30 天，且外观鲜艳，品质良好（何文锦　等，2003）。低温驯化结合冰温储藏也有利于荔枝 GABA 的富集及品质的保持（周沫霖 等）。在贮藏温度上，研究表明（5±1）℃包装的低温贮藏，减少果肉营养成分的变化，延缓果实采后生理代谢变化；而25℃包装和敞开放置室内，则加速果实衰老（黄婉莉 等，2016）。研究发现，如果将荔枝先在-30～-23℃速冻，然后在-18℃以下贮藏，相对湿度为90%，贮藏保鲜期可达 1 年以上，但一旦解冻后，果壳更容易褐变，失去原有色泽、风味也差，裂果率高，甚至出现"锈水"现象；为了降低裂果率，可在冻结前把果实0℃预冷再冻结（许道钊 等，2007）。

● 气调保鲜

气调保鲜主要是通过调节贮藏环境中 O_2、CO_2 等的气体浓度，抑制果实的呼吸作用，降低酶活性，从而延长果实贮藏期的一种保鲜技术。气调保鲜的关键控制好气体参数，准确的参数在很大程度上决定着保鲜效果的成败（李华彬 等，2017）。高氧气调包装、25%的 SBS（热塑性丁苯橡胶）改性薄膜加二氧化硫杀菌垫片组也能够延缓带叶荔枝的褐变，减少荔枝表面微生物侵害。荔枝气调保鲜条件为：温度 3～6℃，3%～6% O_2，4%～7% CO_2，保鲜期可达 30 天（刘世彪 等，2002）。吕恩利 等（2016）研究发现在气调保鲜运输中孔袋包装的保鲜效果；而微孔膜袋包装内外环境差异较小，这些对荔枝果实气调保鲜贮运包装的选择和设计具有一定的参考价值。高氧环境有利于抑制荔枝果皮褐变、维持细胞膜的完整性（段学武 等，2004）；CO_2 浓度不能过高，否则会引起 CO_2 中毒；浓度超过 10%时，果实褐变，产生酒味品质变差。液浸速冻技术为新型鲜荔枝贮藏技术，与传统气导冷冻技术相比，液浸速冻裂果少、褐变轻、无汁液流失，实现了冻藏品质的飞跃，并逐步被业界认可（梁东武，2012）。

● 化学保鲜

化学药剂保鲜技术，具有经济、简便等特点，是应用最广泛的方法之一，但一般需要与其他保鲜方法配合使用。然而，化学药剂往往存在药物残留等问题，为了解决这一问题，研究人员致力于开发更加安全高效的无公害药剂。如从各种植物中获得的提取物对荔枝进行处理。吴光旭 等（2006）发现从开口箭根茎的甲醇提取物对于防止荔枝贮藏期病害发生和延缓品质劣变具有良好的效果；或者利用各类菌来辅以荔枝保鲜，如以多黏类芽孢杆菌并辅纳他霉素、乳酸钠（徐匆 等，2016）；利用羧甲基-壳聚糖、乳酸链球菌素、茶多酚等复活保鲜荔枝，也能有效延长荔枝果实常温贮藏时间（吴振先 等，2001）；用抗坏血酸（AsA）和柠檬酸处理荔枝果实后，在常温和低温下贮藏都提高了荔枝果实的保鲜效果（莫亿伟 等，2010）。

● 涂膜保鲜技术

涂膜是选择纯天然、无毒无害的大分子糖蛋白类、脂类物质等作为被膜剂，采用浸渍涂抹、喷洒等方式涂敷于果实表面，形成一层薄薄的透明被膜。这种方法可以增强果实表皮的防护作用，适当覆盖表皮开孔，抑制呼吸作用，减少营养损耗；抑制水分蒸发，防止皱缩萎蔫；抑制微生物侵入，防止腐败变质（疏秀林 等，2012）。研究表明，6 克/升 γ-聚谷氨酸涂膜处理能够显著降低果实的二氧化碳释放率和乙烯释放率，防止水分散失，推迟花色素苷的降解，降低多酚氧化酶、过氧化物酶的活性变化，常温下能够有效延长荔枝保鲜期 4 天左右（疏秀林 等，2012）。普鲁兰多糖制备的涂膜液（刘鑫，2015）、长角豆胶复合涂膜保鲜剂（杨永利 等，2009）、壳聚糖（杨胜平 等，2013）、海藻寡糖、魔芋葡甘聚糖（谢建华 等，2003）等各种大分子糖被研究并利用与荔枝的保鲜剂。此外，研究人员还发现，如果将涂膜如经果蜡涂膜与0.1%特克多、7.0%柠檬酸复合处理荔枝，发现荔枝在3℃条件下贮藏20天后其腐烂率仅3.84%，果皮褐变指数1.70，可溶性固形物含量18.04%，能有效提高低温贮藏过程中荔枝的好果率（张姣姣 等，2015）。

● 臭氧保鲜

臭氧能抑制呼吸作用，杀灭微生物，消除果实贮藏期间产生的乙烯、乙醇、乙醛等物质。臭氧保鲜技术是一种新兴的技术，可对荔枝上的微生物起到抑制作用，延缓荔枝营养物质的分解，减少毒素分泌。李杰 等（2004）研究表明，采摘后的荔枝用一定浓度臭氧水处理，可对荔枝的颜色有较好的保护效果，能有效防止荔枝褐变的发生。

● 采前处理延迟采后保鲜

研究发现通过在荔枝采前喷施防裂保鲜剂能提高荔枝的抗裂果性、抗冷性、抗病性、和耐贮性，从而延长保鲜期。研究发现利用荔枝采前防裂保鲜剂能显著提高荔枝的抗裂果性、抗冷性、抗病性、耐贮性，延长保鲜期，经处理后的果实在常温条件下可贮藏8天以上，低温下可贮藏30天以上，裂果率降低，仅为对照的50%左右（高海燕 等，2013）。此外，研究还发现，如果对荔枝果柄进行鲜插处理，能抑制果皮 a* 值下降，延缓果皮褐变及厚度降低，较好地维持果皮含水率，有助于荔枝的贮藏保鲜（李亚慧 等，2016）。

（4）采后果实检测

利用仿生检测手段对荔枝成熟阶段进行准确的监测，能为果园的管理提供更科学的指导，研究表明利用电子鼻技术进行果园荔枝成熟检测不失为一种可行的方法，电子鼻技术有望替代理化指标识别法在水果品质信息检测（徐赛 等，2015）。采后荔枝果肉内含物的检测有利于更进一步理解荔枝风味的变化，项雷文 等（2015）建立的高效液相色谱-二极管阵列检测器结合基于交替三线性分解算法的二阶校正方法，可用于检测荔枝果肉中游离植物甾醇。在荔枝农药残留检测方面，杨群华 等（2015）研究发现液相色谱要串联质谱法（LC/MS/MS）对荔枝中萘乙酸农药残留进行检测的准确性可靠、重现性好，且操作简便快捷。

5. 加工技术与废弃物利用

（1）荔枝加工技术研究

荔枝加工产品主要有荔枝干、荔枝罐头、荔枝酒、荔枝汁、荔枝果醋等，目前的研究主要集中在荔枝干、荔枝汁等荔枝产品的制作，如何保持加工产品的天然营养成分，保持产品的品质。在荔枝汁的加工上，超高压处理是一种很有前景的荔枝非热加工技术，研究发现超高压处理对于荔枝果汁有很好的杀菌效果，能一定程度地钝化酶的活性，同时能较好地保持荔枝果汁中的天然营养成分（徐玉娟 等，2014）。荔枝干果的加工方法有热风干燥、微波干燥 等，罗树灿 等（2006）发现将荔枝鲜果经预处理后，用

70℃的热风干燥至50%的水分含量，再以240克/千瓦的微波处理量进行干燥，所得荔枝干果品质最佳。此外，在荔枝加工过程中有机酸、香气化合物、果肉中可溶性蛋白质和过氧化物酶、果胶甲基酯酶等的变化也是目前研究的热点。

（2）荔枝废弃物利用研究

在荔枝废弃物利用研究方面，研究发现可以利用荔枝枝屑作为培养鲍鱼菇、茶薪菇的基础物料；利用荔枝壳核发酵饲料；利用荔枝核制备天然染料；利用荔枝叶的化感作用作为天然除草剂；等等。同时，从荔枝果肉、荔枝核、荔枝皮等中提取活性物质包括荔枝多糖、原花青素、黄酮类化合物等在医学上的应用也是荔枝废弃物利用的一个研究热点。

在废弃物利用研究方面，研究发现利用粘红酵母对荔枝渣发酵制备微生物油脂达到了废物利用和能源开发的双重目的，具有广阔应用前景。而以石油醚为溶剂利用索氏提取法提取荔枝果肉、果核、果皮的油脂，可为果壳、果核的开发利用提供重要参数。此外，Yang Deng-Jye 等还发现荔枝花对炎症介质脂多糖具有显著抑制效果。

三、中国荔枝科技瓶颈、发展方向或趋势

作为荔枝的主产国和起源地之一，我国拥有丰富的荔枝种质资源，虽然目前在荔枝的遗传育种、品种资源、栽培技术、采后储藏保鲜等方面已取得一定的成就，包括选育出了一批适合我国栽培的荔枝新品种，对荔枝病虫害防治研究取得了一定成效，也能在一定程度上延缓荔枝衰老等。在一些应用基础和应用研究上也取得突出成就，如克隆鉴定分析了一大批有关荔枝成花、着色和褐变等的重要功能基因，并在蛋白质组学、遗传图谱构建等方面有一定研究。但是，荔枝的遗传育种研究基础还相对薄弱，资源创新与育种研究水平差距明显，采后荔枝果皮褐变和腐烂的防控仍然是荔枝贮藏的一个重点，病虫害综合防治技术等。

为了使荔枝在人类经济和生态生活中发挥更大的作用，应该重视和进一步加强荔枝的遗传基础研究，加强荔枝采后生理生化、荔枝病虫害防治的理论研究，为进一步提高荔枝的保鲜期，延长货架期，保持风味提供支持。

1. 荔枝种质资源保护亟待加强，建立遗传种质资源圃

但是野生荔枝资源不断遭到破坏，幸存量日益减少。因此，有必要荔枝种质资源是荔枝遗传育种的基础，加强荔枝种质资源的保护，特别是野生荔枝种质资源，其具有多种优良的园艺学性状、丰富的植物学特性及 DNA 遗传多样性，能很好地抵御生物和非生物胁迫的基因源和土壤适应性，是荔枝品种改良与创新的重要基因库，重视种质资源保存新技术的研究，保护荔枝遗传多样性，防止特产珍惜防治特产珍惜、濒危遗传基因的灭亡或丢失。对我国现存的野生、半野生荔枝资源的遗传多样性、功能基因等进行分析，并加快遗传种质资源圃的建立。

2. 荔枝发育生物学的研究

果实的发育及采后衰老等均有基因表达控制，如荔枝的焦核/无核、采后果皮褐变

等。应加强荔枝果实发育及采后生物学的研究，深入研究控制荔枝果实发育、采后衰老褐变、抗病、抗虫、丰产、抗非生物胁迫等的遗传变异，克隆控制荔枝特殊性状发育及采后果皮衰老的关键基因，这将有助于从根本上理解果实发育与衰老的分子机理，从而为应用生物技术培育具特异性状与和耐贮荔枝种质或品种提供基础。此外，挖掘和利用与荔枝丰产、优质、抗病虫、抗非生物胁迫等方面相关的新基因；充分开展遗传图谱构建，加强 QTL 作图，利用分子标记进行数量性状基因定位；应用更加强大的功能基因、叶绿体基因测序及从转录组水平进行荔枝遗传多样性研究。重视原创性的基因发掘工作，同时也须充分利用模式植物中已分离获得的大量基因等有利条件，加快已知功能的荔枝基因分离工作；同时，利用成熟的分子标记技术，构建完整、标记密集的荔枝遗传图谱，也有助于荔枝新基因定位和分离。

3. 荔枝选育种研究手段趋向多元化

荔枝的选育种仍然以实生选种和芽变选种为主，为了实现对荔枝果实品质和农艺性状的改良，从分子水平上深入探讨荔枝种质资源遗传多样性，通过分子标记辅助选择技术提高育种效率，分子选育种与实生、芽变选种多种手段并行。

4. 荔枝病虫害趋于以生物防治为主

随着全球气候变化，荔枝种植常见病虫害发生频率增加。鉴于产业化水平的提高和生态环境安全的实际需求，荔枝病虫害防控将向利用天敌、生物信息素、植株抗逆性诱导、多效无害化防控技术研发等为主，以减少农药施用对环境造成的危害。

5. 荔枝采后病害控制研究趋向生物学防控

荔枝采后保鲜除了防止果皮褐变、保证果品品质，采后病害控制也应加强。对于采后的荔枝，果皮褐变和病害是导致荔枝不易贮藏的主要因素，把防止病害和控制果皮褐变相结合，从分子生物学角度深入研究荔枝褐变、腐坏机理。

6. 荔枝采后保鲜趋向研究综合贮藏保鲜体系

目前广泛研究的气调、热处理、冷藏等荔枝采后保鲜方法虽取得一定成效，但以各种技术措施试图钝化使荔枝果皮褐变的酶及霉菌，以延缓荔枝成熟过程，达到保鲜的目的都存在一定的局限性。有必要从荔枝种苗选育、种植技术、栽培管理、采摘技术、贮藏及运输等各方面进行研究荔枝的综合保鲜体系。

参考文献

车文成，孙国勇 . 2012. 一种无毒环保的荔枝保鲜技术［J］. 中国南方果树，41（6）：70-71.

陈厚彬，苏钻贤，张荣，等 . 2014. 荔枝花芽分化研究进展［J］. 中国农业科学（9）：1774-1783.

陈加福 . 2004. 温控历期法在荔枝蒂蛀虫测报上的应用研究［J］. 华东昆虫学报

（2）：40-44.

陈伟，吕柳新，黄春梅，等.2001.'乌叶'荔枝胚胎发育过程特异蛋白的变化
[J].园艺学报（6）：504-508.

陈炫，李勤奋，吴志祥，等.2009.多效唑和乙烯利对妃子笑荔枝成花及碳氮营养
的影响[J].中国热带农业（1）：44-47.

陈艳艳，陈国帅，罗红卫，等.2017.不同时期修剪花穗对桂味荔枝花果发育的影
响[J].中国南方果树，46（4）：47-48，54.

陈燕，余江敏，周全光，等.2014.荔枝蒂蛀虫防治研究进展[J].农业研究与应
用（1）：57-59.

陈业渊.2012.海南荔枝种质资源考察收集、鉴定评价及分析[D].海口：海
南大学.

陈艺晖.2014.采后"乌叶"和"兰竹"荔枝果实果皮活性氧代谢的差异性[A].
中国食品科学技术学会.中国食品科学技术学会第十一届年会论文摘要集[C].
中国食品科学技术学会，2.

戴宏芬，邱燕萍，袁沛元，等.2016.间伐回缩修剪对荔枝叶片光合和蒸腾作用的
影响[J].果树学报，33（6）：701-708.

邓穗生，陈业渊，张欣.2006.应用RAPD标记研究野生荔枝种质资源[J].植物
遗传资源学报，7（3）：288-291.

邓晓瑶，蔡世同，齐向阳，等.2009.荔枝蒂蛀虫与气象要素关系的研究[J].气
象研究与应用，30（S2）：157-158.

丁峰，彭宏祥，何新华，等.2012.荔枝FLOWERING LOCUST（FT）同源基因
cDNA全长克隆及其表达[J].果树学报（1）：75-80，160.

丁峰，彭宏祥，罗聪，等.2011.荔枝APETALA1（AP1）同源基因cDNA全长克
隆及其表达研究[J].园艺学报（12）：2373-2380.

董晨，魏永赞，王弋，等.2017.基于转录组的荔枝ARF基因家族的鉴定及表达分
析[J].热带作物学报，38（8）：1485-1491.

董凤英，王家保，徐碧玉，等.2009.荔枝LcAsr基因的生物信息学分析与载体构
建[J].热带作物学报（5）：677-682.

董新玲.2015.苹果多酚与果汁非酶褐变相关性研究[D].西安：陕西科技大学.

董易之，徐淑，陈炳旭，等.2015.荔枝蒂蛀虫幼虫龄数及各发育阶段在不同温度
下的发育历期[J].昆虫学报，58（10）：1108-1115.

董易之，姚琼，陈炳旭，等.2018.荔枝蒂蛀虫的产卵选择性研究[J].果树学报，
35（2）：204-211.

段学武，蒋跃明，苏新国，等.2004.纯氧对荔枝果实贮藏期间果皮褐变和细胞超
微结构的影响[J].热带亚热带植物学报（6）：565-568.

符碧.2001.尿素和硼及生长调节剂对荔枝花粉萌发与生长的影响[J].云南师范
大学学报（自然科学版）（3）：62-65.

付丹文，王丽敏，欧良喜，等.2014.高温对荔枝种子活力的影响[J].广东农业

科学，41（5）：89-91

傅玲娟，袁沛元 . 1983. 广东海南野生荔枝多种类型的发现［J］. 中国果树（4）：17-19.

高丹，李世军，王展，等 . 2017. 叶面喷施 Ca 和 Mg 肥影响三月红荔枝果皮着色的初步机理［J］. 中国土壤与肥料（3）：80-88.

高海燕，周灵灵，高莹莹，等 . 2013. 荔枝生物保鲜剂及其制备方法，上海：CN102860356A［P］，01-09.

郭艾侠，邹湘军，朱梦思，等 . 2013. 基于探索性分析的的荔枝果及结果母枝颜色特征分析与识别［J］. 农业工程学报，29（4）：191-198.

郭芹，高晶，张玉丽，等 . 2013. 二氧化氯和一氧化氮处理对荔枝采后可溶性糖含量的影响［J］. 食品工业，34（8）：111-114.

韩继成，方宣钧 . 2003. 编码荔枝乙烯受体（LcERS1）的 cDNA 基因的克隆与分析［J］. 分子植物育种（3）：351-356.

何文锦，肖华山 . 2003. 荔枝（litchi）采后生理与保鲜技术研究进展［J］. 福建轻纺（4）：3-7.

侯任昭，黄旭明，罗雪梅，等 . 1993. γ-辐照杀灭蒂蛀虫对荔枝果实生理效应的初步研究［J］. 仲恺农业技术学院学报（2）：76-78.

侯媛媛 . 2016. 2015 年荔枝产业发展报告及形式预测 . 世界热带农业信息（8）：16-2.

胡福初，陈哲，吴凤芝，等 . 2017. 无核荔枝采前落果原因分析及应对措施［J］. 中国热带农业（6）：10-12.

胡福初，何舒，范鸿雁，等 . 2014. 不同留花量对 A4 无核荔枝开花坐果的影响［J］. 中国热带农业（6）：54-58.

胡美英，姚振威，邱宇彤，等 . 1997. γ-射线对荔枝蒂蛀虫卵和蛹的杀虫效应（英文）［J］. 仲恺农业技术学院学报（2）：66-70.

胡香英，胡福初，范鸿雁，等 . 2016. 5 种植物生长调节剂对妃子笑荔枝开花坐果调控效应的比较［J］. 西南农业学报，29（4）：915-919.

黄代青，吕柳新，王平 . 2002. 荔枝 R 基因同源序列的克隆与分析［J］. 福建师范大学学报（自然科学版）（4）：86-90.

黄家善，谢植干，毛琦，等 . 2013. 棉铃虫核型多角体病毒对荔枝蒂蛀虫的防治效果［J］. 中国植保导刊，33（11）：72-74，65.

黄素华 . 2002. 荔枝体细胞胚胎发生过程中遗传变异的研究［D］. 福州：福建农林大学 .

黄婉莉，郑诚乐，郭志雄，等 . 2016. 低温贮藏对于"岣山晚荔"荔枝品质的影响研究［J］. 中国南方果树，45（3）：98-101.

黄循精 . 2007. 世界荔枝生产与贸易综述［J］. 世界热带农业信息（5）：1-4.

姜成东，蔡胜忠，肖翔，等 . 2009. 海南两个自然保护区野生荔枝遗传多样性研究［J］. 中国农学通报（9）：282-286.

姜子德，习平根，冼继东，等 . 2011. 对未来五年我国荔枝植保研究的思考［J］. 中国热带农业（5）：61-63.

姜子德，徐丹丹，江立群，等 . 2013. 一株荔枝内生枯草芽孢杆菌及其生物制剂与应用，广东：CN103421722A［P］，12-04.

赖彪 . 2016. 荔枝果皮花色素苷生物合成关键调控因子的筛选及其功能验证［D］. 华南农业大学 .

赖建勋，金志强，王家保 . 2007. 荔枝抗坏血酸过氧化物酶 cDNA 的克隆和分析［J］. 安徽农业科学（26）：8164-8167.

黎荣欣，王玉洁，高景林，等 . 2013. 触角和光暗对荔枝蝽若虫聚集行为的影响［J］. 热带作物学报，34（8）：1535-1538.

黎卓维，曾鑫年，罗诗，等 . 2007. 植物精油对荔枝蒂蛀虫的产卵驱避效果［J］. 昆虫天敌（3）：97-102.

李本金，刘裴清，刘小丽，等 . 2016. 荔枝霜疫霉巢式 PCR 和 LAMP 检测方法的建立［J］. 农业生物技术学报，24（6）：919-927.

李华彬，李运雄，李海珍，等 . 2017. 荔枝保鲜技术研究［J］. 中国果菜，37（7）：4-6.

李焕苓，赖钟雄，陈义挺，等 . 2009. 66 份荔枝古树遗传多样性的 RAPD 分析［J］. 热带作物学报（4）：450-455.

李建国 . 2007. 荔枝学［M］. 北京：中国农业出版社，40

李杰，朱碧岩，丁四兵，等 . 2004. 臭氧水对荔枝采后若干生理生化指标的影响［J］. 亚热带植物科学（4）：15-18.

李开拓 . 2011. 荔枝果实成熟过程中的差异蛋白质组学研究［D］. 福州：福建农林大学 .

李蕾，彭存智，李明芳，等 . 2008. 焦核荔枝胚胎发育相关蛋白质的分离及初步鉴定［J］. 热带亚热带植物学报（6）：537-544.

李明芳，卢诚，刘兴地，等 . 2016. 荔枝无核和焦核机理的研究进展［J］. 热带作物学报，37（5）：1043-1049

李明芳 . 2003. 荔枝 SSR 标记的研究及其对部分荔枝种质的遗传多样性分析［D］. 华南热带农业大学 .

李宁，陈厚彬，张昭其，等 . 2013. 荔枝 LEAFY 同源基因克隆及表达分析［J］. 华南农业大学学报（1）：57-61.

李亭潞 . 2015. 荔枝霜疫霉和荔枝炭疽菌 LAMP 检测技术的建立［A］. 中国菌物学会 . 中国菌物学会 2015 年学术年会论文摘要集［C］. 中国菌物学会，1.

李伟才，魏永赞，胡会刚，等 . 2011. 3 种无核荔枝果实发育过程中内源激素含量变化动态［J］. 热带作物学报，32（6）：1042-1045.

李伟才，魏永赞，谢江辉，等 . 2011. 一种妃子笑荔枝的花穗调控方法，广东：CN102132666A［P］，07-27.

李小云 . 2005. 海南荔枝蒂蛀虫综合防治技术［J］. 热带农业科学（2）：29-30.

李亚慧，吕恩利，陆华忠，等 . 2016. 荔枝果柄处理对其常温贮藏特性的影响 [J].
中国食品学报，16（4）：191-197.

李颖颖，王蕊，王令霞，等 . 2010. 硝酸钙对荔枝花粉萌发和花粉管生长的影响
[J]. 热带作物学报（6）：942-944.

李志强，邱燕萍，欧良喜，等 . 2008. 荔枝蒂蛀虫发生规律及生活习性观察研究
[J]. 广东农业科学（7）：80-83.

李志强，邱燕萍，欧良喜，等 . 2009. 夜晚光照影响荔枝蒂蛀虫生活习性的观察
[J]. 广东农业科学（7）：131-134.

李志强，邱燕萍，向旭，等 . 2009. 湿度对荔枝蒂蛀虫生长发育的影响初探 [J].
广东农业科学（1）：63-64.

练从龙，赖钟雄，卢秉国，等 . 2014. 荔枝古树胚性愈伤组织 Fe-SOD 成员基因克
隆及生物信息学分析 [J]. 热带作物学报（1）：74-81.

梁东武 . 2012. 荔枝液浸速冻与冻藏技术研究，华南农业大学 .

林晓东，吴定尧 . 1999. 胚珠发育与荔枝花型的关系 [J]. 园艺学报（6）：
397-399.

刘保华，肖茜，冯超，等 . 2012. 荔枝漆酶基因 LcLac 的克隆与表达分析 [J]. 园
艺学报（5）：853-860.

刘保华 . 2012. 荔枝多酚氧化酶基因启动子克隆与功能初步分析 [D]. 海口：海南
大学 .

刘冰浩，朱建华，潘丽梅，等 . 2010. 广西野生荔枝博白种群生命表分析 [J]. 果
树学报（3）：445-448.

刘冰浩 . 2008. 广西部分野生、半野生、栽培荔枝遗传多样性 SSR 分析及博白野生
荔枝种群生存研究 [D]. 南宁：广西大学 .

刘成明，梅曼彤 . 2002. 利用 RAPD 分析鉴别荔枝的焦核突变体 [J]. 园艺学报
（1）：57-59.

刘吉敏，黄其椿，檀志全，等 . 2012. 龙眼树荔枝蝽越冬成虫发生规律及交配节律
[J]. 南方农业学报，43（8）：1135-1138.

刘丽琴，石胜友，李伟才，等 . 2015. 荔枝花粉母细胞减数分裂观察 [J]. 果树学
报（2）：254-258，351.

刘世彪，李朝阳，陈菁 . 2002. 番荔枝果实后熟生理和保鲜技术 [J]. 华南热带农
业大学学报（4）：15-20.

刘伟，罗心平，张惠云，等 . 2016. 荔枝新种质'燎原'的分子标记鉴定 [J]. 分
子植物育种，14（1）：177-185.

刘鑫 . 2015. 出芽短梗霉发酵生产普鲁兰多糖及多糖涂膜荔枝保鲜的研究 [D]. 南
宁：广西大学 .

刘兴地，莫坤联，郑楷，等 . 2013. 无核荔枝生长素反应因子基因克隆及序列分析
[J]. 中国农学通报（7）：111-116.

刘雨芳，古德祥 . 1998. 荔枝蝽雌性生殖系统的解剖及其在测报上的应用 [J]. 湘

潭师范学院学报（社会科学版）（3）：55-59.

刘忠 . 2012. 岷江下游荔枝资源与引种研究及其遗传多样性分析 ［D］. 雅安：四川农业大学 .

鲁勇，吴楚彬，陈厚彬，等 . 2013. 不同发育时期的荔枝花芽冷敏感性比较 ［J］. 果树学报（1）：115-120.

陆旺金，蒋跃明 . 2003. 荔枝果实两个膨大素基因的克隆与序列分析 ［J］. 中国农业科学（12）：1525-1529.

吕恩利，陆华忠，罗锡文，等 . 2012. 果蔬气调保鲜运输车的设计与试验 ［J］. 农业工程学报，28（19）：9-16.

吕恩利，陆华忠，杨松夏，等 . 2016. 气调运输包装方式对荔枝保鲜品质的影响 ［J］. 现代食品科技，32（4）：156-160，93.

吕柳新，陈景渌，陈晓静 . 1987. 荔枝（*Litchi chinensis* Soon.）染色体数目与花粉母细胞减数分裂的研究 ［J］. 福建农学院学报（3）：224-228.

罗海燕 . 2007. 海南野生荔枝种质资源遗传多样性及与半野生、栽培荔枝亲缘关系的 ISSR 分析 ［D］. 儋州：华南热带农业大学 .

罗剑斌，何凤，李建国，等 . 2014. "紫娘喜"荔枝果皮异常褐腐生理病因初步分析 ［J］. 中国南方果树，43（6）：71-73.

罗树灿，李远志，彭伟睿，等 . 2006. 热风和微波结合干燥荔枝加工工艺研究 ［J］. 现代食品科技（3）：10-13.

毛亮，薛月菊，孔德运，等 . 2011. 基于稀疏场水平集的荔枝图像分割算法 ［J］. 农业工程学报，27（4）：345-349.

孟翔，胡俊杰，刘慧，等 . 2016. 荔枝蒂蛀虫转录组及嗅觉相关基因分析 ［J］. 昆虫学报，59（8）：823-830.

莫圣书 . 2007. 荔枝蝽臭腺结构及其生物活性初步研究 ［D］. 海口：华南热带农业大学 .

莫亿伟，郑吉祥，李伟才，等 . 2010. 外源抗坏血酸和谷胱甘肽对荔枝保鲜效果的影响 ［J］. 农业工程学报，26（3）：363-368.

疏秀林，施庆珊，冯劲，等 . 2012. γ-聚谷氨酸对荔枝常温货架保鲜效果研究 ［J］. 食品工业科技，33（21）：318-321，325.

孙科源，纠敏，张新春，等 . 2011. 无核荔枝凝集素基因的克隆与表达分析 ［J］. 热带作物学报（7）：1309-1313.

孙清明，李永忠，向旭，等 . 2013. 利用 SNP 和 EST-SSR 分子标记鉴定荔枝新种质御金球 ［J］. 分子植物育种（3）：403-414.

孙清明，马帅鹏，马文朝，等 . 2014. 荔枝两个 F1 杂交群体的 EST-SSR 鉴定及多样性分析 ［J］. 分子植物育种（1）：87-95.

孙清明，马文朝，马帅鹏，等 . 2011. 荔枝 EST 资源的 SSR 信息分析及 EST-SSR 标记开发 ［J］. 中国农业科学（19）：4037-4049.

陶挺燕，何凡，范鸿雁，等 . 2010. 荔枝霜疫霉病病原菌生物学特性研究 ［J］. 中国南方果树，39（3）：44-46.

汪静，孙进华，张新春，等.2016.6 种植物提取物对荔枝霜疫霉的抑制作用 ［J］.
　　基因组学与应用生物学，35（5）：1219-1223.

王惠聪，张洁琼，吴子辰，等.2016. 一种提高荔枝焦核率的菌液和方法 ［P］. 广
　　东：CN105255801A，01-20.

王惠聪，赵杰堂，张洁琼，等.2016. 荔枝细胞壁酸性转化酶基因及其应用，广东：
　　CN105420250A ［P］，03-23.

王继栋，朱西儒.2002. 荔枝采后病害及防治技术研究进展 ［J］. 果树学报（2）：
　　128-131.

王家保，邓穗生，刘志媛，等.2006. 海南荔枝（*Litchi chinensis* Sonn.）主要栽培
　　品种的 RAPD 分析 ［J］. 农业生物技术学报（3）：391-396.

王家保，贾彩红，杨小亮，等.2009. 荔枝快速碱化因子基因的克隆与表达分析
　　［J］. 热带作物学报（12）：1798-1802.

王家保，金志强，李美英，等.2013. 荔枝采后果皮褐变过程中差异表达基因的
　　SSH 分析 ［J］. 园艺学报（11）：2144-2152.

王家保.2007. 采后荔枝果皮衰老过程中生理变化与基因差异表达分析 ［D］. 海
　　口：华南热带农业大学.

王丽敏，王惠聪，李建国，等.2010. 枝梢环剥对荔枝新梢生长和叶片矿质营养的
　　影响 ［J］. 果树学报，27（2）：257-260.

王凌云，孙进华，刘保华，等.2013. 荔枝水孔蛋白基因 LcPIP 的克隆与组织特异
　　性表达研究 ［J］. 园艺学报（8）：1456-1464.

王平，郑伟，陈伟.2010. 荔枝花性别分化过程的荧光显微观察 ［J］. 热带作物学
　　报（5）：740-744.

王少山，黄寿山，梁广文，等.2008. 荔枝蒂蛀虫（*Conopomorpha sinensis* Bradley）
　　的饲养及其实验种群生命表 ［J］. 生态学报（2）：836-841.

王玉洁，吴娇，赵怡楠，等.2015. 广斧螳若虫对荔枝蝽若虫的捕食功能反应与搜
　　寻效应 ［J］. 植物保护学报，42（3）：310-315.

王玉洁，赵冬香，卢芙萍，等.2009. 荔枝蝽成虫对其臭腺分泌物组分的触角电生
　　理和行为反应 ［J］. 生态学报，29（11）：5807-5812.

王玉洁，赵冬香，卢芙萍，等.2010. 荔枝蝽田间种群消长动态及空间分布型研究
　　［J］. 昆虫知识，47（5）：958-961.

王玉洁，赵冬香，彭正强，等.2011. 荔枝蝽对光与颜色的选择行为反应 ［J］. 中
　　国南方果树，40（3）：33-35，39.

温靖，徐玉娟，肖更生，等.2011. 荔枝裂解色谱指纹图谱及聚类分析 ［J］. 广东
　　农业科学（1）：146-148.

吴富旺，邝健飞，陆旺金，等.2009. 荔枝果实内切-1,4-β-葡聚糖酶基因（EG）
　　的克隆及其表达分析 ［J］. 园艺学报（12）：1733-1740.

吴光旭，刘爱媛，陈维信.2006. 开口箭提取物对荔枝霜疫霉菌的抑制作用及其对

荔枝果实的贮藏效果 [J]. 中国农业科学 (8): 1703-1708.

吴建阳, 李彩琴, 陆旺金, 等. 2013. 荔枝 ACO1 基因克隆及其与幼果落果的关系 [J]. 果树学报 (2): 207-213.

吴珍泉. 1994. 应用平腹小蜂防治荔枝蝽蟓问答 [J]. 福建农业 (4): 13.

吴振先, 苏美霞, 陈维信, 等. 2001. 荔枝常温贮藏技术及生理变化的研究 [J]. 华南农业大学学报 (1): 35-38.

吴振先, 赵昱清, 陈维信, 等. 2014. 一种荔枝常温贮藏保鲜剂及其制备方法与应用, 广东: CN103564039A [P], 02-12.

夏玲, 秦永华, 刘成明, 等. 2014. 荔枝 SCoT-PCR 反应体系的建立及其在遗传分析中的应用 [J]. 中国农学通报 (13): 147-156.

贤振华, 李伟群, 邓国荣, 等. 2000. 荔枝蒂蛀虫的发生为害期与防治 [J]. 广西植保 (2): 28-29.

冼继东, 梁广文, 曾玲, 等. 2004. 荔枝蒂蛀虫发生期的预测预报 [J]. 华南农业大学学报 (3): 67-69.

冼继东, 庞雄飞, 梁广文. 2002. 植物乙醇提取物对荔枝蒂蛀虫成虫产卵的影响 [J]. 武夷科学 (0): 130-133.

向旭, 欧良喜, 白丽军, 等. 2010. 利用 EST-SSR 分子标记鉴别荔枝新品种红灯笼 [J]. 广东农业科学 (12): 130-133.

向旭, 欧良喜, 陈厚彬, 等. 2010. 中国 96 个荔枝种质资源的 EST-SSR 遗传多样性分析 [J]. 基因组学与应用生物学 (6): 1082-1092.

向旭, 欧良喜, 邱燕萍, 等. 2000. 影响荔枝花粉活力的化学因子研究 [J]. 广东农业科学 (6): 29-32.

向旭, 张展薇, 王碧青, 等. 1994. 荔枝花粉育性及贮藏性研究 [J]. 广东农业科学 (4): 25-27.

项雷文, 陈国泰, 翁佳敏, 等. 2015. HPLC-DAD 结合交替三线性分解二阶校正法测定荔枝果肉中游离植物甾醇 [J]. 食品科学, 36 (24): 172-176.

肖华山, 吕柳新, 陈志彤. 2003. 荔枝花发育过程中雌雄蕊内源激素的动态变化 [J]. 应用与环境生物学报 (1): 11-15.

肖华山, 吕柳新, 肖祥希. 2002. 荔枝花雄蕊和雌蕊发育过程中碳氮化合物的动态变化 [J]. 应用与环境生物学报 (1): 26-30.

肖靖, 赖彪, 赵志常, 等. 2012. 荔枝果皮 MADS-box 基因的克隆与初步表达分析 [J]. 热带作物学报 (3): 439-445.

谢家兴, 余国雄, 王卫星, 等. 2015. 基于无线传感网的荔枝园智能节水灌溉双向通信和控制系统 [J]. 农业工程学报, 31 (S2): 124-130.

谢建华, 庞杰. 2003. 荔枝果实采后生理及保鲜研究进展 [J]. 保鲜与加工 (4): 11-13.

谢钦铭, 梁广文, 曾玲, 等. 2001. 荔枝蝽卵的空间分布型和抽样技术的研究 [J]. 热带作物学报 (3): 40-44.

熊俊涛, 邹湘军, 王红军, 等. 2013. 基于 Retinex 图像增强的不同光照条件下的成

熟荔枝识别 [J]. 农业工程学报, 29 (12): 170-178.

徐夙, 马锞, 李艳芳, 等. 2016. 多粘类芽孢杆菌复合生物保鲜剂对桂味荔枝的保鲜效果 [J]. 广东农业科学, 43 (7): 105-109, 4.

徐荣文, 万婕, 覃伟权, 等. 2013. 7 种杀虫剂防治荔枝蝽象的药效试验 [J]. 中国农学通报, 29 (16): 171-174.

徐赛, 陆华忠, 周志艳, 等. 2015. 基于电子鼻的果园荔枝成熟阶段监测 [J]. 农业工程学报, 31 (18): 240-246.

徐赛, 陆华忠, 周志艳, 等. 2015. 基于理化指标和电子鼻的果园荔枝成熟度识别方法 [J]. 农业机械学报, 46 (12): 226-232.

徐是雄. 1990. 荔枝雌雄花器官发育过程的扫描电镜观察 [J]. Journal of Integrative Plant Biology, 12: 905-908, 989-991.

徐淑, 陈炳旭, 董易之. 2015. 几种杀虫剂对荔枝蝽蟓若虫的毒力及田间药效评价 [J]. 环境昆虫学报, 37 (2): 462-466.

徐玉娟, 温靖, 肖更生, 等. 2014. 超高压和热处理对荔枝汁品质的影响研究 [J]. 安徽农业科学, 42 (31): 11078-11082.

许道钊, 郑学勤. 2007. 荔枝保鲜研究进展 [J]. 广西农业科学 (2): 186-191.

许珊珊. 2012. 福州荔枝古树离体种质保存及抗性基因 SOD 的克隆与表达 [D]. 福州: 福建农林大学.

许淑珺, 吴林芳, 胡晓颖, 等. 2012. 桂味荔枝花器官的发生和发育过程研究 [J]. 广西植物 (2): 167-172.

禤维言, 郑学勤. 2006. 无核荔枝果实形成差异表达基因 cDNA 的克隆 [J]. 广西植物 (6): 597-601.

禤维言. 2005. 无核荔枝花与果实发育相关基因的克隆和功能分析 [D]. 华南热带农业大学.

杨长龙, 江世宏, 陈晓琴. 2007. 芸香科及樟科 8 种植物提取物对荔枝蒂蛀虫的产卵驱避作用 [J]. 植物保护 (6): 57-59.

杨群华, 邓子尧, 何强, 等. 2015. 液相色谱法和液相色谱—串联质谱法测定荔枝中萘乙酸农药残留量 [J]. 现代农业科技 (8): 140-142.

杨胜平, 谢晶, 钱韵芳, 等. 2013. 壳聚糖复合保鲜剂涂膜与 MAP 保鲜 "妃子笑" 荔枝 [J]. 食品科学, 34 (8): 279-283.

杨永利, 郭守军, 陈涌程, 等. 2009. 刺槐豆胶复合涂膜保鲜剂低温保鲜荔枝的研究 [J]. 食品研究与开发, 30 (12): 150-153.

姚丽贤, 周昌敏, 何兆桓, 等. 2017. 荔枝年度枝梢和花果发育养分需求特性 [J]. 植物营养与肥料学报, 23 (4): 1128-1134.

姚庆荣. 2004. 用 SSR 标记对中国荔枝 (Litchi chinensis Sonn.) 野生种质资源的遗传多样性分析 [D]. 兰州: 甘肃农业大学.

姚振威, 胡美英, 侯任环, 等. 1993. 荔枝蒂蛀虫辐射检疫处理初步研究 [J]. 仲恺农业技术学院学报 (1): 19-21.

叶敏, 邹湘军, 杨洲, 等 . 2015. 荔枝采摘机器人拟人指受力分析与夹持试验 [J]. 农业机械学报, 46 (9): 1-8.

昝逢刚, 吴转娣, 曾淇, 等 . 2009. 荔枝种质遗传多样性的 SRAP 分析 [J]. 分子植物育种 (3): 562-568.

曾令达, 黄颖, 曾海泉, 等 . 2016. 不同提取方法对植物粗提物抑制荔枝霜疫霉效果的影响 [J]. 广东农业科学, 43 (8): 103-107.

曾淇, 李明芳, 郑学勤 . 2010. 基于 SSR 标记的荔枝种质遗传多样性分析 [J]. 植物遗传资源学报 (3): 298-304.

曾赞安, 梁广文, 刘文惠, 等 . 2007. 关于两种赤眼蜂寄生荔枝蒂蛀虫卵的首次报道 [J]. 昆虫天敌 (1): 6-9, 11, 10.

张红娜, 苏钻贤, 陈厚彬 . 2016. 荔枝成花诱导期幼叶和成熟叶光合功能的比较 [J]. 中国南方果树, 45 (5): 62-64.

张红娜, 苏钻贤, 陈厚彬 . 2016. 荔枝花芽分化期间光合特性与碳氮物质变化 [J]. 热带农业科学, 36 (11): 66-71, 76.

张辉, 陈晓琴, 江世宏 . 2014. 荔枝蒂蛀虫成虫羽化和交尾习性及性信息素释放节律的研究 [J]. 西北农林科技大学学报 (自然科学版), 42 (10): 40-44.

张辉, 江世宏, 陈晓琴 . 2013. 荔枝蒂蛀虫雄蛾触角感受器的扫描电镜观察 [J]. 福建农林大学学报 (自然科学版), 42 (3): 230-232.

张姣姣, 郝晓磊, 李喜宏, 等 . 2015. 果蜡复合涂膜保鲜剂对荔枝贮藏效果研究 [J]. 中国果树 (6): 55-58.

张静, 董凤英, 王家保, 等 . 2013. 荔枝 Asr 基因的分离及功能分析 [J]. 热带作物学报 (9): 1682-1687.

张小磊 . 2010. 晚熟荔枝种质资源的 RAPD 分析及其离体保存研究 [D]. 福州: 福建农林大学 .

张以顺, 向旭, 傅家瑞, 等 . 2004. 荔枝败育胚 S-腺苷甲硫氨酸合成酶基因的全长扩增和序列分析 [J]. 园艺学报 (2): 160-164.

张以顺, 向旭, 傅家瑞, 等 . 2004. 荔枝胚败育差异表达基因 cDNA 片段的克隆及序列分析 [J]. 园艺学报 (1): 25-28.

赵冬香, 莫圣书, 卢芙萍, 等 . 2006. 荔枝蝽触角化感器的扫描电镜观察 [J]. 华东昆虫学报 (1): 22-24.

赵玉辉, 郭印山, 胡又厘, 等 . 2010. 应用 RAPD、SRAP 及 AFLP 标记构建荔枝高密度复合遗传图谱 [J]. 园艺学报 (5): 697-704.

赵志常, 胡福初, 胡桂兵, 等 . 2011. 荔枝类黄酮糖基转移酶 (UFGT) 基因的克隆及其原核表达研究 [J]. 广西师范大学学报 (自然科学版) (4): 104-110.

赵志常, 胡福初, 胡桂兵, 等 . 2013. 荔枝 DFR 基因的克隆及其序列分析 [J]. 福建农林大学学报 (自然科学版) (5): 512-517.

赵志常, 胡福初, 黄建峰, 等 . 2012. 荔枝 ANS 基因的克隆及其序列分析 [J]. 北方园艺 (19): 118-121.

郑雯，张永丽，王家保，等 . 2011. 荔枝果皮 2 个 POD 同源基因的生物信息学分析及酶活测定 ［J］. 热带作物学报（3）：437-442.

钟敏芝，蔡小林，潘介春，等 . 2017. 不同栽培措施对桂味荔枝落果裂果的影响 ［J］. 中国南方果树，46（3）：99-102，105.

钟廷琼，李辉亮，田维敏，等 . 2008. 荔枝 LcVSP1 基因 5′调控序列的克隆及功能初步鉴定 ［J］. 西北植物学报（8）：1507-1512.

周碧燕，陈厚彬，向炽华，等 . 2010. '三月红'荔枝不同温度处理的成花效应 ［J］. 园艺学报，37（7）：1041-1046.

周沫霖，胡卓炎，赵雷，等 . 2016. 不同低温贮藏对荔枝 γ-氨基丁酸富集及贮藏品质的影响 ［J］. 现代食品科技，32（3）：189-196.

周秋艳，唐方华，饶日昌，等 . 2017. 荔枝及荔枝多酚物质的研究进展 ［J］. 安徽农业科学，45（29）：77-79，130.

周俞辛，杨云碧，张彧，等 . 2016. 荔枝霜疫霉不同发育阶段对 4 种 QoI 类杀菌剂的敏感性 ［J］. 农药学学报，18（1）：57-64.

庄光辉，胡福初，何舒，等 . 2011. 海南原生荔枝种质资源收集保存及主要性状评价 ［J］. 热带农业科学，31（11）：28-35.

Anuntalabhochai S, Chundet R, CHIANGDA J, et al. 2000. Genetic diversity within lychee（Litchi chinensis Sonn. ）based on RAPD analysis ［J］. Acta Horticulturae（575）：253-259.

Chen H B, Huang H B. 2005. Low temperature requirements for floral induction in lychee ［J］. Acta Horticulturae, 665：195-202.

DEGANI C, DENG J S, BEILES A, et al. 2003. Identifying lychee（Litchi chinensis Sonn. ）cultivars and their genetic relationships using intersimple sequence repeat（IS-SR）markers ［J］. Journal of the American Society for Horticultural Science, 128（6）：838-845.

DING F, CHEN HB, PENG HX, et al. Litchi chinensis cultivar Sanyuehong LFY protein（LFY）mRNA, complete cds ［EB/OL］. http：//www. ncbi. nlm. nih. gov/nuccore/KF008435. 1.

VIRUEL M A, HOMAZA J I. 2004. Development, characterization and variability analysis of microsatellites in lychee（Litchi chinensis Sonn, Sapindaceae）［J］. Theoretical and Applied Genetics, 108（5）：896-902.

Wei Y Z, Zhang H N, Li W C, et al. 2013. Phenological growth stages of lychee（Litchi chinensis Sonn. ）using the extended BBCH-scale ［J］. Scientia Horticulturae, 161：273-277.

Xiang X, Chen D M, Ma S P, et al. 2014. Core EST-SSR marker selection based on genetic linkage map construction and their application in genetic diversity analysis of litchi（Litchi chinensis Sonn. ）germplasm resources ［J］. Acta Horticulturae（1029）：109-115.

第七章　中国芒果科技发展现状与趋势

芒果（*Mangifera indica* Linn.）为漆树科（Anacardiaceae）芒果属（*Mangifera*）常绿植物，享有"热带果王"的美誉，芒果原产地在亚洲南部的印度、缅甸和泰国，以及印度尼西亚和菲律宾一带地区。全世界约有 100 个国家生产芒果，总面积 621 万公顷。主要集中在热带与亚热带国家，印度、泰国、中国、墨西哥、巴基斯坦为芒果主产国。印度、中国、泰国、菲律宾、越南等 15 国芒果种植面积达 500 万公顷，占比 80%以上。全世界有三大芒果贸易市场——南北美市场、亚洲市场、欧洲市场，每天都在进行着大宗芒果进出口交易，全年交易规模达百万吨级。据 FAO 统计，2017 年全球芒果收获面积为 552.63 万公顷，同比增长 1.96%；年产量为 4 862.3 万吨，同比增长 4.57%；单产 8.80 吨/公顷，同比减少 2.68%。以亚洲芒果栽培面积最大，产量最高，其面积和产量分别约占全世界面积和产量的 77.57%和 76.397%；美洲面积和产量分别约占全世界的 9.41%和 11.64%；非洲面积和产量分别约占全世界的 12.85%和 11.87%。

一、中国芒果产业发展现状

2016 年全国种植面积 22.98 万公顷（不包括台湾省，下同），产量达 189.14 万吨，产值 109.57 亿元。2017 年，我国芒果种植面积 25.79 万公顷，产量 205.35 万吨，产值 125.40 亿元。我国芒果主要分布在海南、广东、广西、云南、福建、台湾等省区，其中以海南（三亚、乐东、陵水、昌江、东方等地）、广西（右江区、田东、田阳等地）、广东（雷州、徐闻、湛江、茂名、珠江三角洲）、云南（临沧、思茅、玉溪、华坪、红河等地）、福建（安溪、漳州、云霄等地）、四川（攀枝花、安宁、会东、会理等地）为集中产区。以鲜食消费为主，2017 年我国芒果的消费量为 202.55 万吨，芒果加工品贸易主要是芒果汁、芒果肉等产品，市场份额较小，其他芒果产品还有芒果干、果酱、芒果罐头、糖浆等。

2016 年我国鲜/干芒果总进口量为 3 959 吨，同比减少 42.15%，2016 年我国鲜/干芒果出口总量为 26 685 吨，同比增长 163.66%。2017 年我国进口鲜或干的芒果 5 126 吨，主要从台澎金马关税区、澳大利亚、泰国、秘鲁、菲律宾、越南进口。芒果汁进口 2 153 吨，进口金额 308.62 万美元。鲜或干的芒果出口 33 153 吨，出口额 6 475.62 万美元；芒果汁出口 116 吨，出口额 12.12 万美元，主要出口到越南、俄罗斯联邦、美国、马来西亚、新加坡等国家和我国香港、澳门等地区。2017 年我国（不含我国港、澳、台）芒果出口到越南 25 311.47 吨，俄罗斯联邦 989.35 吨，美国 24.38 吨，马来西亚 230.91 吨，新加坡 129.6 吨；中国香港 5 431.65 吨，中国澳门 380.71 吨。分别占总出口量的 77.71%、3.04%、0.07%、0.71%、0.4%；16.68%、1.17%。

二、国内外芒果科技发展现状

1. 国外芒果科技发展

（1）遗传育种

国外学者多采用微卫星、SSR、NA-seq 的转录组测序技术和手段对某一地区或者地域的芒果种群结构差异性和相似性，及其遗传多样性进行研究。Wu HX 对芒果的转录组和蛋白质组进行分析，选取了生长发育阶段和成熟阶段的"Zill"品种的芒果果皮和果浆作实验样本，采用 RNA-seq 的转录组测序技术进行测序。首次提出了针对芒果生长发育全程的全面系统转录序列，有助于进一步开展芒果基因组学和蛋白质组学的研究。Sharma N 等为下一代测序进行了芒果基因组 DNA 提取方法的比较研究，经对比发现，采用改良 CTAB 法获得的芒果 DNA 适合于 PCR，PacBio 和 ddRAD 测序以及长期存储。Ravishankar KV 通过微卫星对印度芒果品种的遗传多样性和种群结构进行标记。6个 SSR 位点较低的 PI 已确定为芒果表征通用标记。通过分子方差分析表明芒果亚群体间的显著差异源于结构分析，和品种栽种地域也有较大关系。国外科研人员已经从拟南芥、柑橘以及芒果等中分离出 SOC7 基因。

（2）品种资源研究

Pandey P 选取了"Moovandan""Bappakai"等 7 个芒果品种，进行了 NaCl 盐胁迫对芒果根系的生化和盐离子吸收影响的研究，实验结果表明，"Olour"和"Terpentine"这两个芒果品种表现出高耐盐，其根系能抑制对 Cl^- 和 Na^+ 离子的吸收，并积累高度的脯氨酸，非常适合在盐化地区推广种植。

Ribeiro TP 报道了 22 种芒果品种的活性化合物等级和品性指标在 Embrapa Semiarido 活性种质库登记入册情况，其中"Amrapali"品种的几个理化指标（可溶性固形物、可溶性总糖、淀粉、抗坏血酸和类胡萝卜素）高于其他的品种。RymbaiH 在芒果主产国之一的印度不同农业气候区域种植的芒果品种叶片形态和生理特征多样性研究。

（3）病虫草害防治技术

芒果的收获期集中在高温高湿季节，易于受到微生物的繁殖和侵害，导致了芒果容易衰老腐烂。芒果侵染性病害种类很多，芒果病害有 27 种之多，其中，炭疽病、蒂腐病、细菌黑斑病等最易暴发，对贮藏期果实的危害严重，直接导致巨大的经济损失，此外芒果对低温敏感，易遭受冷害。

对芒果病虫害防控多采用化学防治和生物防治的方法，炭疽病是影响芒果采后品质的主要病害，除了采用热烫处理和紫外线辐照方法防治芒果采后感染炭疽病。中国的科研人员发现用生物防治方法子囊菌类酵母菌（*Debaryomyces Nepalensis*）可有效降低采后芒果炭疽病的发病率，增加 MDA 的含量水平，明显抑制了细胞膜的通透速度，保持芒果果皮色泽，降低了果实的 TSS、TA 和抗坏血酸值的流失率。Alvindia DG 等在 53℃ 热水浸泡 20 分钟后，"Carabao"芒果的炭疽病发病率减少 48.71%～52.63%，蒂腐病发病率减少 48%～60.86%，热水处理方法对控制"Carabao"品种芒果的这两种病害有明显的防控效果。

芒果病虫害的化学防治方法和对芒果品种抗病性和染病率的对比研究也比较普遍。Reddy D S 对鞘翅目象甲科害虫在芒果品种和新杂交种的相对发病率进行了检验检疫。2010—2012 年，选取了 18 个芒果品种和 16 个杂交种为样本，结果表明这些芒果品种均易受感象鼻虫，较高发病率的品种如下：Banglora（60.28%）、Kesar（48.46%）、Manoranjan（42.78%）和 Safeda（40.97%），经过筛选，感病率最低的品种是 Khader（2.22）和 Peterpasand（3.00）。主要加工腌制的 3 个芒果品种 Produtur Avakai、Alipasand 和 Pulihora 感病率在 30.56%～35.71%波动。杂交品种 Dasheri x Vikarabad 的感病率最高（73.61%），其次是 Padiri x Ambalavi（59.58%），Amrapali（43.14%），Mallika（20.56%）和 Neeleshan（14.64%），Ratna 品种感病率最低（0.77%）。印度的 Devi P A 等选取了 4 个不同农业气候的芒果园，在施用 12%多菌灵和 63%代森锰（以推荐剂量和超两倍推荐剂量的两种标准）的叶面混合施肥后，对芒果果实的风险评估进行研究，喷药 7 天后进行农药残留检测，结果表明这两种多菌剂混用在芒果果肉内的残留值对人体无害，可为印度芒果病虫害控制提供安全有效的指导。国际昆虫生理学与生态学研究中心推广的芒果果蝇害虫综合管理系统（IPM）在肯尼亚东部的芒果种植区试用，经过对 805 户果农的随机调查，58.5%的果农试用了这款果蝇防控系统，经过培训后的喷药防护、种植技术科普等方面反馈良好。

（4）采后处理技术

芒果采后的热烫处理已逐步被高压处理所替代，Kaushik N 等用模糊逻辑技术对高压加工和热烫法处理芒果果汁和荔枝果汁进行感官评价，在 200 兆帕、400 兆帕和 600 兆帕/20℃，27℃（环境温度），40～60℃/10 分钟（固定）的条件下进行高压处理，对比在（0.1 兆帕/95℃/10 分钟）条件下未经处理和热烫后的感官性状，荔枝果汁的感官属性受 HPP 条件影响不明显，而芒果果肉在高于 600 兆帕/60℃的高压条件下受破坏严重。Candelario Rodriguez HE 等研究了高压处理对"Keitt"芒果品种采后生理的影响，用 HPP 技术对在 25℃恒温保存 14 天的"Keitt"芒果，分别加压 50 兆帕、70 兆帕和 90 兆帕，时长 9 分钟，检测经高压处理后的芒果生理变化情况，压力水平会影响果实的呼吸率，并引起总可溶物等变化，但对芒果催熟没有影响。用超高液相色谱大气压力光致电离高分辨率质谱方法测定葡萄和芒果果汁中有机氯、合成拟除虫菊酯、有机磷和氨基甲酸酯等农药残留也有所报道。Razzaq K 对产于菲律宾萨马岛的"Bahisht Chaunsa"芒果，在熟化和采后期用不同浓度（0，1，3 或 5 毫克/升）草酸处理，在 32 +/-3℃条件下催熟 7 天，并在 12+/-1℃条件下保存 28 天，经试验证明，经草酸处理能有效降低芒果果实软化程度，对抗氧化酶的活性（CAT，PDX and SOD）增强引发的 exo-PG 酶活性也有所抑制。

（5）加工技术与废弃物利用

美国研究人员发现，吃芒果或可防止高脂肪饮食造成肠道有益细菌损失，进而预防 Ⅱ型糖尿病。多年来，研究人员对芒果的维生素、矿物质和抗氧化剂等成分相关研究很多，但芒果对人体肠道菌群的影响却鲜有研究。

芒果废弃物在生产果胶、食品加工、医药制造方面的研究也是业内关注热点。ReddyMP 等用芒果干工业废料作碳源，从中分离出 8 个真菌菌株，通过果胶明确区技术

（PCZ）筛选出果胶酶，经反复对比实验，在 28℃，pH 值 6.0，培养液 0.6/25 毫升，孵化 72 小时，基质浓度 0.6 克/100 毫升，果糖（1%）的条件下经深层发酵产出的果胶产量最高，用成本低廉的芒果废弃物作碳源生产大量昂贵的果胶，为芒果废弃物的环保利用提供了一条新的途径。

　　Akanda MJH 等用响应面法优化芒果仁油中提取类可可脂的超临界 CO_2 方法进行了研究，在 44.2 兆帕、72.2℃和 3.4 毫升/分钟 CO_2 流量的优化条件下可提取出 11.29% 的芒果仁油，非常接近于索氏萃取法提取的 11.7%。Maran JP 用微波辅助方法从废弃的芒果果皮中提取果胶多糖，通过实验得出提取特征和最优参数，得出微波功率 413 瓦，pH 值 2.7，时间 134 秒，固液比 1：18 克/毫升条件下可提取出果胶量高达 28.86%。还有关于用微波技术提取芒果皮中的果胶和多酚的相关研究，果胶含量高达 3.88%～10.43%。

　　此外，芒果废弃物在食品加工方面的再利用研究近年来也成为了更多国外学者的关注热点置之一。芒果叶具有免疫调节功能，可作为强心剂、利尿剂，芒果叶提取物能够保护人的 T 淋巴细胞、红细胞等生理功能；此外，芒果树皮可充当收敛剂，用于治疗白喉和风湿病。芒果壳还可制成芒果壳生物质炭，具有良好的吸附作用。在开发芒果叶的功能性物质和有效成分利用研究上，国内外科研人员也不遗余力，通过检测对芒果叶片里的微量元素，可以较准确地判断果实质量。果实 Freitas ER 等对芒果皮等废弃物的膳食效应进行了研究，发现芒果皮和芒果核提取物添加到到肉鸡饲料中，可有效降低脂质氧化水平，保持冷冻鸡胸肉的色泽，延长冷冻鸡肉的超市货架期，经对比试验，在 400 毫克/千克条件下提取的芒果籽提取物效果最佳。SudhaML 等发现了芒果浆和芒果干纤维废弃物的膳食纤维和天然活性化合物含量都很高，可溶和不可溶膳食纤维含量分别高达 19.2%～38.9% 和 20.9%～43.1%，往烘焙食品添加芒果浆纤维可提高多酚和类胡萝卜素含量，从而提高营养价值。AvulaSV 等首次研发出从芒果皮中提取优化培养基作底物生产出丁醇的技术。Garcia-Mendoza 等从芒果皮中提取多酚类物质，先提取芒果皮副产品中存在的非极性类黄酮和类胡萝卜素，后提取极性多酚类化合物，此方法效果最高效。Ganeshan 等通过对芒果籽仁和芒果籽壳热解液的成分分析，发现了芒果籽壳热解液含有约 27.63% 的 d-阿洛糖。Andrade 等通过近似分析结果表明，芒果仁含有重要的化工产品如醋酸、1,3-戊二烯和酚类化合物，是生物柴油的主要成分。利用超临界流体萃取法可在芒果籽废弃物中提取高质量的芒果籽油。Abdalla 等芒果籽仁提取物和油脂可以作为天然抗氧化剂和抗菌剂添加于不同种类的食物，并改善新鲜或储存薯片的稳定性和质量特性。Jin 等利用高纯度异己烷选择性分离芒果仁脂肪以生产富含 1,3-二硬脂酰-2-油酰甘油（SOS）的脂肪，三硬脂酸甘油酯可以用作可可脂的部分替代物来生产硬巧克力脂肪。芒果仁作食品添加剂可以有效延长食品的保质期，含有不同增塑剂的芒果仁淀粉涂层来延长番茄的保存期限。

2. 国内芒果科技发展

（1）遗传育种

国内科研人员多采用 ISSR、SSR、SCoT、AFLP 等分子标记技术对台湾、海南和广西等地的芒果遗传多样性和亲缘关系进行分析，以及构建芒果种质资源的指纹图谱，为芒果种质资源保存与评价作出贡献。浙江大学的武红霞博士通过 RNA-Seq 和高通量蛋白质组学技术，从整体水平上分析芒果生长发育过程中与果实着色相关的功能基因和表达蛋白，研究不同品种果皮色素与花色苷合成相关基因表达的关系，除袋处理对红芒 6 号（红皮品种）和椰香芒（绿皮品种）果皮色素和花色苷生物合成的结构基因、MYB 基因表达的影响，同时分析了 2 个红皮品种的基因表达谱差异分析，为进一步调控果实着色提供理论依据。基于芒果果实转录组测序结果，利用生物信息学手段对 MYB 家族基因进行鉴定和分析，鉴定出 71 个 MYB 家族蛋白，其中包含 1 个 4R-MYB 蛋白、3 个 R1R2R3-MYB 蛋白、60 个 R2R3-MYB 蛋白和 7 个 MYB 相关蛋白。进化树及基序分析表明：除个别蛋白外，相同类型的 MYB 蛋白均聚在一起，且相近分支的 MYB 蛋白具有相同或相似的基序。

热科院品资所的魏军亚等 RT-PCR 和 RACE 技术分离到 1 个芒果的 SOC1 基因，命名为 MSOC1（GenBank 登录号为 KP404094），MSOC1 基因在芒果各个组织部位均有表达，但在茎、叶和花芽中表达量高，而在根和花中表达量低。品资所的用新一代 454-GSFLX 高通量测序技术结合 SSR 文库构建法，获得 8831 条 SSR，以筛选的引物对 24 份芒果种质进行多样性分析，开发获得 17 个具有多态性的芒果 SSR 标记可用于芒果及其相关近缘物种的遗传变异。南亚所的芒果研究团队通过进化树分析发现芒果 R2R3-MYB 蛋白与拟南芥有较高的保守性。R2R3-MYB 蛋白保守域分析发现，R2 和 R3 结构域均有多个氨基酸保守不变。GO 分析发现芒果 R2R3-MYB 蛋白共注释到生物学过程、细胞组分和分子功能 3 大类功能的 15 个亚类。

热科院品资所的热带果树研究团队开展了芒果的 ANS 基因和 PAL 基因进行了克隆和序列分析的研究工作。利用同源克隆方法从芒果果实中克隆得到了一个 ANS 基因，该基因编码的蛋白与荔枝、葡萄、可可豆、桑树等聚在一类，分析其生物信息，还采用 3'RACE 和 5'RACE 方法，克隆得到了芒果果实 PAL 基因的全长 cDNA 序列。通过系统发育分析发现该基因编码的蛋白与问荆、杉木、银杏等植物具有较近的亲缘关系，红色的贵妃品种中 PAL 基因的表达量较高，而绿色的桂七品种中表达量较低。采用 RT-PCR 技术从芒果果皮中克隆到 ζ-胡萝卜素脱氢酶基因（ZDS），对芒果 ZDS 蛋白的亲水/疏水性进行预测，发现芒果 ZDS 蛋白所含的氨基酸亲水/疏水性主要介于+2.5/~-2.6。通过系统进化树分析发现芒果中 ZDS 基因编码的蛋白与柚子、甜橙、蜜柑等植物的亲缘关系比较近。张梦云，高爱平，赵志常（2018）在芒果（*Mangifera indica*）ζ-胡萝卜素脱氢酶基因 ZDS 的克隆及生物信息学分析一文中，采用 RACE 方法从黄色的金煌芒果的果皮中克隆得到了 1 个 BCH 基因，通过系统发育分析发现，该基因编码的蛋白与温州蜜柑、柚子、大豆、草莓等具有较近的亲缘关系。对不同芒果品种的 BCH 基因的表达进行分析发现，红色的贵妃品种中表达量较高，而黄色的金煌品种中表达量较低。

（2）品种资源研究

海南以台农 1 号、贵妃芒、金煌、凯特等为主栽品种；广西以台农、桂七、肯特、凯特为主栽品种；广东以台农 1 号、椰香芒、金煌芒等为主栽品种；四川攀枝花、云南的华坪以凯特芒、肯特芒、爱文芒及红芒 6 号等为主栽品种，福建主要栽培品种有红花芒、紫花芒、金煌芒等。台湾常见的芒果品种有土芒果、爱文芒、凯特芒等。贵州创新培育黔芒，主要鉴选种植台农1号、红象牙、红玉芒等，全国基本形成区域化分布格局。2016年10月被神舟十一号带入太空的海南芒果胚芽细胞在地面成活，这是世界首例芒果太空育种。"热农一号"芒果种子来自海南海垦果业集团股份有限公司，经历太空遨游返回地面后，由中国热科院南亚所负责培育。经历了太空环境刺激后，发生细胞分裂的胚芽将形成增强抗病虫害能力、优化果实口感以及提高产量的全新植株。

2015年以来我国从美国、澳大利亚、巴基斯坦、广西、云南等国内外芒果资源近30份。从果实、植物学、抗病性等方面评价资源170多份，筛选出早熟、晚熟、抗病等优异种质5份。国内各省芒果种植区积极发展产业化经营，扶持龙头企业，组织芒果协会，提高芒果生产的组织化水平，大多采用"公司+基地+农户"和"协会+基地+农户"等模式，在自身发展壮大的同时，带动了优质芒果基地建设、技术推广、市场营销的迅速发展，从而带动芒果产业化发展，涌现了一批大型芒果果业公司及知名品牌，如海南的"神泉""毛公山""新鹿"，四川的"仁和""大祥""金河"及云南的"金川红玉"等。"台农"和"红贵妃"是中国南方主栽的两个重要品种，我国科研人员已经开展了这两个芒果品种的总黄酮含量及其抗氧化活性的研究，以及原花青素含量及其抗氧化活性、乙酰胆碱酯酶抑制活性的相关研究。云南省普洱市景东彝族自治县农业试验站报道了"景东晚芒"是当地果农发现的晚熟芒果品种，是从"象牙芒"变异株选育出的芒果晚熟新品种。该品种较当地主栽品种"象牙芒"晚熟2~3个月，且产量高、抗病性好、适应性强。中国热带农业科学院从美国引进的红芒品种"热品10号"，在金沙江干热河谷地区适应性强，树势强，丰产稳产。果实品质、丰产性和适应性在攀枝花市均表现优良并稳定。

（3）栽培技术研究

国内对芒果栽培技术研究已经趋于完善，果园施肥、疏花疏果技术、采前采后处理技术都比较成熟，并且形成一整套科学有效的栽培技术体系，目前研究关注点主要集中在改良果园土壤，提高果实商品率，节水节肥等低成本栽培技术。广西增施有机肥和石灰改良土壤及叶片营养诊断指导芒果树平衡施采前喷施不同质量浓度的赤霉素对红贵妃芒果贮藏品质和采后生理的影响，经0.5克/升、1.0克/升GA处理后可抑制果实MDA含量上升和果皮细胞膜透性的增大，延缓果实中TSS、VC和TA含量的变化。李华东、林电等人研究了叶面施用硝酸钙对芒果钾、钙、镁含量及品质的影响，为钙肥在芒果生产中的合理应用提供理论依据。叶面施用硝酸钙影响了芒果叶片的钾、镁含量，但有利于提高芒果果实品质及贮藏性。臧小平团队研究了不同用量有机肥处理对芒果果实品质及果园土壤肥力的影响，增施有机肥处理使果实可溶性固形物含量的提高，利用各种土壤有机质，促进土壤肥力水平的提升，从而改善果实品质和改良土壤性状。

（4）病虫草害防治技术

芒果主要病害有炭疽病、白粉病、流胶枯枝病、细菌性黑斑病和芒果灰斑病等。主要虫害有芒果横纹尾夜蛾、扁喙叶蝉、芒果脊胸天牛，芒果瘿蚊，切叶象甲，蚜虫和介壳虫等。炭疽病、蒂腐病是引起采后腐烂的最主要的病害。此外，软褐腐斑、软腐病、细菌黑斑病等也是芒果采后常见病害。海南大学研究了氯化钙结合季也蒙毕赤酵母处理对由炭疽病菌引起的芒果采后炭疽病的抑制效果，40 克/升 CaCl$_2$ 与 1×10^8 CFU/毫升 *M. guilliermondii* 悬浮液的复合处理比单一处理更能有效地抑制芒果果实采后炭疽病的发生。并分析CaCl$_2$对病原菌和酵母拮抗菌生长以及果实抗病性的影响。还采用 Horsfall 法，对初筛获得的 9 种单剂进行了室内复配筛选，为芒果新病害露水斑病防治提供药剂复配依据。热科院环植所通过形态学与特异性引物（1-3F/R、AF1）进行鉴定，并结合 Histone H3、EF-1α 和 β-tubulin 基因序列构建系统发育树，比较分析感染了畸形病病原菌的芒果菌株间的遗传多样性与地理区域之间的关系。

贵州农科院植保所通过离体接种和活体接种方法进行分离菌株的致病性测定、采用形态学结合 r DNA-ITS 序列的分子系统学方法鉴定病原菌的种类。对贵州兴义芒果畸形病的病原菌为腐皮镰刀菌（*F. solani*），是国内首次报道腐皮镰刀菌（*F. solani*）能够引起芒果畸形病害。

（5）采后处理技术

部分高校和科研单位也积极关注对芒果提取物的机理研究和芒果果实品质特征等。广西大学对芒果叶提取物进行 TG-DTG-DSC 热分析，220.80～505.04℃是其主要失重温度范围，其重量从 94.42% 急剧减少到 17.45%，样品的 Tb、Tm 和 Tf 值分别为 393.3℃、417.9℃和450.3℃，为芒果叶提取物的工业化加工提供了热分析参考数据。中国科学院华南植物园研究了不同浓度（1%、0.5%、0.2%、0.1% 和 0.05%）的芒果叶片水提液对 6 种南方牧草和两种模式受体植物（大豆和水稻）的化感作用，大部分受体植物对芒果叶片水提液表现出明显的化感抑制作用，随着浓度提高，抑制作用表现更明显。热科院南亚所选取 8 个不同芒果品种对比其类胡萝卜素、香气、糖和酸含量及组成特征，类胡萝卜素高的品种糖含量高、酸含量低，果实香气物质均以单萜烯类为主，类胡萝卜素低的品种糖含量较低、酸含量较高。

广西农科院加工所以桂热、金煌、凯特等 10 个广西芒果品种为对象，对其速冻-解冻前后样品的开裂率、感观品质、色度以及硬度、凝聚性、弹性、咀嚼性等质构特性进行测试。90%芒果品种出现开裂现象，硬度、咀嚼性下降幅度较大，桂热 10 号、金煌芒、紫花芒 3 个品种在液氮速冻-解冻后保持相对较高的品质。为液氮速冻应用于速冻芒果的加工提供理论依据和技术支持。田雅琴等研究 Metschnikowiapucherrima 对泰农芒果藏品质的影响和抗病机制，结果表明，能够抑制果皮颜色、果实硬度、可溶性固形物含量、总酸和维生素 C 含量的变化，保持芒果果实的贮藏品质。

国内外已研究过增强 UV-B 辐射对植物形态结构和生理代谢的影响、与其他多种环境胁迫因子的交互作用用变化和对农业生态环境的破坏等问题。海南大学热带农林学院以金煌芒果成年树为试验材料，研究增强 UV-B 辐射对其株产、主要营养风味品质和光合作用的影响，在田间以 40 瓦为梯度设置40～200 瓦的增强 UV-B 辐射处理，以自然光照为对照（CK），80 瓦以上辐射强度的增强 UV-B 辐射显著地引起芒果减产和果实营养风味品质变劣；在增强 UV-B 辐射的一定强度范围内，随 UV-B 辐射强度增强，叶片叶绿素和类胡萝卜素含量、气孔导度、净光合速率和蒸腾速率等均表现为下降趋势。芒果成年树受增强 UV-B 辐射后其叶片光合作用受到抑制，果实可溶性糖含量、糖酸比和维生素 C 含量降低，且具有增强 UV-B 辐射积累效应和剂量效应，引起果实减产和品质变劣。

此外，采后芒果果实的保存方式和保鲜技术决定了鲜果的货架期长短和芒果产品科技含量。目前多采用杀菌剂、食品添加剂、壳聚糖涂膜、复合防腐保鲜剂等方法延长芒果采后保鲜期，提高芒果采后的品质。采用纳米 ZnO 作为无毒害的抑菌剂来预防和控制疾病受到越来越多的关注。ATA 可以作为乙烯吸收剂去除在后熟过程中产生的乙烯，从而延缓其后熟进程，延长贮藏保鲜期。广西大学用纳米 ZnO 和 ATA 的独特性质将其加入涂料中以制备抗菌复合涂层，将复合涂层涂布在原纸上以获得功能纸，并且使用功能纸包装芒果，实现功能纸在芒果保鲜上的应用。0.75%壳聚糖处理法，结合气调比例 $4\%O_2+6\%CO_2+90\%N_2$，有效延长芒果最少加工产品的货架期，保持较高的维生素 C 含量。海南大学研究了益智仁提取物–海藻酸钠复合涂膜剂的综合保鲜效果，芒果在室温条件下可保鲜 10 天，总失重率为 12.85%，能够显著抑制芒果果皮转黄和果实腐烂。中国农业大学的赵金红课题组研究了不同解冻新技术对芒果品质以及解冻时间的影响，30瓦微波解冻能显著降低芒果的解冻时间（$P<0.05$），芒果汁液流失率显著减小（$P<0.05$），硬度值、L^* 值和维生素 C 含量都显著增大（$P<0.05$），比高温空气、常温静水和超高压解冻技术先进。热科院品资所研究不同土壤含水量对采后芒果果实可食率、可溶性糖和果实失水率等采后品质的影响，为芒果果实生长期水分管理及芒果采后贮藏保鲜提供理论依据。

2017 年，国内首条标准化芒果自动分选生产线在四川省攀枝花市盐边县投入运行。专门针对攀枝花凯特芒果果形和大小特征进行了技术创新，实现集清洗、恒温热处理灭菌、分级、分选、标准化包装等功能的一体化可有效保护芒果在分选过程中不受碰损，通过人工辅助作业进行标准化贴标、打版后进入冷链物流系统。北京工商大学的项辉宇科研团队基于 DSP6437 开发板构建了芒果品质检测平台，将视觉检测和味觉传感器结合起来判断芒果的品质，对芒果的大小、成熟程度以及是否腐烂进行分级分类。

（6）加工技术与废弃物利用

芒果产品种类很多，有芒果干、芒果果汁饮品、芒果果醋等，产品研发市场广阔，广西亚热带作物研究所采用低温无硫糖渍和半烘干后拌酸的工艺生产原味无硫芒果干，可重复利用糖液，降低生产成本。海南大学食品学院的芒果果酒研究团队发现了酿酒酵母 R-HST 能够在芒果皮汁中生长。发酵 24 小时后，芒果皮汁中有机酸、总酚含量和抗氧化活性均显著增加。这使得芒果皮汁刺激性气味减少，增加了芒果水果清香和白兰地酒香味。

芒果果皮富含多酚、类胡萝卜素、植物甾醇和膳食纤维，还含有芒果苷、类黄酮等具有抑菌作用的成分。有研究发现芒果果皮提取物和芒果苷具有有效的抗氧化活性，可预防各种疾病，含有芒果苷的芒果皮可用于功能性食品和饮料的开发。国内多从芒果皮、芒果核和芒果叶等芒果废弃物中提取活性成分制药，贵州理工学院以芒果皮为原料、氯化锌为活化剂制备活性炭，在活化时间 30 分钟、温度 600℃、炭化温度 400℃、活化剂浓度 2 摩尔/升条件下，芒果皮活性炭的碘吸附值、亚甲基蓝吸附值分别为 1 394.17 毫克/克、184.52 毫克/克。为芒果皮废弃物的再利用开辟了广阔的市场。西北农林科技大学以芒果果皮作为分离源，经分离、纯化及三级筛选得到 6 株在酵母菌，

DTM9 和 DKT1 发酵的芒果酒中，酯类和醇类物质含量都增加 30% 以上，提高了芒果酒的感官品质和香气质量。吕小文等将芒果叶浸膏添加到鱼类饲料中，芒果叶浸膏可有利于产动物预防疾病。王恒月等将玉米-豆粕型日粮中添加 300 克/千克芒果叶提取物可以提高 1～42 天肉鸡生长性能，改善胸肌肉品质及血液脂肪代谢。

三、中国芒果科技瓶颈、发展方向或趋势

1. 科技瓶颈

芒果杂交和诱变育种联合攻关较困难，加工和抗逆的芒果品种选育也难以开展，育种效率低，体系不完善，理论创新不够。

芒果的病虫害绿色综合防控、省力化栽培、配方施肥、产期调节、采后保鲜和商品化处理技术有待提高。

芒果精深加工技术有待提高。目前芒果的精深加工产品种类偏少，商品化处理技术水平低，包装技术和现代化的清洗、消毒、分级及相关运输设备较落后，现阶段的芒果储存运输环节薄弱，降低外观美感和口感风味，降低了芒果鲜果及其产品的市场竞争力，深加工技术水平有待提高。

对芒果产业的资金投入不足，新经验、新技术、新品种得不到广泛的推广和应用，造成芒果的低产果园面积大，经济效益低。有些芒果主产区因地形等自然原因还会干旱少雨，同时水利设施和基础建设较落后，直接影响了芒果的产量和经济效益。

2. 发展方向或趋势

（1）芒果育种手段趋于多元化，种质创新技术不断提高

利用常规育种手段，结合基因渐渗、标记选择、诱变等种质创新技术，挖掘优异芒果种质资源和能控制产量、品质、抗病、抗逆、养分高效利用等优异性状的基因，建立芒果高效育种技术体系。

（2）芒果优良种质资源性状鉴定、评价和质量控制趋于精准化

攻克芒果的重要性状鉴定评价技术，完善芒果种质资源描述和质量控制技术规程和评价标准；开展芒果种质资源规范化表型鉴定，筛选目标性状优良的种质资源，对具有优良性状芒果种质资源进行多年多点的精准鉴定及综合评价。

（3）提高芒果栽培全程的绿色防控水平

开展矮化密集芒果种苗高效繁育技术研究和芒果产量及果实品质形成机制及调控研究，完善芒果无病毒苗木繁育体系。芒果节水、节肥、病虫害绿色防控等简约化、低成本栽培技术研究，提高芒果平均单产水平，降低芒果果园农药、化肥等生产投入品使用量比例。

（4）因地制宜优化芒果品种结构，产业化水平明显提升

我国适合芒果种植的地区面积广阔，不同地理位置产出不同品种的芒果，成熟期从2—8 月均有。拓展芒果试种区域和规模化标准化经营，进一步优化芒果品种结构，针对不同产区特点选育适应当地气候条件的优良品种。各芒果生产地区都有建设芒果示范

基地和果园，龙头企业带动当地产业发展，吸引外资企业的注入，给芒果产业带来新品种和新技术。

（5）基因工程技术解决芒果采后处理和保鲜

研发适合芒果产业特点的小型机械化，降低芒果采后机械损失率。研究基因工程技术解决芒果采后保鲜和废弃物产业化利用，重视芒果废弃物的环保利用，特别在医学制药上的再利用研究。

四、中国芒果科技发展需求

1. 政府加大对芒果产业的资金投入和优惠政策支持

各级热区政府应从政策上引导和扶持发展芒果产业，加大对芒果产业的资金投入，特别是对龙头企业和高校科研单位的科技投入，做强做大芒果加工龙头企业，达到农民增收、企业增效、农业农村财政增长的目标，稳定芒果种植面积，提高产量，增加果农收入。带动芒果主产区农民发展产业化经营，促进芒果的生产向规模化、集约化、产业化方向发展，从而实现热区的乡村振兴。

2. 加强芒果优良品种选育，调整和搭配好品种结构

开展芒果杂交和诱变育种的联合攻关，加强对芒果种子质量和选育种的研究，特别是加工和抗逆的芒果品种选育，应当结合各芒果主产区的当地气候条件因地制宜鉴选品种，合理搭配和调节不同成熟期的品种。引进学习芒果种植专业技术，大力推广优质品种，提高芒果的品质和产量，提高竞争力。

3. 开展精深加工研究，提高芒果产品的科技含量

积极开展芒果采后商品化处理技术的研究，制定芒果采后商品化处理的规程，建设商品化处理的基础设施建设，引进国内外先进的处理设备和技术，开展精深加工研究，提高芒果产品的科技含量，为市场提供更多的高附加值的深加工产品。加大芒果产品的开发力度，从单一的食用型向芒果食用、芒果工艺品方向发展。

参考文献

曹甜甜.2018. 纳米氧化符/破甲比林保鲜纸的制备及在芒果包装上的应用［D］.南宁：广西大学.

杜邦.2017. 芒果新品种'热品10号'的选育［J］.中国果树（2）：67-69.

何全光，黄梅华，张娥珍.2017. 不同品种芒果块液氮速冻-解冻后质构特性比较研究［J］.热带作物学报，38（7）：1365-1370.

金晓帆，唐明峰，陈卫军.2018. 酿酒酵母发酵芒果皮汁成分和抗氧化能力变化［J］.食品科技，43（9）：121-127.

李华东，白亭玉，郑妍，等.2016. 叶施硝酸钙对芒果钾、钙、镁含量及品质的影响［J］.园艺科学，西北农林科技大学学报（自然科学版）（3）：63-68.

刘凤仪，周佳欣，金铭 . 2018. 芒果生产过程中副产物的综合利用研究进展 ［J］.
　　食品工业，11（39）：263-265.

吕小文，郝倩，陈业渊，等 . 2013. 饲料添加芒果叶黄酮浸膏促进鱼类生长 ［J］.
　　农业工程学报，29（18）：277-283.

南楠 . 2017. 我国芒果产业发展问题探析 ［J］. 云南农业大学学报（社会科学），11
　　（3）：80-84.

钱正益，徐升阳 . 2018. 芒果晚熟新品种‘景东晚芒’的选育 ［J］. 中国果树
　　（6）：79-80.

王恒月 . 2018. 芒果叶提取物对 1～42 d 肉鸡生长性能、血液生化指标、屠宰性能
　　及肌肉品质的影响 ［J］. 中国饲料（18）：23-27.

佚名 . 2017-03-21. 世界首例芒果太空育种成活 ［N］. 海南日报 .

袁孟玲，岳堃，王红 . 2018. 增强 UV-B 辐射对芒果成年树光合作用及其产量与常
　　规品质的影响 ［J］. 南方农业学报，49（5）：930-937.

臧小平，周兆禧，林兴娥 . 2016. 不同用量有机肥对芒果果实品质及土壤肥力的影
　　响 ［J］. 中国土壤与肥料（1）：98-101.

赵玳琳，王廿，卯婷婷 . 2018. 贵州芒果畸形病病原菌的分离与鉴定 ［J］. 西南农
　　业学报，31（3）：494-499.

郑斌，武红霞，王松标 . 2017. 基于转录组的芒果 MYB 家族基因的鉴定及分析
　　［J］. 热带作物学报，38（7）：1285-1294.

周开兵，李世军，袁孟玲 . 2018. 增强 UV-B 辐射对芒果株产和果实品质及光合作
　　用的影响 ［J］. 热带作物学报，39（6）：1102-1107.

Abdalla A E M, Darwish S M, Ayad E H E, et al. 2014. Egyptian mango by-product 2：
　　Antioxidant and antimicrobial activities of extract and oil from mango seed kernel ［J］.
　　Food Chemistry, 103（4）：1141-1152.

Andrade L A, Barrozo M A S, Vieira L G M. 2016. Thermo-chemical behavior and prod-
　　uct formation during pyrolysis of mango seed shell ［J］. Industrial Crops & Products
　　（85）：174-180.

Ganeshan G, Shadangi K P, Mohanty K. 2016. Thermo-chemical conversion of mango
　　seed kernel and shell to value added products ［J］. Journal of Analytical & Applied
　　Pyrolysis（121）：403-408.

Garcia-Mendoza M P, Paula J T, Paviani L C, et al. 2015. Extracts from mango peel
　　by-product obtained by supercritical CO_2, and pressurized solvent processes ［J］.
　　LWT-Food Science and Technology, 62（1）：131-137.

Hartman G L, Pawlowski M L, Chang H K. 2015. Successful Technologies and Approa-
　　ches Used to Develop and Manage Resistance against Crop Diseases ［M］.

Jahurul M H A, Zaidul I S M, Norulaini N A N, et al. 2014. Cocoa butter replacers from
　　blends of mango seed fat extracted by supercritical carbon dioxide and palm stearin
　　［J］. Food Research International（65）：401-406.

Jin J, Zheng L, Pembe W M, *et al.* 2017. Production of sn−1,3−distearoyl−2−oleoyl−glycerol − rich fats from mango kernel fat by selective fractionation using 2 − methylpentane based isohexane ［J］. Food Chemistry（234）: 46−54.

Nawab A, Alam F, Hasnain A. 2017. Mango kernel starch as a novel edible coating for enhancing shelf − life of tomato（*Solanum lycopersicum*）fruit ［J］. International Journal of Biological Macromolecules（103）: 581−586.

Tian Y Q, Li W, Jiang Z T. 2017. The preservation effect of Metschnikowia pulcherrima yeast on anthracnose of postharvest mango fruits and the possible mechanism ［J］. Food Scinence & Biotechnology, 27（1）: 1−11.

第八章　中国菠萝科技发展现状与趋势研究

菠萝［*Ananas comosus*（Linn.）Merr.］，属菠萝科、凤梨属，原产南美洲巴西和巴拉圭，在热带和亚热带地区均有分布。菠萝最早由印第安人传至中南美洲和西印度群岛，自哥伦布从瓜德罗普岛带至西班牙之后，在世界各地推广，覆盖全球80多个国家和地区。FAO数据库显示全球有80多个国家和地区种植菠萝。据FAO统计，菠萝的国际贸易量和贸易额均远远大于芒果，是中南美洲、非洲和亚太地区的重要经济作物之一。科技的进步一直是推动菠萝产业发展的原动力。

一、中国菠萝产业发展现状

1. 菠萝种植情况

我国是世界菠萝主产国之一，种植面积和总产量分别约占全球的7.22%和8.05%。2017年我国实有面积96.40万亩，较上年增长3.97%，占全国热带水果总面积3.40%；总产量167.16万吨，较上年增长5.66%，占全国热带水果总产量6.32%；单产2 130.18千克/亩；总产值325 707.55万元，较上年下降26.72%。海南年末实有面积24.56万亩，总产量40.99万吨，总产值69 683万元；广东年末实有面积为57万亩，总产量111万吨，总产值222 000万元；广西年末实有面积为3.94万亩，总产量3.54万吨，总产值4 255万元；福建年末实有面积为4.75万亩，总产量4.45万吨，年末总产值13 341.90万元；云南菠萝年末实有面积为6.16万亩，总产量7.19万吨，年末总产值16 427.65万元。

从图8-1可以看出，广东菠萝产量仍然高于其他区域，其次为海南。2010—2013年海南的菠萝产量一直增长，但2014年略有缩减，2015年开始回升，2017年产量最高。

2. 菠萝市场情况

我国菠萝消费主要以鲜果为主，加工制品主要有菠萝罐头、菠萝汁及浓缩菠萝汁。2010—2017年，消费总量由114.66万吨上升至163.89万吨，年均增长5.37%。

（1）国际贸易情况

我国菠萝鲜果及加工品占世界同类贸易比重较小。2010—2017年，我国鲜菠萝进口量由1.97万吨增至14.60万吨，主要进口国为菲律宾；出口量由0.26万吨增至0.53万吨，主要出口国为俄罗斯。菠萝罐头进口量由0.80万吨增至1.71万吨，主要进口国为菲律宾；出口量由5.06万吨下降至2.13万吨，主要出口国为美国。菠萝汁进口量由0.09万吨增至0.54万吨，主要进口国为泰国；出口量维持在0.29万吨左右，主要出口国为荷兰。

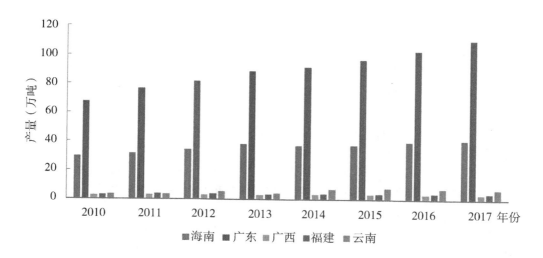

图 8-1　我国 2010—2017 年菠萝主产区产量

（2）出口竞争态势

进出口贸易集中，主要进出口过分别为菲律宾和俄罗斯。2017 年我国对俄罗斯鲜菠萝出口量占出口总量的 65.56%；从菲律宾进口量占进口总量的 77.55%。对美国菠萝罐头出口量占出口总量的 49.88%；从菲律宾、泰国、印度尼西亚进口量占进口总量的 98.58%。对荷兰、巴基斯坦菠萝罐头出口量占出口总量的 35.94%；从塞浦路斯进口量占进口总量的 66.15%。

品种不同，菠萝出口竞争力差异较大。2017 年我国鲜干菠萝出口平均价格每千克 1.26 美元，进口平均价格每千克 1.00 美元；菠萝罐头出口平均价格每千克 1.02 美元，进口平均价格每千克 1.20 美元；菠萝汁出口平均价格每千克 1.61 美元，进口平均价格每千克 0.85 美元。由于我国出口鲜食菠萝主要为金菠萝故价格较高，菠萝制品以巴厘种为主价格较低。

出口主要竞争对手是哥斯达黎加和泰国。我国占俄罗斯鲜食菠萝总进口贸易量的 7.67%，单价 1.13 美元/千克；哥斯达黎加占其总进口贸易量的 87.43%，单价 1.07 美元/千克。我国占美国菠萝罐头总进口贸易量的 3.83%，泰国占其总贸易量的 47.85%，单价均为 1.42 美元/千克。

2018 年 1—11 月，鲜干菠萝总进口量为 13.42 万吨，进口值为 1.35 亿美元，分别较上年同期增长 31.70% 和 23.85%，主要贸易对象为菲律宾和我国台湾地区；出口量为 0.28 万吨，较上年下降 12.5%，出口值为 407.44 万美元，较上年增长 0.41%，主要贸易对象为俄罗斯、美国；我国香港地区。菠萝罐头总进口量为 1.58 万吨，进口值为 1 900.18 万美元，较上年同期下降 31.67% 和 30.80%，主要贸易对象为菲律宾、泰国和印度尼西亚；出口量为 1.97 万吨，出口值为 2 005.02 万美元，较上年分别下降 22.75% 和 25.21%，主要贸易对象为美国、英国和阿联酋。浓缩菠萝汁总进口量为 0.46 万吨，进口值为 328.68 万美元，分别较上年同期增长 31.43% 和 32.54%，主要贸易对象为塞浦路斯和泰国。出口量为 149.65 吨，出口值为 8.94 万美元，分别较上年增长 4 倍和增长 21 倍，主要贸易对象国为阿联酋，较上年新增贸易对象香港和意大利。其他菠萝汁总进口量为 0.045 万吨，进口值为 103.74 万美元，分别较上年同期下降 25% 和下降 6.39%，主要贸易对象为泰国、哥斯达黎加和以色列。出口量为 0.25 万吨，出口值为 458.97 万美元，分别较上年下降 69.51% 和 70.74%，主要贸易对象为荷兰和美国。

（3）国内市场情况

2018 年我国广东及海南菠萝田头收购价格波动剧烈，在 5 月出现滞销。清明节前后采购商收购价为 2.7 元/千克，随后十多天在"菠萝文化节"影响下价格一路上涨，最高峰为 3.2~4 元/千克。但 5 月 4 日左右，价格迅速下跌至 1.3 元/千克 0.46 元/千克，甚至出现 0.1 元/千克，有的根本卖不出去。但同区域菠萝台农 17 号、金菠萝价格仍维持在 6 元/千克，而且供不应求。

农民更新品种要面临两大挑战。一是成本资金投入大，传统巴厘种植成本每亩为 5 000~6 000 元，但台农等优质菠萝每亩成本约为 10 000 元，种苗贵 0.65 元，地膜、有机肥等约需 4 000 多元，对农民来说是巨大的生产投入。二是技术门槛限制，新品种种植技术复杂，需要起垄盖膜、套袋护果、多次采摘等，技术跟不行很有可能出现裂果等问题。

从图 8-2 可以看出，2018 年我国菠萝价格波动较大。仍在 3—5 月集中上市，同时菠萝的销售价格较高。而 5 月的菠萝价格最高，此时海南及广东菠萝开始下市。但与上年相比，2018 年菠萝价格除 4—6 月外均低于 2016 年。

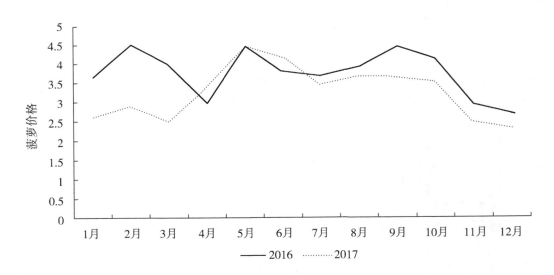

图 8-2　我国 2018 年主要批发市场菠萝产销情况

（4）消费增长空间

国内消费增长空间两极分化。2017 年我国菠萝人均占有量已达 1.18 千克，鲜食消费约 0.89 千克，远低于大众温带水果。近年来菠萝主产区低端滞销、高端及进口菠萝供不应求现象日益明显。表明优质菠萝市场增长空间较大。

国际消费增长空间有待提升。欧盟是全球最大的菠萝出口市场，由于我国菠萝的质量不高、保鲜技术不强，对欧盟市场出口的难度较大。鲜果主要出口国仍将集中在俄罗斯，罐头出口仍将集中在美国。但我国菠萝罐头出口量逐年递减，东盟、南美高端菠萝产业发展如火如荼，我国菠萝出口贸易将继续减弱，国际消费空间日益狭隘。

二、国内外菠萝科技发展现状

1. 世界菠萝科技进展概况

近年来，国外的菠萝科技研究主要集中在种质资源收集、保存与选育研究，病虫害防治，加工技术及副产品和废弃物利用方面。

（1）种质资源保存及品种繁育进展

种质资源收集、保存对于菠萝产业可持续发展至关重要，全球各主要菠萝研究机构都开展了菠萝种质资源收集、保存工作。法国农业研究发展国际合作中心（CIRAD）共收集了 600 多份菠萝种质材料，每份材料均有来源、植物性状和农艺性状等记录数据。巴西国家块根作物和果树研究中心（CNPMF）的菠萝基因库共收集 500 份种质材料。墨西哥菠萝种质库收集了国内所有栽培种，以及夏威夷、科特迪瓦和拉丁美洲地区的菠萝种质。植物遗传资源研究所（IPGRI）主要负责协助各个种质资源库之间的种质交换和信息交流活动，并率先开展分子标记辅助菠萝种质鉴定研究。

在品种选育方面，随着科技的发展，多倍体技术、辐射诱变、组培诱变和转基因技术逐步被应用到菠萝育种研究中，转基因技术已被证实为菠萝抗性改良的一种快速有效手段。美国德尔蒙公司（Del Monte Fresh Produce）近日所研发的新转基因粉红色菠萝，虽尚未获得美国食品和药物管理局（FDA）的正式批准，但已被该局认定在安全及监管方面没有任何问题。

在基因组构建方面，2016 年由葡萄牙 Al-garve 大学的 Jorge Dias Carlier 及其同事首次绘制了菠萝的基因图谱，该品种的菠萝是 $A.\ comosus\ var.\ comosus$ 和 $A.\ comosus\ var.\ bracteatus$ 的杂交 F_2 代。

在品种繁育方面，以冠芽、裔芽、腋芽为外植体的组培方案，经过不断改进，其再生苗成活率已提高到 90% 以上。但是，在工厂化生产中仍然存在遗传不稳定、变异性高，成本较大，增殖率偏低等不足，限制了菠萝组培种苗的普及。目前仅有巴西、澳大利亚、夏威夷和中国台湾等少数发达国家和地区采用工厂化组培育苗。

（2）栽培技术研究进展

在花期调控方面，药物催花已是菠萝商业生产上一项成熟稳定的技术，它可使鲜果供市期延至 10 个月之长，并具有缩短果实成熟时间，提高质量一致性的作用。药物控花虽然切实有效，但易受品种、气候、环境、植株营养等因素的影响，导致植株未能按期抑花或开花。而花期基因调控研究将从遗传水平上改变植株的乙烯生物合成，使精确、稳定的人工控花成为可能。澳大利亚于最近的研究，将 ACC 合成酶基因导入菠萝中，获得转基因共抑制株系，其花期比对照显著延迟。

在病虫害防治方面，在世界各个主产区都有发生的菠萝粉蚧凋萎病，目前主要是采用寄生蜂等生物防治+化学防治手段来控制该病；对于菠萝黑心病，往往采用控制果实营养比（增加钾、钙含量）、使用生长调节剂、涂膜、热水浸烫、光照处理等两种或多种手段来进行防控。对于真菌病害，Cledir Santos 等（2015）在《利用基质辅助激光解吸电离飞行时间质谱确定菠萝病原体》一文中提出，基质辅助激光解吸电离飞行时间质谱已被用来确定一些镰孢属和木霉属物种，但通过这种技术检测真菌病害的问题尚未完全解决。在这项研究中，进行测试以确定菠萝在原地观测之中，丝状真菌的用于控制真菌病害的功效是有据可查的。但是，物防治剂是否超出生长病原体是存在着不确定性的。Wilza Carla Oliveira de Souza 等研究表明，利用苦瓜提取物可有效防治菠萝黑腐病，且不影响采后菠萝果实品质。

（3）加工技术与废弃物利用

在加工技术或工艺方面，Yuwadee Ackarabanpojoue 等研究了利用电渗析去除菠萝汁硝酸盐的工艺，明确了电渗析（ED）可有效去除菠萝汁硝酸盐。Nurul Elyani Mohamad、Swee Keong Yeap、Kian Lam Lim、Hamidah Mohd Yusof 等（2015）在菠萝醋的抗氧化实验中发现，菠萝醋可以显著降低肝谷胱甘肽、超氧化物歧化酶、过氧化脂质在小白鼠体内水平，有效减少肝脏细胞色素蛋白。

在副产品及加工废弃物利用方面，对菠萝叶、果皮、加工肉渣的回收利用，目前已生产出菠萝纤维、菠萝蛋白酶、果胶、饲料、沼气、有机肥等综合利用产品。Aravind Kalambettu 等研究了利用强化菠萝叶纤维与聚乙烯醇（PVA）制成复合材料（PALF），该复合材料显示出高抗拉强度和脆性，可完全生物降解，在种植、采后处理等领域使用不会造成环境破坏。YShuvee Neupane S T 等研究表明，利用菠萝叶粉末作为生物吸附剂可有效去除水溶液中的结晶紫。Itxaso Algar、L. M. Alvarenga 等研究了利用菠萝副产品及其加工废弃物制备高附加值细菌纤维素、菠萝乙醇的工艺，通过该工艺制备出细菌纤维素，可提高菠萝产业效益。

2. 我国菠萝科技进展概况

近年来，中国菠萝研究在学科方面以园艺学方面最为活跃，其次是植物保护、畜牧与动物医学、农业工程、农业基础学科等方面，并涉及多学科间的交叉和渗透（表8-1、表8-2）。文献计量学研究表明，在研究内容上主要集中于基因组及品种选育、栽培管理、病虫害防控、采后处理技术与装备、深加工及开发利用方面。

表 8-1　2003—2017 年 CNKI 农业科技领域收录中国菠萝相关文献的主要分布期刊和核心作者

排序	刊名	载文量/篇	排序	刊名	载文量/篇	排序	核心作者	载文量/篇
1	热带作物学报	49	9	农业研究与应用	11	1	孙光明	89
2	广东农业科学	45	10	园艺学报	9	2	吴青松	30
3	世界热带农业信息	32	11	西南农业学报	7	3	孙伟生	29
4	中国南方果树	29	12	热带农业工程	7	4	刘胜辉	28

（续表）

排序	刊名	载文量/篇	排序	刊名	载文量/篇	排序	核心作者	载文量/篇
5	果树学报	24	13	中国农学通报	7	5	石伟琦	27
6	热带农业科学	23	14	中国果树	6	6	张秀梅	25
7	中国热带农业	21	15	福建农业	6	7	魏长宾	23
8	安徽农业科学	17						

注：核心作者机构均为中国热带农业科学院南亚热带作物研究所。

资料来源：李穆、蔡元保、杨祥燕，2018。

表 8-2　2003—2017 年 CNKI 农业科技领域收录中国菠萝相关文献的主要分布期刊和核心作者

排序	基金项目	文献量（篇）	排序	学科	文献量（篇）
1	农业部"948"项目	39	1	园艺	434
2	海南省自然科学基金	34	2	植物保护	44
3	国家自然科学基金	22	3	畜牧与动物医学	37
4	国家科技支撑计划	13	4	农业工程	24
5	广东省科技攻关计划	12	5	农业基础	23
6	广东省自然科学基金	9	6	农艺学	12
7	水利部"948"项目	8	7	农作物	10
8	广西壮族自治区自然科学基金	7	8	林业	10
9	社会公益研究专项计划	6			
10	国家科技基础条件平台建设计划	3			

（1）基因组研究及品种选育

在菠萝基因组研究方面，福建农林大学于 2015 年宣布破译了菠萝基因组，该项研究在全世界首次鉴定出菠萝基因组中所有参与景天酸代谢途径的基因，首次阐明了景天酸光合作用基因是通过改变调控序列演化而来，并且受昼夜节律基因的调控，是光合作用功能演化研究的重大突破。该项研究还首次证明了菠萝基因组可作为所有单子叶植物的重要的参考基因组，对包括禾本科粮食作物在内的大量单子叶植物的功能研究和产业发展具有重要的参考意义，为改善许多重要的菠萝性状提供了有价值的遗传资源，将极大促进菠萝品种改良和产业发展。陈俊浩等开展了菠萝 EST 资源的 SSR 信息分析与开发，研究结果为利用 EST-SSR 分子标记进行菠萝连锁图谱构建，数量基因定位，种质资源遗传多样性，亲缘关系研究和指纹图谱构建奠定了基础。

在品种选育及果实品质调控基因研究方面，王小媚等采用营养系选种方法从'巴厘'菠萝中选育出早熟菠萝新品种—金香菠萝，抗瘠、抗旱、抗寒能力都较强，其抗瘠性、抗旱性与'巴厘'相当，抗寒性优于'巴厘'，病虫害危害程度轻微，抗病性强。李运合等开展了菠萝 AcHMGR 基因的克隆与表达分析，研究结果表明，CPPU 处理后 AcHMGR 基因可能在促进果实重量的增加中起着重要作用。杨祥燕等采用 RT-PCR 和 RACE 方法从菠萝克隆获得一个 MADS-box 基因，命名为 Ac MADS2，Gen Bank 登录号为 KC257409，推测 Ac MADS2 基因可能参与菠萝根发育的调控以及逆境胁迫反应。

（2）栽培管理

这方面研究重要突破是中国热带农业科学院南亚所菠萝研究室研发的"菠萝周年供果优质高效栽培技术创建与应用"成果，该项研究阐明了菠萝成花机理、果实品质形成的调控机制、养分需求规律和主要病害的成因等，创建了菠萝花期与品质调控、养分管理及主要病害防治等技术，实现了菠萝周年供果，专家评价认为该项成果整体水平达到了国际先进水平。此外，还有科研人员对菠萝水肥一体化栽培技术进行了研究。

（3）病虫草害防治技术

科研人员以南瓜作为寄主，探索恒温条件对新菠萝灰粉蚧生长发育和繁殖的影响，测定了新菠萝灰粉蚧各虫态的发育历期、发育速率、存活率和繁殖力，组建了新菠萝灰粉蚧的实验种群生命表。另有研究人员提出，菠萝的采收成熟度与黑心病的发病率密切相关，成熟度高的 8M 果贮藏过程中菠萝黑心病的发生率明显低于 6 M 果；伴随黑心病的发生，6M 果和 8M 果的乙醇代谢相关产物、代谢关键酶活性存在差异，乙醇代谢可能与黑心病发生密切相关。

（4）采后处理技术与装备

该方面的主要突破是设计一种实用化菠萝采摘机器人，即采用履带式自走平台及双目立体视觉定位系统，采摘机械手从菠萝顶部抓取果实并拧断果柄，并按照果实大小分类存放，自动完成从果实采摘到分类的全过程，具有很高的经济价值。还有研究人员设计了一种双辊式菠萝叶粉碎还田机。该机采用双辊式作业结构，配合双 L 改进型甩刀和直刀与定刀联合作业，一次工作有效对菠萝茎叶完成多次击打、切割作用，一次粉碎作业满足实际农艺需求。另外，以巴厘菠萝为试材，研究了真空包装结合低温处理对鲜切菠萝贮藏期内可溶性固形物含量、失水率、褐变度、硬度、有机酸含量、维生素 C 含量以及多酚氧化酶（PPO）和过氧化物酶（POD）活性的影响。

（5）加工技术与废弃物利用

该方面研究主要集中于菠萝采后副产物及加工产品废弃物的开发利用上。研究人员以干菠萝皮渣为原料，运用超声波辅助纤维素酶法提取菠萝皮渣中的果胶，通过单因素和响应曲面试验，确定最优的提取工艺。还有研究员探究了以菠萝叶纤维为基体的配方和发泡工艺参数对海绵回弹性、压缩永久变形、力学性能的影响；探究了菠萝叶纤维对复合海绵回弹性、压缩永久变形、力学性能、吸附性、防霉性和热稳定性的影响。考察了环氧化天然胶乳（ENR）对 PALF 在天然胶乳中分散性的影响。

3. 中国热带农业科学院菠萝科技进展

（1）种质评价与新品种选育

研究人员对 12 个台农菠萝品种进行试种，比较各品种特性。结果表明：12 个菠萝品种的株高变幅为 47.60～92.40 厘米，叶长变幅为 54.40～97.00 厘米，叶宽变幅为 4.28～6.48 厘米；大多数为无刺品种，各品种叶面颜色有所不同；圆锥形果和圆柱形果居多，各品种果皮颜色由黄绿色至金黄色，果肉颜色大多数为淡黄色。从果实大小、果形外观、口感品质 3 方面综合评价，台农 16～19 号符合当前生产和消费需求，适于在中国菠萝主产区推广种植。

（2）分子生物学研究

研究体细胞胚发生及其分子机理对菠萝遗传改良和实现工厂化育苗有着重要意义。研究人员对菠萝 SERK 基因的研究发现，菠萝中存在 3 个 AcSERK，它们在大多数细胞和组织中都存在一个低水平的基础表达，但只有 AcSERK1 在体细胞胚发生初期——非胚性细胞向胚性细胞转变过程中开始发生高水平特异表达，并维持到球形胚时期，是菠萝体细胞胚发生的标志基因。进一步的功能分析表明：过量表达 AcSERK1 能使菠萝体细胞胚发生量提高 97.5%，转基因植株抗寒性也明显增强。另外，通过甲基化抑制剂 5-氮杂-胞嘧啶核苷（5-Aza-CdR）降低菠萝基因组 DNA 的甲基化程度，不仅可以抑制其离体培养时愈伤组织的植株再生（包括器官再生和体细胞胚再生），还有利于促进幼态体细胞胚的发育和成熟。还有科研人员克隆出了调节菠萝糖代谢的 AcSuSy、AcSPS 和 AcNI3 个基因。

（3）病虫害防治与栽培技术研究

刘亚男等研究了施钾对菠萝产量和果实品质的影响，随着施钾量的增加，叶片钾含量、菠萝单果重和菠萝产量随之增加，菠萝果实可溶性总糖含量也呈增加趋势，而维生素 C、可滴定酸含量和糖酸比保持稳定。

（4）采后处理与综合利用技术研究

重要突破是成功利用菠萝麻和香蕉提取纤维并开发出纤维制品，生产出服装和床上用品，深受广大消费者的喜爱，该成果荣获 2009 年度海南省科技进步一等奖和神农中华农业科技二等奖，获得发明专利 3 项，实用新型专利 17 项。另外，有研究人员针对现有菠萝叶粉碎还田机效率低、功耗高的问题，研发了双辊式菠萝叶粉碎还田机，该机 1 次作业，菠萝叶粉碎效果就可满足还田农艺要求，和传统机型相比，生产率提高 50%，油耗降低 30%。

（5）菠萝产业经济研究

科研人员构建菠萝鲜果产业国际竞争力评价指标体系及国际竞争力指数，全面分析中国菠萝鲜果产业的国际竞争力。结果表明，7 个菠萝主产国中，哥斯达黎加菠萝鲜果产业的国际竞争力相对最强，国际竞争力指数为 1.70；其次是印度尼西亚，国际竞争力指数为 1.53；中国排名第 5 位，国际竞争力指数为 0.47。

三、中国菠萝科技发展存在的问题、发展方向或趋势

1. 存在的问题

（1）缺乏统一规划与布局

菠萝不宜种植在中性或碱性土、黏性或无结构的粉沙土，要求 pH5～6，果实成熟期的长短及质量的好坏与温度的联系很密切，低于 5℃易受寒害，忌积水。多数菠萝园在种植前未进行规划与布局，盲目选择低洼地，导致冬季霜冻，雨季积水，严重影响菠萝正常发育生长，并且园内基础设施不齐全，无供水设备，如定植后遇干旱天气，未能及时淋水，致使生长缓慢，推迟结果期。而且，在菠萝价格好时一哄而上，易导致菠萝烂市。

（2）品种结构不合理

现阶段主要栽培品种为巴厘（占 80%），沙捞越、神湾、本地菠萝等品种占 20%，这些品种主要是鲜食品种，缺乏加工品种。而且，这些品种虽然具有抗性强和适应性广的优点，但由于长期的无性繁殖和规模应用，已明显表现种性退（老）化、果实商品价值欠佳等特点，与近年来菠萝鲜果国际市场上的主流品种金菠萝、MD-2、台农系列等比较，其品质、外观等方面表现缺乏竞争优势，滞销现象屡现，品质差，经济效益较低。

（3）种植技术推广困难

由于农户对农药剂，化肥配比的技术不专业且缺乏指导，使得药剂常显使用量大，在经济上浪费农业资金投入，在销售时外表很大，但果实品质下降，易出现黑心等现象，不易储运。从农技推广角度来讲，县市农技推广人员较少，且年龄层次偏大，推广技术工作繁重，只依靠农技推广部门很难实现对技术的多项指导。

2. 发展方向或趋势

（1）利用菠萝基因组学上的重大突破实现菠萝良种选育

菠萝基因组学研究获得重大突破，为菠萝分子育种及未来基因组设计育种提供了理论基础，并为通过改造目标基因顺序调控序列创造新的抗干旱菠萝品种提供了理论基础。

（2）低成本菠萝采摘轻便机械成为研发热点

在国内果园采摘机械化迅速发展环境下，菠萝地采摘作业的研究多以采摘末端或机械手为主，采收运输一体化的机械基本上仍处于样机阶段。为了促进菠萝采运的发展，还可以从以下几个方面进行努力：提高适应性，满足菠萝地运行；设计操作简便、可靠性高、成本较低的机械；提高轮胎附着力；发展自动化和智能化。

（3）开展绿色低碳工艺研发

随着人们对生态环境保护意识的增强，对绿色低碳工艺及其产品需求日益旺盛。以菠萝叶纤维脱胶为例，寻找一种温和的菠萝叶纤维脱胶方式，减少化学试剂的使用，既能达到脱胶要求，又能满足人们追求的绿色低碳的生活方式，制备出绿色功能产品是一

种必然的发展趋势。

此外，菠萝果汁浓缩汁是今后果汁饮料发展的一个方向，如何补充浓缩产品损失的风味物质也将成为今后研究的重点。

四、中国菠萝科技发展需求

1. 开展区域菠萝园布局与规划研究需求

积极开展菠萝园在特定区域的布局与规划研究，为果农提供指导，避免园地选择失误或种植泛滥，保障果农收益和产业可持续发展。

2. 优化菠萝品种及其结构需求

目前，产业对风味佳、附加值高的优良菠萝品种需求旺盛。有必要加强对新优菠萝品种培育，选取即适宜鲜食又适宜加工、储运的优良品种进行推广种植。同时，优化菠萝整体品种结构，错开品种成熟期，加大加工品种的种植面积，减少集中上市的竞争风险。优化产品品种结构，进入世界菠萝的高端消费市场。

3. 开展绿色低碳技术研发需求

随着经济水平提高和生态环境日益恶化，有必要加强对促进菠萝产业发展、增加农户收入的同时，保护环境、保证菠萝产品的绿色无污染的种植与加工技术研发，促进菠萝产业可持续健康发展。

4. 对基层科技人员与果农的科技培训需求

加大对基层科技人员的再次教育与果农的菠萝科技培训力度，更新基层科技人员知识，指导果农科学使用农药剂、化肥配比及新技术、新成果。

此外，有必要强化菠萝质量安全控制，做强菠萝鲜果及菠萝加工产品的出口创汇，加强菠萝产业信息化和机械化研究，提高菠萝产业信息化和自动化水平。

参考文献

杜如来，刘恩平，刘海清，等．2015．海南省菠萝产业发展现状、问题及对策研究［J］．热带农业工程，39（2）：33-39．

广东省农业科学院果树研究所．1987．菠萝及其栽培［M］．北京：轻工业出版社．

李穆，蔡元保，杨祥燕，等．2018．基于 CNKI 农业科技领域的中国菠萝文献计量学分析［J］．中国南方果树，47（6）：158-162．

林晓娜，文志华，杨少辉，等．2016．广东潮州市菠萝生产中存在的主要问题及解决措施［J］．中国园艺文摘（2）：190-191．

陆新华，孙德权，吴青松，等．2011.12 个泰国菠萝品种的果实品质评价［J］．热带作物学报，32（12）：2205-2208．

汪泽，崔丽虹，付调坤，等．2008．菠萝叶的化学成分及生物活性研究进展［J］．

化工新型材料，44（1）：258-260.

吴沛晟，华京. 2016. 菠萝采摘机器人的实用化设计 ［J］. 兰州工业学院学报（3）：58-61.

徐迟默，杨连珍. 2007. 菠萝科技研究进展 ［J］. 华南热带农业大学学报，13（3）：24-29.

第九章　中国澳洲坚果科技发展现状与趋势研究

澳洲坚果（*Macadamia ternifolia* F. Muell.）属常绿乔木，双子叶植物，是一种原产于澳洲的树生坚果。澳洲坚果具有很高的营养价值、药用价值和经济价值，素来享有"干果之王"的誉称。目前，澳洲坚果主要分布区域为：澳大利亚东部、新喀里多尼亚、印度尼西亚苏拉威西岛。我国最早约于 1910 年将澳洲坚果引入台北植物园作标本树。1950 年前，岭南大学也曾作过引种研究，但因产量不好而未形成商业性栽培。1979 年，中国热带农业科学院南亚热带作物研究所陆续从澳大利亚引入 9 个品种，经过多年研究，至今已在我国华南 7 省（自治区、直辖市）推广种植，当前主要的栽培区域是云南和广西。

一、中国澳洲坚果产业发展现状

据 INC（国际坚果和干果理事会）统计，2015 年世界澳洲坚果种植面积为 22.21 万公顷，同比增长 34.91%，其中中国 12.78 万公顷，南非 2.5 万公顷，澳大利亚 1.87 万公顷，肯尼亚 1.75 万公顷，危地马拉 1.00 万公顷，中国 12.78 万公顷占世界澳洲坚果种植面积的 57.51%，位居世界第一。2015 年世界澳洲坚果产量 4.64 万吨，年产值 735 亿美元。据第七届世界澳洲坚果研讨会预测，2020 年世界澳洲坚果壳果产量可达 27.52 万吨，比 2015 年增加 81%，年均增长 13%。世界澳洲坚果产量增加的主要来源于投产面积的增加。尤其是我国，随着大面积果园投产，产量会持续增加。目前，澳洲坚果科学技术研究主要在澳洲坚果选育、栽培、生理生化和加工利用等方面取得了新进展。

二、国内外澳洲坚果科技发展现状

1. 国内现状

（1）生理生化

在生理生化方面，刘锦宜等检测了澳洲坚果果仁、花、叶、壳和青皮各部位的蜀黍苷含量。杨为海等人对 28 份澳洲坚果种质的种仁矿质元素（K、P、Mg、Ca、Fe、Mn、Zn、Cu）含量进行测定与分析，并运用灰色关联度分析和模糊综合评判法对种质的矿质营养特性进行综合定量评判。张汉周等人系统观测 21 份澳洲坚果种质资源的开花结果物候期，分析其开花结果物候期的变异规律，并根据物候差异划分物候类型。李家兴研究了贵州南亚热区澳洲坚果品种的结果物候期、植株性状、果实性状、幼树壳果产量和种仁产量进行了比较。陈国云研究了磷胁迫下不同形态氮素对澳洲坚果排根产生及养分含量的影响。陈菁进行了澳洲坚果树体生物量的数学估测研究。张新民等人测定了 6

年生 26 份澳洲坚果种质的叶片氮、磷、钾含量，研究了不同种质澳洲坚果叶片氮、磷、钾含量。许良研究了澳洲坚果多糖脱蛋白方法。张汉周测定了 28 份澳洲坚果种质果皮中 P、K、Ca、Mg、Zn、Cu、Fe、Mn 等 8 种矿质元素含量，并对其进行了描述性统计分析。涂行浩研究了澳洲坚果壳色素的理化性质及稳定性。王芳分析了 16 种市售坚果中脂肪含量及脂肪酸组成，比较不同品种坚果间脂肪含量、饱和脂肪酸和不饱和脂肪酸组成的差异。郭刚军等采用螺旋热榨、螺旋冷榨与液压压榨等方式制备了澳洲坚果油，运用气相色谱-质谱（GC-MS）联用技术对其脂肪酸组成进行了分析，并以核桃油为对照，对其色差值、质量指标与总酚含量进行了测定，同时，以核桃油与芦丁标准品为对照，研究了其对羟基自由基、超氧阴离子自由基、ABTS 自由基的清除能力及还原力，发现不同压榨方式澳洲坚果油中，液压压榨澳洲坚果油品质最佳。贺鹏等以澳洲坚果壳、烘干果和晾干果为材料，浸泡在基酒中制酒，采用氨基酸比值系数法对制得的 3 种露酒进行营养评价；利用固相微萃取-气相色谱-质谱联用技术（SPME-GC-MS）对 3 种露酒的香气化学组分进行分析，通过 NIST 14.0 标准质谱图库分别鉴定各化学组分，面积归一化法测定各样品中各化学组分的相对含量，再采用主成分分析对香气化学组分提取主成分进行香气质量综合评价，探究澳洲坚果露酒的可行性，为澳洲坚果资源开发和应用研究提供新思路。中国热带农业科学院农产品加工研究所的静玮等研究了对澳洲坚果果仁在不同焙烤温度和时间条件下的颜色指标（亮度值、红绿值、黄蓝值、饱和度和色调角）的变化规律。张翔等采用弱碱水提法提取澳洲坚果脱脂粉中的糖蛋白，分别用 DEAE-52 阴离子交换柱和 Sephadex G-100 凝胶柱对澳洲坚果糖蛋白分离纯化，得到组分 M-1，经紫外光谱扫描、红外光谱扫描和高效液相色谱等方法确定其结构，并评价其体外抗氧化活性。柳觐等以'HAES900'澳洲坚果成龄结果树为材料，在采收期分别喷施低浓度梯度（0.40 克/升、0.65 克/升、0.90 克/升）和高浓度梯度（0.80 克/升、1.30 克/升、1.80 克/升）的乙烯利溶液，对喷施乙烯利溶液后的落果率、果柄附着力和果实品质进行了调查和分析，发现喷施 1.80 克/升的乙烯利溶液 2 周和 4 周后的落果率分别达到 98.75%和 100.00%，可满足生产要求；且果柄附着力与落果率呈极显著负相关。柳觐等还以澳洲坚果主栽品种'HAES800'和'HAES294'为材料，在果实成熟期喷施浓度为 1.5 克/升、2.0 克/升和 2.5 克/升的乙烯利溶液，对喷施乙烯利溶液后的落果情况、落叶情况和果实品质进行了研究，建议在生产中品种"HAES800"和"HAES294"分别采用 1.5 克/升和 2.0 克/升的乙烯利溶液进行促落果采收。林文秋等以成熟的澳洲坚果为试验材料，研究了其果皮不同溶剂提取物的含量和抗氧化活性，发现不同溶剂对澳洲坚果果皮中总酚、总黄酮与单宁含量以及 DPPH、ABTS 自由基清除能力与总抗氧化能力方面存在明显差异，提以体积分数排序取物的总酚、总黄酮与单宁含量：70%丙酮>70%甲醇>70%乙醇>水；提取物中的总酚含量与其抗氧化能力显著相关。万继锋等以 86 份澳洲坚果种质资源为试材，分析澳洲坚果种质叶片表型多样性，并根据其多样性进行数量分类。帅希祥等研究了不同提取方法（水剂法、压榨法、溶剂法）对澳洲坚果油主要理化性质、活性成分、脂肪酸组成和红外光谱的影响，并采用 DPPH 自由基清除能力和氧化稳定性来综合评价澳洲坚果油的抗氧化活性，发现压榨法得到的澳洲坚果油表现出较好的产品特性，其总酚酸含量

[（41.82±0.73）毫克/100克]、不饱和脂肪酸含量（83.67%）最高，且其氧化诱导时间［（13.87±0.37）小时］最长，清除DPPH自由基能力（46.70%）最强。宫丽丹等以'HAES788'澳洲坚果品种为供试材料，采用盆栽的方式模拟自然干旱，研究土壤干旱过程中保水剂对澳洲坚果植株生长、叶绿素及叶片水分特征参数的影响，发现在干旱胁迫下，无论施用保水剂与否，随着水分胁迫时间延长，植株生长均受到了抑制；保水剂处理的植株，其组织密度增加，叶片饱和亏缺小，叶片相对含水量增加；叶绿素a和叶绿素b和总叶绿素含量都显著增加。朱泽燕等利用气相色谱-质谱联用的方法（GC-MS）对澳洲坚果幼叶的挥发性成分进行了定性定量分析，在不同极性的色谱柱和不同程序性的升温条件下，采用正己烷和乙酸乙酯对澳洲坚果幼叶进行分步萃取，分离鉴定出45种挥发性成分，包括烃及其衍生物27种，酮3种，醛2种，醇3种，酸2种，酯8种共六大类物质。王文林等为探究澳洲坚果'桂热1号'苗期对干旱的生理响应机制，研究了该品种在持续干旱处理7天的叶片含水量、光合色素含量、荧光参数、渗透调节物质和保护酶活性的变化规律。黄克昌等研究了澳洲坚果果仁的洞道干燥特性，测定了其在干燥过程中的水分、酸值和过氧化值，建立干燥动力学方程。发现：热风温度越高，干燥越快，干燥速率也越高；果仁的酸值和过氧化值无显著变化，澳洲坚果果仁的产品质量稳定良好。郑依等研究了天然迷迭香提取物对提升澳洲坚果油氧化稳定性的功效，发现天然迷迭香提取物和BHT、茶多酚对自由基的清除率基本一致，BHT能将澳洲坚果油的氧化诱导时间延长约33%，茶多酚的效果与BHT基本相同，天然迷迭香提取物能延长200%；3种抗氧化剂对自由基抗氧化强弱基本相同，添加于澳洲坚果油中天然迷迭香提取物的抗氧化性能最佳，最佳添加质量分数为0.08%。广西南亚热带农业科学研究所谭秋锦等为了探讨土壤养分对澳洲坚果果实品质的影响问题，从而为其科学施肥提供参考依据，连续两年对桂西南澳洲坚果园的土壤养分因子（有机碳、全氮、全磷、全钾和pH值）和果实品质指标（脂肪、蛋白质、油酸、棕榈油酸和二十碳烯酸）进行了调查与分析。测定发现：澳洲坚果果实中的脂肪和蛋白质主要受土壤全氮、全磷和pH值的影响，油酸主要受土壤有机碳、全氮和全磷的影响，棕榈油酸主要受土壤有机碳、全氮、全磷和全钾的影响，而二十碳烯酸主要受土壤有机碳、全磷和pH值的影响，通径分析发现直接影响果实中的脂肪、蛋白质、油酸、棕榈油酸和二十碳烯酸的因子分别是土壤pH值和全氮、全氮、全钾；果实各品质指标的剩余通径系数均较大，表明除文中分析的各土壤养分因子外，还存在其他的影响因素；在土壤管理中，应针对目标果实品质指标的需要，适当提高土壤全氮和全钾的含量，合理控制施肥种类。王伟等对澳洲坚果在中国的潜在分布区进行预测，并对其适生区进行分析和划分，发现澳洲坚果分布主要受到极端最高温、年均气温变化范围、最干月降水量、温度季节性变化和等温性等气象因子的影响；世界范围内，澳洲坚果的较适宜生长区在澳洲东部、南美洲东南部和马达加斯加岛东部以及亚洲地区23°26′～30°N，73°～122°E范围内；在我国，澳洲坚果适宜分布区主要集中在西藏、台湾、广西、广东和云南等地，其高适宜区面积依次为西藏（15 359平方千米），台湾（14 054平方千米），广西（7 372平方千米），广东（6 147平方千米）和云南（3 776平方千米）。研究了桂西南10种澳洲坚果果实数量性状，发现澳洲坚果果实数量性状变异丰富，变异系数在

2.02%～17.08%，变异幅度以一级果仁率最小、鲜壳果重最大，基于 10 份澳洲坚果种质的果实数量性状，采用系统聚类分析划分为 2 个不同性状表现的类群。为了选育适宜桂西南地区的优良栽培品种，深入探讨澳洲坚果农艺性状与产量的关系，以 50 株澳洲坚果资源为材料，对其果实性状进行相关分析和通径分析。选育澳洲坚果优良品种，育种时要着重关注单果重、每果出仁率等性状。并在 2014—2015 年连续 2 年对 6 个澳洲坚果品种 OV、788、NG_ （18）、695、桂热 1 号、842 的果实纵横径生长动态进行测量，构建果实纵径和横径生长的 Logistic 模型，拟合方程确定各种果实生长初期、速生期、生长后期的时间节点，即果实膨大期和种仁充实期，明确各品种果实发育进程；Logistic 模型可准确地预测澳洲坚果果实的生长发育。罗立娜等为了比较不同品种澳洲坚果花粉的生活力，筛选适合的检测方法，以 6 个澳洲坚果品种的新鲜花粉为材料，并用形态测定法、联苯胺染色法和蓝墨水染色法 3 种方法测定花粉生活力，发现联苯胺染色法测定澳洲坚果花粉生活力效果最佳，不同品种澳洲坚果的花粉萌发率在 72.50%～90.63%，其中以 Kau 的花粉生活力最高。云南省热带作物科学研究所郭刚军等采用螺旋热榨、螺旋冷榨与液压压榨等方式制备了澳洲坚果油，研究了其对羟基自由基、超氧阴离子自由基、ABTS 自由基的清除能力及还原力发现不同压榨方式澳洲坚果油的抗氧化活性与其浓度呈正相关，对羟基自由基与超氧阴离子自由基有较强的清除作用，具有一定的清除 ABTS 自由基的能力与还原力。云南省热带作物科学研究所郭刚军等以液压压榨澳洲坚果粕为原料，采用碱溶酸沉法提取蛋白质，通过单因素与正交试验确定最佳提取条件，并对其组成与功能性质进行研究。西安交通大学药学院刘瑞林等研究了超声-微波协同提取澳洲坚果油的工艺。南昌大学陈思达研究了澳洲坚果分离蛋白 Pickering 乳液的制备及其稳定性。宫丽丹等探讨了土壤持续干旱对不同品种澳洲坚果渗透调节物质的影响发现云澳 7 号澳洲坚果对干旱的适应性最强，云澳 32 号次之，云澳 29 号对干旱的适应性最弱。云南省热带作物科学研究所黄克昌等研究了澳洲坚果带壳果的洞道干燥特性，测定其在干燥过程中的水分、酸价和过氧化值，建立干燥动力学方程，发现热风温度越高，干燥越快，干燥速率也越高；带壳果的酸价和过氧化值无显著变化，澳洲坚果带壳果的产品质量优良。中国热带农业科学院南亚热带作物研究所陈菁等为实现澳洲坚果的精准施肥，研究了澳洲坚果根系分布特点。广西南亚热带农业科学研究所陈海生等通过观察桂西南地区 6 个常见澳洲坚果品种从初花到稳定坐果这个时间段开花结实的变化情况，记录相关生物学特性、开花特性、结实特性等基础数据，进行澳洲坚果开花结实率的基础研究，进一步讨论了影响澳洲坚果开花结实率的因素。陶丽等进行了 7 个澳洲坚果品种的授粉组合选配与自花结实性研究，发现品种'842'与'816'正交亲和性高，'816'可初步推荐为'842'的授粉树。Fan FangYu 等研究了由澳洲坚果壳热解制备的生物炭燃烧动力学。Zhou HuiPing 研究了西双版纳澳洲坚果种植园的凋落物动态。陈菁等人为探明不同树龄澳洲坚果树体生物量的构成特点，为其栽培管理提供依据，采用个体收获法，在澳洲坚果花序抽生前（1 月下旬）对树龄分别为 4 年、8 年和 25 年树（品种为 H2）的根、茎、叶进行分级，并测其鲜重和水分系数，计算干物质质量。静玮等人利用顶空-固相微萃取-气相色谱质谱联用技术对焙烤澳洲坚果的挥发性成分进行了定性定量分析；比较了原料澳洲坚果和 130℃焙烤 10 分钟、

15 分钟、25 分钟、35 分钟、40 分钟、50 分钟和 60 分钟，以及市售商品澳洲坚果的挥发性成分的含量差异。孔广红等以 3 年生澳洲坚果品种'A16'半同胞家系的 155 株化学诱变苗为材料，进行茎粗生长量的变异分析，发现澳洲坚果诱变苗木的茎粗生长量受遗传因素和秋水仙素共同影响。杨护霞等采用 X 射线衍射技术按照高度法、切线法、分峰面积法 3 种方法对坚果壳中的纤维素的结晶度进行了分析，采用 X 射线光电子能谱技术对夏威夷果等 5 种常见坚果壳的元素组成、纤维素含量和结晶度进行了分析。发现夏威夷果等 5 种坚果壳主要是由 C、O、N、Si 元素组成，夏威夷果壳的结晶度最大。韩树全等以贵州主栽的 3 个澳洲坚果品种 H2、OC、788 的成年树为研究对象，测定了其叶片中 N、P、K、Ca、Mg、Fe、Cu 这 7 种矿质营养元素的含量及变化规律。刘荣等发明公开了一种澳洲坚果花药诱导愈伤组织的方法，该方法首先以澳洲坚果为供试材料，采集花蕾期为 27～29 天的花蕾放入冰箱中冷藏一定时间后，用水冲洗处理后的花蕾，转入超净工作台，经酒精消毒、升汞浸泡、无菌水冲洗后放在灭菌滤纸上吸干表面水分后备用；然后，用接种针剥开花蕾上的萼片，纵向切开花蕾，去掉花丝，取出花药接于愈伤组织诱导培养基中暗培养；最后将得到的愈伤组织转入增殖培养基中增殖。陶丽等以澳洲坚果品种'Keauhou'为试材，采用 9 个澳洲坚果品种的花粉授粉，研究了花粉源对澳洲坚果品种'Keauhou'的坐果率、果实大小和品质性状的影响。刘秋月等为开发利用澳洲坚果青皮，采用高效液相色谱法（HPLC）研究其对羟基苯甲醇、3,4-二羟基苯甲酸、对羟基苯甲酸、对羟基苯甲醛的测定方法和含量。发现，澳洲坚果青皮中，4 种多酚的最佳测定条件为：以 1%乙酸水溶液和甲醇为流动相进行梯度洗脱（0 分钟，87%A；5 分钟，85%A；25～30 分钟，60%A），检测波长 260 纳米，流速 0.8 毫升/分。杨申明等以澳洲坚果壳为原料提取总黄酮，在单因素试验的基础上，利用正交试验优化了微波辅助提取澳洲坚果壳总黄酮的工艺，并对提取物中总黄酮对羟基自由基（·OH）、1,1-苯基-2-苦基肼自由基（DPPH·）的清除能力进行初步研究，发现微波辅助提取澳洲坚果壳总黄酮的最佳提取工艺为乙醇体积分数 75%、液料比 50∶1（毫升/克）、微波时间 2.5 分钟、微波功率 400 瓦，在该条件下，总黄酮平均提取率为 0.94%，平均加样回收率为 97.3%。微波提取的澳洲坚果壳总黄酮具有较强的抗氧化性，对羟基自由基、DPPH 自由基清除作用明显，且其质量浓度与抗氧化活性呈现一定的量效关系，是一种良好的天然抗氧化剂。中国热带农业科学院农产品加工研究所的林玲等建立了一种测定澳洲坚果中黄曲霉毒素 B1 的免疫亲和层析净化高效液相色谱法。中国热带农业科学院农产品加工研究所的静玮等采用顶空-固相微萃取/气相色谱-质谱（HS-SPME/GC-MS）对澳洲坚果焙烤香气成分进行分析，发现共鉴定 37 种焙烤香气成分，主要有吡嗪类 13 种，醛类 8 种，呋喃类 6 种，酮类 4 种，醇类 2 种，以及吡啶和乙酸，总含量为 4 814.67 微克/克。涂行浩等以南亚 1 号澳洲坚果试材，进行了模拟货架期室温（20℃）和低温（4℃）贮藏试验，分析了澳洲坚果氧化稳定性与营养功能成分油酸、亚油酸、亚麻酸、总酚、γ-VE 含量的变化，比较研究了不同贮藏温度对澳洲坚果营养功能成分与品质稳定性的影响。黄雪松为研究澳洲坚果的抗氧化活性成分，揭示澳洲坚果相关产品的氧化稳定性本质，分别采用 Folin-酚法、DPPH 法、FRAP 法、Rancimat 法、高压液相（HPLC）等方法测定了澳洲坚果油、果壳、青皮或其乙醇提取物的总酚、抗氧化活性、酚类化合物组成和含量等。

（2）分子生物学

李玉宏等为了探索澳洲坚果 SSR-PCR 的可行性，采用单因素分析法对影响 PCR 的各个因素进行分析，建立 SSR-最佳反应体系。发现：在 25 微升 PCR 反应体系中，当 Mg^-（2+）浓度、d NTPs 浓度、引物浓度、Taq DNA 聚合酶用量分别为 2.50 毫摩尔/升、0.10 毫摩尔/升、0.40 毫摩尔/升、1.25 U 时，PCR 扩增效果最好。刘荣等发明公开了一种澳洲坚果总 RNA 的提取方法，该方法首先以澳洲坚果为供试材料，采集幼嫩叶片，通过预处理、抽提、沉淀、洗涤、去 DNA 及电泳检测，获得澳洲坚果总 RNA。

（3）病虫害防治

在病虫害防治方面，户雪敏等经形态学特征和 rDNA-ITS 序列分析鉴定发现引起澳洲坚果叶斑病的病原菌小孢拟盘多毛孢（*Pestalotiopsis microspora*）。蒋桂芝等对云南澳洲坚果主产区叶枯病进行采样调查和病原菌分离，经致病性测定发现拟盘多毛孢具有较强的致病性，为叶枯病主要病原菌；经形态学和分子生物学鉴定，澳洲坚果叶枯病主要病原菌为小孢拟盘多毛孢（*Pestalotiopsis microspora*）；室内药剂毒力测试表明，对澳洲坚果叶枯病病原菌抑制效果较好的是 50%多菌灵可湿性粉剂、240 克/升戊唑醇悬浮剂、12.5%烯唑醇悬浮剂，其次为 77%氢氧化铜可湿性粉剂、10%苯醚甲环唑悬浮剂、20%噻菌铜悬浮剂等。王文林等发明公开了一种澳洲坚果速衰病治理方法，能够有效恢复澳洲坚果树的正常生长，治理后的复活率达到 95%以上；还发明公开了一种消除草甘膦对澳洲坚果药害作用的方法，该发明能有效解除药害症状，改善生长状况，促进澳洲坚果树恢复正常生长态势，恢复率能达到 85%以上。谭德锦等对为害澳洲坚果的蝽象类害虫茶翅蝽、稻绿蝽、麻皮蝽、稻棘缘蝽、大稻缘蝽的为害规律及形态特征进行了描述，并探讨了其防治措施。王进强等 2015—2016 年在云南省调查发现了紫络蛾蜡蝉严重为害澳洲坚果苗，通过室内饲养观察和田间调查，明确该虫的形态特征、发生规律及危害特征，并提出了防治建议。广西大学农学院谭德锦等研究了广西澳洲坚果木蠹蛾类害虫主要种类及其年生活史和习性。贵州省亚热带作物研究所和中国热带农业科学院南亚热带作物研究所把冻害程度分为 6 级，并对 4 级澳洲坚果为害进行了跟踪观察，发现 0～3 级冻害对澳洲坚果生长影响不大，4 级以上冻害建议换苗。张瑞芳对澳洲坚果种植过程中常见的病虫害以及防治措施进行分析和探讨。马艳粉等 2015 年在云南德宏澳洲坚果园内发现了新害虫—玳灰蝶海南亚种。对其卵、幼虫、蛹和成虫的形态特征进行了描述，并对该虫对澳洲坚果造成的为害症状进行了描述。朱国渊等采取定点调查和普查相结合的方法，于 2012—2015 年对云南澳洲坚果园有害动物的种类、发生为害情况及天敌资源进行调查，发现云南省澳洲坚果园有害动物有昆虫纲、蛛形纲、哺乳纲共计 11 目 44 科 57 种，其中为害较重的有 14 种，即柑橘二叉蚜 *Toxoptera aurantii*、绿鳞象甲 *Hypomeces squamosus*、绵粉蚧 *Phenacoccus* sp.、吹绵蚧 *Icerya* sp.、相思子异形小卷蛾 *Cryptophlebia illepida*、荔枝异形小卷蛾（蛀果螟）*C. ombrodelta*、咖啡豹蠹蛾 *Zeuzera coffeae*、环蛀蝙蛾 *Hepialid moths*、茶白毒蛾 *Arctornis alba*、毒蛾 *Euproctis* spp.、褐边绿刺蛾 *Parasa consocia*、黄刺蛾 *Cnidocampa flavescens*、小绿叶蝉 *Empoasca flavescens*、褐家鼠 *Rattus* sp.，占总种数的 24.56%；天敌有 9 目 13 科 18 种，其中捕食性天敌有 16 种、寄生性天敌 1 种、虫生真菌 1 种，分别占天敌总数的 88.89%、5.56%、5.56%。孔广红等针对澳洲坚果产业中存在的采收难、采收成本高的问题，进行澳洲坚果高效采收研究，以澳洲坚果推广种植品种"A16"为试验材料，喷施乙烯利混合溶液诱使其落果，发现喷施调节 pH 值为 7.0 的乙烯利混合溶液落果率显著高于未调 pH 值的乙烯利溶液的落果率，喷施质量浓度为 1.6 克/升，pH 值＝7.0 的乙烯利混合溶液 2 周后落果率达 93.77%。

（4）育种与组配

在育种与组织培养方面，云南省热带作物科学研究所陈丽兰等以澳洲坚果品种'HAES951'为母本，采用 9 个品种的花粉授粉，获得 9 个全同胞家系苗木，观测各组合的坐果率、种子横径和杂交 F1 代苗木的株高、地径及冠幅，发现组合间的坐果率和种子横径均达极显著差异（$P < 0.01$）；家系内株高、地径、冠幅的变异系数范围在13.67%～30.25%，平均为 20.81%；9 个全同胞家系间苗木的株高、地径差异不显著，冠幅达显著差异（$P < 0.05$）。云南省热带作物科学研究所的陶丽等人以澳洲坚果品种'Renown'为母本，选择 3 种不同物候的小花，采用切管连被去雄法和针撕去雄法，对2 种去雄方法所需时间、柱头受伤率、授粉后 20 天的坐果率进行比较分析；还发明公开了一种采用搭防虫网、采集花粉和人工授粉三大步骤提高澳洲坚果杂交授粉效率的方法。柳觐研究了一种通过 60Co-γ 射线辐照澳洲坚果萌动种子来创制澳洲坚果新种质的方法。陶丽发明公开了一种采用搭防虫网、采集花粉和人工授粉三大步骤提高澳洲坚果杂交授粉效率的方法；及一种澳洲坚果杂交育种的方法。贺熙勇等根据坐果率和反映果实品质的出仁率、油酸及总糖含量等重要果实性状存在花粉直感效应，研究发现就着果率和果仁的经济性状而言，O.C、918 适宜做 Kau 的授粉品种。荷兰秀发明公开了一种澳洲坚果的组织培养方法，从结果枝当年抽生枝条带芽的叶作外植体进行组织培养，在培养基中添加不同浓度的激素和营养物质，配合适当的 LED 光源照射，提高澳洲坚果外植体的萌芽率、增殖率、芽苗伸长长度以及生根率。荷兰秀发明公开了一种澳洲坚果组织培养快速育苗的方法。何承忠在植物组培技术领域，发明公开了一种澳洲坚果组培扩繁方法，通过对澳洲坚果当年生嫩茎处理、消毒，分别置于启动培养基、增殖培养基以及生根培养基中进行组培，以达到快速扩繁的目的。凌华彪发明公开了一种澳洲坚果的组织培养快速繁殖方法，该发明解决了澳洲坚果组织培养生根难、生根率低的问题。王文林根据澳洲坚果的生长规律，采用建园、合理的土肥水管理、水分管理、定干与整形、病虫害防治、果树修剪和成龄树移栽等方面，发明公开了一种澳洲坚果丰产栽培方法；及一种澳洲坚果育种方法。江城中澳农业科技发展有限公司的徐斌等人发明公开了一种澳洲坚果籽芽的嫁接方法。覃振师和薛忠研分别研究了澳洲坚果驳枝育苗方法。刘忻生发明公开了一种澳洲坚果繁殖方法，该繁殖方法通过对砧木苗、接穗以及嫁接方法进行优化选择，使得澳洲坚果的嫁接成活率高达 95% 以上。韦剑锋等发明提供了一种提高澳洲坚果扦插苗成活率的方法，采用塘泥和黄泥混合的育苗基质，配合着合理的生根培养，促苗条件，使澳洲坚果扦插苗成活率达到 90% 以上。王建华发明公开了一种属于嫁接技术领域的澳洲坚果的嫁接方法，将澳洲坚果种子在播种前进行低温处理，种子发芽长至茎粗 0.3～0.5 厘米作为砧木，利用生产接穗的母本生产的未木质化的枝条

作接穗，嫁接时砧木和接穗用植物生长调节剂处理，嫁接后控制温湿度并施肥，提高了澳洲坚果的嫁接成活率；种子发芽长至茎粗 0.3~0.5 厘米作为砧木，进行嫁接，嫁接成活后直接进行育苗，缩短了育苗时间。凌华彪发明公开了一种提高澳洲坚果嫁接成活率的栽培方法和一种澳洲坚果苗木的快速培育方法，该方法嫁接成活率高达 91.7%，该快速培育方法扦插生根率高达 97.2%，最短 3 个半月即可出圃。姚利忠发明公开了一种澳洲坚果苗秋季嫁接技术，采用环剥木质化的枝条作为接穗，砧木用正常生长 10 个月及以上的营养袋苗或（直径≥8 毫米），采用切接法嫁接。赵雪霞发明公开了一种澳洲坚果的嫁接方法，该嫁接方法，嫁接成活率可高达 92%~95%。凌华彪发明公开了一种澳洲坚果砧木的快速培育方法，能快速培育出适宜于澳洲坚果嫁接繁殖用的砧木。孔广红等人研究了澳洲坚果接穗 $^{60}Co-\gamma$ 射线辐射诱变育种适宜剂量，发现在 15~90Gy 辐照剂量范围内，随着辐射剂量加大，对嫁接成活率的抑制作用逐渐增强。不同品种的澳洲坚果对辐射的敏感性差异较大。刘运通等从气温、水分、土壤、风和光照等方面对西藏墨脱地区引种植澳洲坚果的条件进行分析。漳州农业科技园区研发中心蓝炎阳等对引进 4 种澳洲坚果 makai（800）、keauhou（246）、kau（344）、Ikai-ka（333）开展了种植性状研究，通过品种对比试验发现，澳洲坚果 333 品种 3 年的株高、冠幅、径粗等生长量最好，但与其他 3 个品种差异不显著（$p>0.05$），说明引进的 4 种澳洲坚果品种均能适应漳州的气候条件；4 个澳洲坚果品种的出仁率在 30.2%~34.3%，与澳大利亚的水平基本相同，其中澳洲坚果品种 333 的果仁均重、出仁率均达到澳大利亚产区坚果的水平。

（5）栽培管理

在栽培管理方面，王文林根据澳洲坚果的生长规律，采用建园、合理的土肥水管理、水分管理、定干与整形、病虫害防治、果树修剪和成龄树移栽等方面，发明公开了一种澳洲坚果丰产栽培方法；还发明公开了一种澳洲坚果套种凤梨的种植方法，该方法通过科学设定澳洲坚果与凤梨两者之间的行距与株距，配套合理套种栽培技术等措施，使土地资源得到最大化利用，抑制杂草生长，减少水土流失，提高肥料利用率，改善生态环境，提高土壤肥力，便于管护，降低生产成本，提高经济效益。吴芳等发明公开了一种澳洲坚果套种富锗鸡骨草的栽培方法。王代谷等通过澳洲坚果山地幼龄果园套作模式研究，了解其间作效益、对土壤养分及幼树生长造成的影响，以春季套作绿肥、蚕豆、油菜、蔬菜，夏季套作大豆、生姜、甜玉米、薏仁米、蔬菜，以不套作为对照进行了分析和测定；还调查了澳洲坚果冻害及恢复情况，了解了霜冻气候对澳洲坚果生长造成的影响。王建华发明公开了一种澳洲坚果的种植方法和澳洲坚果树砧木嫁接模具。万继锋等在植物育苗技术领域发明公开了一种利用两段法培育单主干塔形澳洲坚果观赏绿化苗的方法。肖海艳等研究了水肥一体化技术在澳洲坚果生产上的应用。广西南亚热带农业科学研究所的海艳等人简述了澳洲坚果水肥一体化的实施方法。李家兴研究了旱坡地植苗时间、植苗方法和苗木类型等不同植苗处理对澳洲坚果定植成活率的影响。云南省热带作物科学研究所的岳海等人研究了不同覆盖方式下山地澳洲坚果园对磷利用的影响，发现覆盖果皮可显著提高澳洲坚果坐果率及产量，覆膜处理反而降低了澳洲坚果座果率和产量，澳洲坚果皮覆盖可作为山地澳洲坚果园有益的管理措施。福建省漳州市华安县气象局的邓晓璐通过对原产地澳洲坚果生长适宜气候条件和华安县 50 年（1961—

2010年）气候条件的对比分析，得出华安县的温度、降水等气候条件比较适合澳洲坚果的生长，同时就华安县种植澳洲坚果提出可行的意见和建议。广西南亚热带农业科学研究所的谭秋锦等人发明公开了一种澳洲坚果抗旱栽培坑种方法。云南省热带作物科学研究所的宫丽丹等人公开了一种提高澳洲坚果产量的抗旱方法。宫丽丹等以澳洲坚果2年生幼苗为试验材料，采用盆栽方式模拟自然持续干旱，通过测定幼苗叶片的游离脯氨酸、可溶性糖、可溶性蛋白和丙二醛（MDA）含量等生理指标，并运用相关分析及隶属函数法对其抗旱性进行综合分析，发现，在持续干旱条件下，不同品种澳洲坚果幼苗受干旱胁迫后其叶片的渗透调节能力存在差异，其中，云澳7号对干旱胁迫的适应性最强，云澳32号次之，云澳29号对干旱胁迫的适应性最弱。广西南亚热带农业科学研究所的郑树芳等人发明公开了一种澳洲坚果采后修剪方法。黄凌燕发明公开了一种夏威夷果树在石漠化土壤上的种植方法。郑树芳等人发明公开了一种澳洲坚果高接换种方法，它通过截杆、抹芽定梢、嫁接、嫁接后管理等方法对成年低产澳洲坚果树高接换种，该方法适合低产澳洲坚果园品种改造。凌华彪发明公开了一种澳洲坚果的栽培方法，该发明的澳洲坚果的栽培方法既能保护果实，同时外袋经过萘乙酸溶液与硼砂的混合液的预处理，残留的萘乙酸和硼砂通过外袋上的网格影响果实，能促进果实的成熟，结合保护袋本身的保温效能能更好地缩短澳洲坚果的生长周期。凌华彪发明公开了一种澳洲坚果的高产种植方法，通过不同品种的扦插苗和嫁接苗互相搭配，针对大多数澳洲坚果具有的自交不孕性，实现基因互补，提高了澳洲坚果的产量；还发明公开了一种澳洲坚果树的种植方法，通过土壤中的多种菌种协同作用，生物发酵分解产生大量的氮、磷、钾等的无机盐，增加土壤肥力，从而提高澳洲坚果果实的品质，使澳洲坚果果实中的果仁更重。夏天安等人从良种选用、科学管理、人工授粉、修剪等方面总结了一套澳洲坚果优质丰产的栽培措施。田世高对云南墨江县澳洲坚果种植的基本情况进行分析，研究了关于坚果栽培种植以及管理的技术，从而有效促进澳洲坚果的产量。岳海等人发明公开一种提高澳洲坚果树类蛋白根产生量的覆盖物及其使用方法，该方法能够诱导澳洲坚果树类蛋白根的发生及促进细根生长，降低澳洲坚果种植区土壤全磷含量，提高澳洲坚果树体磷素含量，促进澳洲坚果树生长和磷资源高效利用，解决了澳洲坚果种植区磷素积累升高而利用效率降低的问题值。杨帆等人为研究澳洲坚果在云南省干热河谷地区果实生长规律以及落果规律，以3个澳洲坚果品种'HASE695''HASE900''Own Choice'为材料，对果实生长特性及落果特点进行调查。余贵湘等为了解养分和地面覆盖对澳洲坚果生长和产量的影响，采用L9（34）正交设计，对8年生澳洲坚果品种344和OC开展施肥和覆盖试验。发现，品种间差异极显著（$p \approx 0.000 < 0.01$），影响生长和产量的主导因子因品种不同而异，所以对于不同的澳洲坚果品种应研究相应的丰产栽培技术。宫丽丹等为了研究保水剂在澳洲坚果丰产栽培中的应用效果，以澳洲坚果12年生结果大树为试材，通过田间试验，研究抗旱保水剂对澳洲坚果产量、果实品质的影响，分析保水剂施用后的经济效益。发现，施用保水剂后，澳洲坚果单果仁质量、出仁率、一级果仁率和壳果横径与对照（不施用保水剂）均无显著性差异，经济效益显著增加，每亩产量提高20.1%～48.1%，增加纯经济效益408～2 118元。王成江根据澳洲坚果的日常实用技术的推广进行了分析，主要对其栽培管理以及坚果各个阶段的整

形修剪技术进行了探讨。韩树全等为促进贵州省澳洲坚果产业持续发展，在近20年试验示范和调研基础上，根据澳洲坚果生长发育对气候条件、海拔高度等要素的要求，选取5个生态因子（年平均气温、最冷月月平均气温、最冷月平均最低气温、≥10℃活动积温和日均温≤0℃最长连续时数），结合贵州省各个县市主要气象站点20年（1995—2014年）的气象统计资料，基于"3S"技术，明确贵州澳洲坚果的种植气候区划。谭秋锦等对桂西南地区3个龄级（6年、8年、10年）的澳洲坚果经济林的凋落物组成和土壤养分的变化进行研究。谭秋锦等发明公开了一种石漠化地区澳洲坚果的幼苗定植成活方法，包括定植、浇水、摘除老叶及喷药保护。杨建荣等通过对近年来临沧市种植澳洲坚果的品种特性、种植地块的立地条件、土壤内质状况、农民的农事习惯及栽培管理技术水平的调查分析，总结出临沧市栽培澳洲坚果存在的五大问题，即品种不够优良及种植搭配不合理、施肥技术不到位、树体整形修剪不规范、抚育措施粗放、缺乏对地块的科学整治；并探索出了破解相应问题的十项科技措施，即选择优良品种、科学合理密植、科学施肥管理、陡坡逐年垒台、树盘覆盖改土、林下科学套种、科学整形修剪、病虫鼠害综合防治、适时采收、储藏加工利用。马福德的简述云南省西双版纳傣族自治州澳洲坚果生产发展现状，在多年试验示范、反复实践的基础上总结形成一套适宜澳洲坚果的整形修剪技术。施宗强等通过对原产地澳洲坚果生长适宜气候条件和华安县50年（1961—2010年）气候条件的对比分析，得出华安县的温度、降水等气候条件比较适合澳洲坚果的生长；同时就华安县种植澳洲坚果提出可行的意见和建议。龚镔发明公开了一种澳洲坚果栽培方法，由气候条件、园地规划设计、种植密度及开垦、品种选择、定植、幼龄果园管理组成。本发明克服了常规澳洲坚果栽培方法的缺点，提供多一种澳洲坚果栽培方法。王文林等发明公开了一种提高澳洲坚果产量和品质的方法，选取适合当地种植的主栽品种，像广西主推桂热1号、A16、O·C、695，以桂热1号作为主栽，其他3个品种作为搭配品种，传统的种植是以桂热1号占70%，A16、OC、695各占10%比例种植，虽然达到了授粉效果，降低了主栽品种的比例，使种植澳洲坚果优势品种的产量、品质总体效益还没完全体现。

（6）机械和加工利用

● 机械

在机械方面，曾黎明等发明公开了一种澳洲坚果采收装置。杨斌等发明公开了一种澳洲坚果青皮脱皮机。陈罡等发明公开了一种澳洲坚果剥皮机。吕宗健等发明公开了一种筒式提升喂料澳洲坚果风干机组。吕宗健等发明公开了一种塔式澳洲坚果风干机。杨斌等人发明公开了一种带有称重装置的澳洲坚果干燥装置。邵春刚发明公开了一种夏威夷果300°双工位开口机。余朝炳发明公开了一种夏威夷果的大角度开槽机。宋德庆、吕力、王刚、黄正明、薛忠和陈高通等分别发明公开了手动式、卧式、立式和双通道等不同模式澳洲坚果破壳装置。文定青、Xue Zhong、宋淑芳、罗福仲、罗福基、贾宇凡和王跃林等人发明公开了澳洲坚果开果器。曾黎明、李红光、耿一格、孔兵发和戴书海等发明公开了不同样式的澳洲坚果破壳器。刘桂华、郑翔和孔兵发等发明公开了夏威夷果开壳钳。陈海生等人发明公开了一种澳洲坚果挤压破壳工具，可同时对多个坚果进行破壳，而且能够防止果壳碎片四处飞溅，实现破壳不破仁，保证果仁的完整性。覃振师等人发明公开了一种澳洲坚果去壳钳。涂行浩以澳洲坚果壳为原料，研究微波加热 $ZnCl_2$ 活化法制备高性能活性炭工艺。杨申明等人进行了微波辅助提取澳洲坚果壳多糖的工艺优化及抗氧化性评价。Tu Can 等人研究了破坏澳洲坚果壳的最佳工艺。庞会利发明公开了一种利用亚临界萃取技术提取澳洲坚果油的方法。邹建云研究了产品在不同储存期间的质量变化。冯骞以澳洲坚果壳为原料，发明公开了一种澳洲坚果壳吸附剂的制备方法；一种物化改性澳洲坚果壳吸附剂的制备方法；及一种氨基改性澳洲坚果壳吸附剂的制备方法。中国电建集团贵阳勘测设计研究院有限公司的陈兵等人一种改性澳洲坚果壳吸附剂制备方法。蔡红亮，邱金西，南锡荣等分别发明公开了夏威夷果包装袋。宋德庆等人发明公开了一种新鲜澳洲坚果低温烘干加工工艺。暨南大学理的许良等人研究了亚临界丁烷萃取澳洲坚果油的工艺及品质，发现亚临界丁烷萃取澳洲坚果油的最佳工艺参数为：萃取温度 45℃、萃取时间 15 分钟、料液比 1：5 克/毫升、萃取 4 次，该条件下澳洲坚果油得率可达 80.7%。昆明理工大学的涂灿等人研究了澳洲坚果破壳工艺参数优化及压缩特性的有限元分析，以加载速度、加载方向、果壳含水率为试验因素进行正交试验，以破壳后澳洲坚果果仁的整仁率为评价指标，优化出适宜澳洲坚果破壳的最佳工艺参数为：加载速率 45 毫米/分、沿水平向加载、果壳含水率 6%～9%。朱敏利用澳洲坚果油发明公开了一种易吸收免洗发膜及其制备方法。杨增松发明一种含有澳洲坚果油的化妆品组合物及其制备方法，该发明具有优越的保湿效果；并且，制备的化妆品组合物能够减慢组合物中澳洲坚果油的氧化速度，从而延长化妆品组合物的保质期。黄雪松发明公开了一种澳洲坚果咀嚼片及其制备方法与应用，该发明属于保健食品研究开发技术领域。王文林等人发明公开了一种澳洲坚果分选机，主要部件由筛体、筛网、电机、传力板、弹簧和基座组成，具有结构紧凑、占地面积小、处理量大、筛选分级准确度高等特点。赵伟发明公开了一种能够打开夏威夷果果壳和取出果仁的夏威夷果开口器。杨雯等人以农林废弃生物质-澳洲坚果壳为原料，采用超声-7 碱组合技术，制备出新型多羟基澳洲坚果壳吸附剂，并使用 SEM、PSA、TGA 和 FTIR 技术考察了改性前后吸附剂表面特征和孔隙结构变化；以亚甲基蓝作为处理对象，研究改性澳洲坚果壳的吸附性能，并进行成本分析，发现在处理效果相当的情况下，吸附剂成本仅为商业活性炭的 74.24%。哈尔滨鑫红菊食品科技有限公司发明公开了一种采用大球盖菇和夏威夷果为添加剂原料的面条配方及加工方法。范晓波以澳洲坚果为原料，研究了水剂法提油工艺，确定了其最佳工艺参数，并对提取的油进行了品质分析。郭刚军等人以液压压榨澳洲坚果粕为原料，分析了其常规营养成分含量与氨基酸组成，采用碱性蛋白酶与中性蛋白酶催化水解澳洲坚果粕蛋白制备多肽，以水解度（DH）为指标，利用单因素试验与正交试验考察了各因素对澳洲坚果粕蛋白水解度的影响。

● 加工利用

在教工利用方面，彭志东等云南澳洲坚果开口产品规模化生产技术是在中试生产的基础上，根据已有的技术与设备现状，针对规模化、标准化生产要求，对澳洲坚果开口产品加工生产工艺进行了技术优化。蔡红亮发明公开了一种夏威夷果及其加工方法，属于食品加工领域。徐斌等发明公开了一种以澳洲坚果提取物为主成分的中草药牙膏及其制备方法；一种澳洲坚果青皮提取物及以其为活性成分的化妆品及其制备方法；一种含澳洲坚果蛋白粉的美容养颜奶茶及其制备方法；一种利用澳洲坚果壳制备天然摩擦剂的方法；还发明公开一种澳洲坚果壳天然染发剂及其制备方法和一种澳洲坚果青皮舒眠药枕及其制备方法。昝建琴发明公开了一种夏威夷果菠萝莓豆浆。周跃贵发明公开了一种利用夏威夷果制备天然香精的方法。钟业俊发明公开了一种两相调质法制备的澳洲坚果核桃饮料。柯志雄发明公开了盐焗味、咖啡味、鲍鱼味和芥末味夏威夷果。荷兰秀发明公开了一种澳洲坚果的专用肥的制备方法。德宏师范高等专科学校生命科学系田素梅等通过正交试验研究了澳洲坚果乳饮料的工艺配方，发现澳洲坚果饮料最佳调配配方为：增稠稳定剂为单甘酯0.25%、蔗糖酯0.75%、海藻酸钠0.01%，沉淀率最低；最佳甜味剂配方为蛋白糖0.02%、阿斯巴甜0.005%、白糖4%，甜度适中。李亦琴发明公开了一种口感层次丰富、工艺标准可控、产品绿色健康的以夏威夷果为核心的食品加工方法，还明公开了一种以夏威夷果为核心的复合食品。王永福发明公开了一种夏威夷果保健速溶咖啡。白旭华等发明公开了一种超临界CO_2萃取澳洲坚果精油的方法。徐四新等发明公开了一种夏威夷果美化皮肤牡丹保健花茶及其制备方法。王文林等发明公开了一种澳洲坚果叶绿茶的加工方法，其步骤包括鲜叶采摘、晒青及烫青处理、初步揉捻、摇青、拼配、萎凋、杀青、二次揉捻、初烘、做形、烘干等工艺加工而成。王文林等发明公开了澳洲坚果叶红茶的加工方法，其步骤包括鲜叶采摘、重萎凋、揉捻、解块、发酵、烘干、提香等工艺加工而成。徐斌发明公开了一种澳洲坚果蛋白饲料及其制备方法和应用，提供用澳洲坚果油渣和青皮等农林废弃物为原料生产的生物蛋白饲料及其制备方法和应用。王文林等发明公开了一种澳洲坚果果壳泡酒酿造方法。

2. 国外现状

（1）分子生物学

在分子生物学方面，西班牙研究了澳洲坚果、荠蓝（*Camelina sativa*）和鹰爪藤（*Dolichandra unguiscati*）中可溶性脱氧饱和酶载体蛋白的特征。西班牙开发了检测市场上加工过的腰果和澳洲坚果产品的实时荧光定量PCR方法。Nock，Catherine J.等利用微卫星发现全基因组序列研究了野生澳洲坚果。W.聚尔等人的发明公开了一种多肽，新型澳洲坚果过敏原。西班牙研究了澳洲坚果中可溶性脱氧饱和酶载体蛋白的特征。西班牙开发了检测市场上澳洲坚果产品的实时荧光定量PCR方法。澳大利亚研究了微卫星全基因组序列的发现和应用对野生澳洲坚果的影响，新南威尔士州澳洲坚果的野生基因流和遗传多样性，采用混合模型评价了澳洲坚果基因分型地位。Maria Arroyo-Caro，Jose等人研究了澳洲坚果中I型二酰基甘油酰基转移酶（MtDGAT1）：外源表达克隆，特征，及其在酵母三酰甘油成分的影响。AAA Termizi等通过SNP分析澳洲坚果叶绿体基因组鉴定了澳洲坚果野生种群的遗传特征。

（2）生理生化

在生理生化方面，澳大利亚的Bai Shahla Hosseini等人在利用家禽和植物废弃物改善澳洲坚果园环境5年后对其土壤和叶片中营养物质氮素同位素的研究。澳大利亚的Powell M.使用领域模型来评估了干扰澳洲坚果类物种分布的影响因素。澳大利亚的Nock C J.研究了微卫星全基因组序列的发现和应用对野生澳洲坚果的影响。澳大利亚的 Walton David A 等人研究了在澳洲坚果果实不同水分含量利用机械收获澳洲坚果对其质量的影响。巴西的 Perdona Marcos J 研究了间作咖啡和灌溉对澳洲坚果高产和经济效益增长的影响。巴西的 Martins Alessandro C 等人研究了利用从澳洲坚果壳中提取的 NaOH 活性炭去除四环素。泰国的 Srichamnong W. 等人研究了酶性褐变和美拉德反应对夏威夷果内部褪色的影响。O'Connor, K. 等人研究了澳大利亚新南威尔士州澳洲坚果的野生基因流和遗传多样性。Correa, E. R. 等人采用混合模型评价了澳洲坚果基因分型地位。Honorato, Andressa Colussi 等研究了亚甲基蓝染料在澳洲坚果废弃物中的吸附能力，并对其进行了化学改性。Aquino-Bolacplos 研究了 9 个不同品种夏威夷坚果油的脂肪酸。Penter, M. G 等人进行了博蒙特品种澳洲坚果的内核破损研究。

（3）病虫害防治

在病虫害防治方面，Fischer, I. H. Perdona 等在巴西第一次发现病原菌为 *Lasiodiplodia theobromae* 的澳洲坚果腐烂病。澳大利亚 Akinsanmi, O. A 等以 4 个不同品种澳洲坚果为试材，研究了 *Phytophthora cinnamomi* 对澳洲坚果茎部感染的影响。Akin-sanmi 等研究了澳洲坚果干花病病原菌特征，致病菌为 *Neopestalotiopsis macadamiae* sp. nov. 和 *Pestalotiopsis macadamiae* sp. Nov。Akinsanmi, O. A. 等还研究了澳洲坚果果皮腐烂的显著性、流行度和影响因素。LM Keith 等研究了澳洲坚果快速衰退（MQD）的防治办法，发现栽培品种，叶龄和接种位置影响病变大小，淋树或注射施用磷酸杀菌剂可有效控制 MQD 恶化。OA Akinsanmi 研究了可持续控制澳洲坚果表皮斑点病（*Pseudocercospora macadamiae*）的栽培技术。

（4）栽培管理

在栽培管理方面，巴西研究了间作咖啡和灌溉对澳洲坚果高产和经济效益增长的影响。澳大利亚研究了在澳洲坚果果实不同水分含量利用机械收获澳洲坚果对其质量的影响。N White 等利用 L-Systems 研究了澳洲坚果树冠管理模型。S Karimaei 等研究了影响澳洲坚果新梢生长的碳水化合物来源。DG Mayer 等研究了澳大利亚澳洲坚果产量统计预测系统。JM Neal 等进行了'Beaumont'品种澳洲坚果种子萌发实验研究，发现不浸泡种子栽种在覆盖了塑料的盆栽中，种子的萌发率最高，芽和根生长量最好。

（5）医药应用

在医药应用方面，巴西 Malvestiti, Rosane 等研究了在彻底运动后，澳洲坚果油的摄入对肌肉炎症和氧化型曲线动力学的影响。Zhang, Guodong 等评估了美国零售市场的生树坚果（腰果，山核桃，榛子，澳洲坚果，松子，核桃）中沙门氏菌的流行和污染程度。

（6）加工利用

在加工利用方面，澳大利亚 Cholake, Sagar T. 研究了利用废汽车塑料和澳洲坚果壳生产木塑复合材料（WPC）面板的生产工艺。澳大利亚 Wongcharee, Surachai 等利用废弃的澳洲坚果壳和磁性纳米颗粒制备了一种混合磁性纳米吸附剂。澳大利亚 Kumar, Uttam 等利用热重法和动力学研究，对废弃的澳洲坚果壳进行了热分解分析，研究了产生生物碳的化学性质和组成，发现从废弃澳洲坚果壳中提取的生物碳是可再生的碳。在加工利用方面，巴西开展了利用从澳洲坚果壳中提取的活性炭去除四环素的研究。

三、中国澳洲坚果科技瓶颈、发展方向或趋势

1. 澳洲坚果研究技术瓶颈

（1）品种选育

虽然我国在澳洲坚果种质资源调查收集保存与评价、生态适应性栽培、常规杂交育种和组织培养等领域取得了一些突破，但也存在学科研究领域窄，学科研究方向和水平落后于科技发展，缺乏支撑本学科发展的项目成果等问题。

（2）栽培管理

虽然我国在澳洲坚果间种套种、水肥一体化、抗逆栽培等领域取得了一些突破，但也缺少对炼苗期的管护措施和移栽成活率以及建园后效益等方面的进一步研究。

（3）加工利用

虽然我国在澳洲坚果收获、脱皮、干燥和剥壳等加工设备，及澳洲坚果加工利用方法等领域取得了一些进展，但仍存在加工效率低，食用油加工设备和技术研究相对落后，果仁、果壳的精深加工设备和技术及综合利用方面有待进一步研究。

2. 学科发展方向与趋势

加强育种工作和提高栽培管理水平，扩大资源调查范围，收集优良品种，开展新品种选育工作，以获得优质高产的澳洲坚果新品种。

加强栽培技术、生理基础研究，特别是营养诊断方面，要加以逐步完善，最终建立规范的种植技术规程。

加强澳洲坚果综合利用的研究，澳洲坚果除鲜食外，还可以加工成高级食用油、高级巧克力等。

四、中国澳洲坚果科技发展需求建议

1. 扩大种植，合理规划

据 FAO 预测，世界澳洲坚果需求量在 40 万吨以上，目前供应量仅达到 5 万吨左右，这就意味着在很长一段时间国际市场处于供不应求的状态，将长期面临澳洲坚果加工原料不足的问题，根据市场需求抓住商机，应扩大澳洲坚果种植面积，根据目前我国耕地现状实施好澳洲坚果产业发展规划和优势区域布局规划，统筹考虑基地建设与加工企业布局，确保基地建设与产品加工协调发展。

2. 提高良种覆盖率

选育适宜中国物候环境的澳洲坚果优良品种，加强种苗监管做好苗木的市场准入制度，从源头上防止假苗、劣质苗流入市场，建立种苗质量追溯制度，强化责任追究，加快良种选育进程，扎实推进品种审（认）定工作和主导品种推荐，为产业提供更多更好的优良品种，提高良种覆盖率。

3. 科学种植管理

科学完善澳洲坚果园灌溉设施，确保适时浇水，保障肥水供给。积极推广澳洲坚果与凤梨、茶叶、咖啡及其他农作物套种，以耕代抚，以短养长，提高土地利用率，积极推广林下养蜂、养鸡等林下养殖，少施或不施农药、化肥，实行绿色种植，提高果园综合效益。

4. 加强加工科技研发

通过示范推广成熟的澳洲坚果加工适用技术，支持农民和专业合作组织改善脱皮、烘干、分级、包装、贮藏等设施装备条件，促进产品保质、减损、增效。积极促进企业与大专院校、科研院所联合开展产品研发，加强新产品开发，针对不同人群的消费水平，充分利用现代加工技术和手段，开发相应的系列产品，着力打造名牌产品，满足不同消费群体的需求，提高市场竞争力。

5. 加强市场监管

努力构建澳洲坚果市场监督管理系统，实时发布相关产业信息和市场预警。规范产品加工经营主体，确保合法收购、加工、销售。严厉打击非法收购、倒卖、囤积、哄抬市价、以次充好及散布虚假信息等扰乱市场秩序的行为。建立健全各类产品标识管理和质量检验检测体系，确保产品质量安全，充分利用市场机制推进产业发展。

参考文献

白旭华，邹建云，黎小清，等.2016-08-17. 一种超临界 CO_2 萃取澳洲坚果精油的方法：云南，CN105861157A［P］.

蔡红亮.2017-04-26. 一种夏威夷果及其加工方法：浙江，CN106579238A［P］.

陈德荣.2017. 临沧市七措施抓澳洲坚果产业发展［J］. 云南林业，38（3）：41-42.

陈罡，苏宏，赵建荣.2017-06-13. 一种澳洲坚果剥皮机：云南，CN106820178A［P］.

陈海生，李恒锐，王文林，等.2016-01-13. 一种澳洲坚果挤压破壳工具：广西，CN204950686U［P］.

陈海生，谭秋锦，韦媛荣，等.2017. 桂西南6个澳洲坚果品种开花结实率研究［J］. 农业研究与应用（4）：34-38.

陈菁，陆超忠，石伟琦，等.2017. 澳洲坚果根系分布特点［J］. 热带农业科学，37（6）：23-26.

陈丽兰，陶丽，倪书邦，等.2017. 澳洲坚果品种'HAES951'为母本的杂交试验［J］. 热带农业科技，40（1）：14-16，22.

陈思达.2017. 澳洲坚果分离蛋白 Pickering 乳液的制备及其稳定性研究［D］. 南昌：南昌大学.

程汝青,吴宏英.2015-11-05.澳洲坚果在中国的日子［N］.中国绿色时报(B03).

钏加周.2015.芒市澳洲坚果丰产栽培技术浅谈［J］.生物技术世界,11:45.

宫丽丹,马静,陶亮,等.2017.干旱胁迫对不同品种澳洲坚果渗透调节能力的影响［A］.云南省科学技术协会、中共普洱市委、普洱市人民政府.第七届云南省科协学术年会论文集——专题二:绿色经济产业发展［C］.云南省科学技术协会、中共普洱市委、普洱市人民政府,8.

宫丽丹,倪书邦,贺熙勇,等.2015.澳洲坚果耗水规律及灌溉制度研究［J］.中国农学通报,36:99-102.

宫丽丹,倪书邦,贺熙勇,等.2017.干旱胁迫下保水剂对澳洲坚果生长及水分特征参数的影响［J］.热带农业科技,40(1):17-19.

宫丽丹,陶亮,贺熙勇,等.2016.保水剂在澳洲坚果丰产栽培中的应用与经济效益分析［J］.中国南方果树,45(4):77-79.

龚镔.2016-08-24.一种澳洲坚果栽培方法:广西,CN105875136A［P］.

郭刚军,胡小静,马尚玄,等.2017.液压压榨澳洲坚果粕蛋白质提取工艺优化及其组成分析与功能性质［J］.食品科学,38(18):266-271.

郭刚军,胡小静,彭志东,等.2017.不同压榨方式澳洲坚果油品质及抗氧化活性比较［A］.云南省科学技术协会、中共普洱市委、普洱市人民政府.第七届云南省科协学术年会论文集——专题二:绿色经济产业发展［C］.云南省科学技术协会、中共普洱市委、普洱市人民政府,14.

郭刚军,胡小静,彭志东,等.2018.不同压榨方式澳洲坚果油品质及抗氧化活性比较［J］.食品科学,1-12.

郭刚军,邹建云,胡小静,等.2016.液压压榨澳洲坚果粕酶解制备多肽工艺优化［J］.食品科学:1-10.

韩树全,范建新,王代谷,等.2016.澳洲坚果生育期内叶片矿质营养元素含量及其变化［J］.安徽农业科学,44(23):8-10,52.

韩树全,范建新,王代谷,等.2016.基于"3S"技术的贵州省澳洲坚果种植气候区划［J］.贵州农业科学,44(8):157-161.

何承忠,李旦,罗一然,等.2017-06-06.澳洲坚果组培扩繁方法:云南,CN106797886A［P］.

荷兰秀.2017-08-04.澳洲坚果的组织培养方法:广西,CN107006368A［P］.

荷兰秀.2017-09-01.澳洲坚果组织培养快速育苗的方法:广西,CN107114239A［P］.

荷兰秀.2017-09-15.澳洲坚果的高效专用肥的制备方法:广西,CN107162840A［P］.

荷兰秀.2017-09-22.澳洲坚果的无公害专用肥的制备方法:广西,CN107188748A［P］.

荷兰秀.2017-09-22.澳洲坚果丰产的栽培方法:广西,CN107182658A［P］.

贺熙勇，陶丽，倪书邦，等.2016. 花粉直感对澳洲坚果'O. C'果实形态和品质性状的影响 ［J］. 经济林研究，01：76-82.

黄炳成，李杨.2017. 广西澳洲坚果几种主要虫害及病害防治措施研究 ［J］. 产业与科技论坛，16（13）：55-56.

黄克昌，郭刚军，邹建云.2017. 澳洲坚果带壳果洞道干燥特性及品质变化研究 ［J］. 食品研究与开发，38（16）：15-19.

黄克昌，郭刚军，邹建云.2017. 澳洲坚果果仁干燥 Page 模型的建立及品质变化 ［J］. 食品科技，42（5）：68-72.

黄雪松.2016. 澳洲坚果中抗氧化活性物质的研究 ［A］. 中国热带作物学会. 中国热带作物学会 2016 年学术年会论文集 ［C］. 中国热带作物学会，2.

黄正明，王刚，宋德庆，等.2016-09-21. 一种澳洲坚果破壳机及破壳方法：广东，CN105942546A ［P］.

静玮，苏子鹏，林丽静.2016. 不同焙烤温度和时间对澳洲坚果果仁颜色的影响 ［J］. 热带农业科学，36（8）：56-61，75.

静玮，苏子鹏，刘义军，等.2016. HS-SPME/GC-MS 测定澳洲坚果焙烤香气成分 ［J］. 食品工业，37（9）：241-245.

柯志雄.2017-01-25. 一种盐焗味夏威夷果：广西，CN106343491A ［P］.

柯志雄.2017-02-08. 一种鲍鱼味夏威夷果：广西，CN106376890A ［P］.

柯志雄.2017-02-08. 一种芥末味夏威夷果：广西，CN106376891A ［P］.

柯志雄.2017-02-08. 一种咖啡味夏威夷果：广西，CN106376889A ［P］.

孔兵.2016-08-24. 一种夏威夷果开壳器：安徽，CN105877547A ［P］.

孔兵.2016-09-07. 夏威夷果剥壳钳：安徽，CN105919475A ［P］.

孔兵.2017-03-01. 一种夏威夷果开壳器：安徽，CN205988243U ［P］.

孔兵.2017-06-09. 夏威夷果剥壳钳：安徽，CN206228248U ［P］.

孔兵.2017-06-09. 一种新型夏威夷果剥壳器：安徽，CN206228249U ［P］.

孔兵.2017-06-13. 一种夏威夷果剥壳钳：安徽，CN206239255U ［P］.

孔兵.2017-08-08. 一种钳式夏威夷果开壳器：安徽，CN206381106U ［P］.

孔广红，柳觐，倪书邦，等.2016. 澳洲坚果化学诱变植株生长量变异分析 ［J］. 热带农业科技，39（4）：15-18.

孔广红，柳觐，倪书邦，等.2016. 澳洲坚果接穗～（60）Co-γ 射线辐射诱变育种适宜剂量的研究 ［J］. 西南农业学报，01：39-43.

蓝炎阳，徐桂治，王少峰.2017. 4 种澳洲坚果品种主要性状对比研究 ［J］. 现代化农业，No. 453 04：33-34.

李常林.2017. 澳洲坚果种植技术要点 ［J］. 农业工程技术，37（2）：67-68.

李红光.2016-09-07. 一种澳洲坚果、核桃破壳器：山西，CN105919472A ［P］.

李红光.2017-04-19. 一种澳洲坚果、核桃破壳器：山西，CN206102498U ［P］.

李杨，黄炳成，王育荣，等.2017. 澳洲坚果早结丰产栽培技术 ［J］. 农业与技术，37（12）：148-149，152.

李亦琴.2016-07-06. 以夏威夷果为核心的食品加工方法：浙江，CN105725149A [P].

李亦琴.2016-10-19. 以夏威夷果为核心的复合食品：浙江，CN205648863U [P].

李玉宏，倪书邦，贺熙勇，等.2016. 澳洲坚果 SSR 体系的建立及 F_1 代的鉴定 [J]. 热带农业科学，36（9）：30-34.

林玲，李琪，刘丽丽，等.2016. 免疫亲和层析净化高效液相色谱法测定澳洲坚果中黄曲霉毒素 B_1 [J]. 化学试剂，38（11）：1086-1088，1091.

林文秋，杨为海，邹明宏，等.2017. 澳洲坚果果皮不同溶剂提取物的含量和抗氧化活性 [J]. 江苏农业科学，45（1）：171-174.

刘桂华，龙宇航，张梅芳，等.2017-08-18. 一种简易夏威夷果开壳钳：吉林，CN107049075A [P].

刘桂华等发明公开了一种简易夏威夷果开壳钳。

刘明.2017. 武隆区引进澳洲坚果示范栽培管理技术与推广前景浅析 [J]. 农业开发与装备（187）：139.

刘秋月，叶丽君，黄文烨，等.2016. 高效液相色谱法测定澳洲坚果青皮中的 4 种酚类物质 [J]. 热带农业科学，36（7）：106-111.

刘荣，范建新，刘红，等.2016-10-26. 一种澳洲坚果花药诱导愈伤组织的方法：贵州，CN106035077A [P].

刘荣，范建新，刘清国，等.2016-10-26. 一种澳洲坚果总 RNA 的提取方法：贵州，CN106047867A [P].

刘瑞林，余佩，陈国宁，等.2017. 响应曲面法优化超声-微波协同提取澳洲坚果油的工艺研究 [J]. 西北药学杂志，06：718-722.

刘忭生.2016-01-20. 澳洲坚果繁殖方法：云南，CN105248154A [P].

柳觐，陈丽兰，倪书邦，等.2017. 喷施乙烯利对‘HAES900’澳洲坚果果实脱落和品质的影响 [J]. 热带作物学报，38（2）：194-198.

柳觐，孔广红，贺熙勇，等.2017. 乙烯利促落果提高澳洲坚果采收效率的研究 [J]. 中国南方果树，46（4）：1-5.

吕力，吕宗健.2017-06-13. 立式澳洲坚果破壳机：云南，CN206238340U [P].

吕力，吕宗健.2017-06-13. 卧式澳洲坚果破壳机：云南，CN206238339U [P].

吕宗健，吕力.2017-07-18. 塔式澳洲坚果风干机：云南，CN206333340U [P].

吕宗健，吕力.2017-07-28. 筒式提升喂料澳洲坚果风干机组：云南，CN206354394U [P].

罗福基.2016-09-21. 一种方便撬开澳洲坚果的家庭用开果器：福建，CN205585905U [P].

罗福仲.2017-02-22. 一种便于掰开澳洲坚果的种皮的开果器：福建，CN106419654A [P].

罗福仲.2017-09-19. 一种便于掰开澳洲坚果的种皮的开果器：福建，CN206499395U [P].

罗立娜，韩树全，范建新，等．2017．不同品种澳洲坚果花粉生活力的研究［J］．江西农业学报，29（8）：34-37．

马福德，高华平，刘黔英．2016．西双版纳澳洲坚果树整形修剪技术［J］．热带农业科学，36（9）：12-16．

马艳粉，张晓梅，胥勇，等．2016．澳洲坚果上新发生玳灰蝶海南亚种为害［J］．中国植保导刊，36（7）：51-53，81．

彭志东，邹建云，郭刚军．2017．澳洲坚果开口产品规模化生产技术［J］．热带农业科技，40（3）：10-14，5．

邵春刚．2017-09-26．一种夏威夷果300度双工位开口机：江苏，CN206518110U［P］．

施宗强，邓晓璐．2016．华安县种植澳洲坚果的气候适应性分析［A］．中国气象学会．第33届中国气象学会年会S5应对气候变化、低碳发展与生态文明建设［C］．中国气象学会，2．

帅希祥，杜丽清，张明，等．2017．提取方法对澳洲坚果油的化学成分及其抗氧化活性影响研究［J］．食品工业科技，38（15）：1-5，10．

宋德庆，宋刚，黄正明，等．2017-05-10．一种澳洲坚果破壳机：广东，CN206150395U［P］．

覃振师，罗莲凤，王文林，等．2015-10-07．一种澳洲坚果去壳钳：广西，CN204683407U［P］．

谭德锦，梁锋，韩凌云，等．2017．澳洲坚果3种木蠹蛾生物学特性分析［J］．南方农业学报，48（9）：1611-1616．

谭德锦，王文林，陈海生，等．2017．为害澳洲坚果的蟓象类害虫及防治方法［J］．农业研究与应用（1）：74-78．

谭秋锦，陈海生，王文林，等．2016．不同林龄澳洲坚果园凋落物与土壤养分的关系［J］．热带作物学报，37（9）：1703-1707．

谭秋锦，黄锡云，何铣扬，等．2016-08-17．一种石漠化地区澳洲坚果的幼苗定植成活方法：广西，CN105850627A［P］．

谭秋锦，黄锡云，许鹏，等．2017．基于Logistic模型的澳洲坚果果实生长发育研究［J］．江苏农业科学，45（7）：146-148．

谭秋锦，覃振师，郑树芳，等．2015．桂西南10种澳洲坚果果实数量性状的研究［J］．中国热带农业，02：54-58．

谭秋锦，王文林，何铣扬，等．2017．土壤养分对澳洲坚果果实品质的影响［J］．经济林研究，35（3）：219-223．

谭秋锦，许鹏，宋海云，等．2016．澳洲坚果主要农艺性状相关分析及产量因素的通径分析［J］．中国农学通报，32（22）：84-88．

陶丽，陈丽兰，陶亮，等．2016．授粉源对澳洲坚果'Keauhou'坐果率和果实性状的影响［J］．北方园艺（16）：9-13．

陶丽，陈丽兰，杨帆，等．2017．7个澳洲坚果品种的授粉组合选配与自花结实性研究〔A〕. 云南省科学技术协会、中共普洱市委、普洱市人民政府. 第七届云南省科协学术年会论文集——专题二：绿色经济产业发展〔C〕. 云南省科学技术协会、中共普洱市委、普洱市人民政府, 6.

陶丽, 倪书邦, 贺熙勇, 等. 2015. 澳洲坚果人工去雄技术的比较研究〔J〕. 中国农学通报, 16：88-93.

田素梅, 张晓梅, 马艳粉, 等. 2017. 澳洲坚果乳饮料配方的研究〔J〕. 食品研究与开发, 38（7）：94-96.

田素梅. 2017. 澳洲坚果乳饮料加工工艺的研究〔J〕. 农产品加工（13）：28-29, 32.

涂行浩, 杜丽清, 帅希祥, 等. 2016. 贮藏温度对澳洲坚果营养品质的影响〔A〕. 中国食品科学技术学会. 中国食品科学技术学会第十三届年会论文摘要集〔C〕. 中国食品科学技术学会, 2.

涂行浩, 张秀梅, 刘玉革, 等. 2015. 微波辐照澳洲坚果壳制备活性炭工艺研究〔J〕. 食品工业科技, 20：253-259, 270.

万继锋, 杨为海, 曾辉, 等. 2017. 澳洲坚果种质资源叶片表型多样性分析及其数量分类研究〔J〕. 热带作物学报, 38（6）：990-997.

万继锋, 曾辉, 杨为海, 等. 2017-08-08. 一种利用两段法培育单主干塔形澳洲坚果观赏绿化苗的方法：广东, CN107018843A〔P〕.

万继锋, 曾辉, 杨为海, 等. 2017-09-19. 一种利用两段法培育澳洲坚果嫁接大苗的方法：广东, CN107173153A〔P〕.

汪汇源. 2015. 新西兰澳洲坚果种植户提出用绿色肥料来提高产量〔J〕. 世界热带农业信息, 12：21.

王成江. 2016. 澳洲坚果日常实用技术推广〔J〕. 中国林业产业（8）：250.

王代谷, 韩树全, 刘荣, 等. 2017. 澳洲坚果山地幼龄果园套作模式效益分析〔J〕. 江西农业学报, 29（7）：31-35.

王代谷, 邹明宏, 韩树全, 等. 2016. 澳洲坚果冻害及恢复调查〔J〕. 安徽农业科学, 35：64-66.

王刚, 宋德庆, 宋刚, 等. 2017-05-10. 一种双通道澳洲坚果破壳装置：广东, CN206150396U〔P〕.

王建华. 2017-06-27. 一种澳洲坚果的种植方法：云南, CN106888914A〔P〕.

王建华. 2017-07-25. 一种澳洲坚果的嫁接方法：云南, CN106973704A〔P〕.

王建华. 2017-08-22. 澳洲坚果树砧木嫁接模具：云南, CN107079716A〔P〕.

王建华发明公开了一种澳洲坚果的种植方法和澳洲坚果树砧木嫁接模具。

王进强, 许丽月, 贺熙勇, 等. 2017. 紫络蛾蜡蝉——危害澳洲坚果树的重要害虫〔J〕. 中国森林病虫, 36（4）：8-10, 16.

王伟, 田荣荣, 那立妍, 等. 2017. 基于 MaxEnt 生态软件划分澳洲坚果的潜在地理适生区〔J〕. 林业科学研究, 30（3）：444-449.

王伟国. 2015. 凤庆县澳洲坚果产业发展潜力及发展措施初探〔J〕. 内蒙古林业调

查设计, 02: 133-135.

王文林, 陈海生, 赵静, 等 . 2015 - 12 - 23. 一种澳洲坚果油脂脂肪酸成分分析方法: 广西, CN105181864A [P].

王文林, 陈海生, 赵静, 等 . 2016 - 01 - 13. 一种澳洲坚果分选机: 广西, CN105234070A [P].

王文林, 陈海生, 赵静, 等 . 2016 - 09 - 28. 一种提高澳洲坚果产量和品质的方法: 广西, CN105961110A [P].

王文林, 陈海生, 赵静, 等 . 2016 - 10 - 26. 一种澳洲坚果叶红茶的加工方法: 广西, CN106035883A [P].

王文林, 陈海生, 赵静, 等 . 2017 - 04 - 26. 一种消除草甘膦对澳洲坚果药害作用的方法: 广西, CN106577662A [P].

王文林, 陈海生, 赵静, 等 . 2017 - 05 - 24. 一种澳洲坚果速衰病治理方法: 广西, CN106688728A [P].

王文林, 陈海生, 郑树芳, 等 . 2017. 干旱处理对澳洲坚果光合特性的影响 [J]. 热带农业科学, 37 (3): 63-68, 73.

王文林, 徐健, 李恒锐, 等 . 2017 - 08 - 22. 一种澳洲坚果套种凤梨的种植方法: 广西, CN107079760A [P].

王永福 . 2016 - 07 - 06. 一种夏威夷果保健速溶咖啡: 广东, CN105724705A [P].

王跃林 . 2016 - 09 - 14. 夏威夷果开壳器: 江苏, CN205568817U [P].

韦剑锋, 韦巧云, 韦冬萍, 等 . 2017 - 03 - 15. 一种提高澳洲坚果扦插苗成活率的方法: 广西, CN106489493A [P].

吴芳 . 2017 - 06 - 09. 一种澳洲坚果套种富硒鸡骨草的栽培方法: 广西, CN106804359A [P].

肖海艳, 许鹏, 黄锡云, 等 . 2017. 水肥一体化技术在澳洲坚果生产上的应用 [J]. 安徽农业科学, 30: 55-58.

肖田 . 2015. 小坚果如何渐成大产业——西双版纳傣族自治州澳洲坚果产业发展调查 [J]. 中国果业信息, 12: 1-8.

徐斌, 万举河, 卢淼 . 2017 - 03 - 29. 一种澳洲坚果青皮舒眠药枕及其制备方法: 云南, CN106539946A [P].

徐斌, 万举河, 卢淼 . 2017 - 04 - 26. 澳洲坚果青皮提取物及以其为活性成分的化妆品及其制备方法: 云南, CN106580778A [P].

徐斌, 万举河, 卢淼 . 2017 - 04 - 26. 一种澳洲坚果提取物为主成分的中草药牙膏及其制备方法: 云南, CN106580779A [P].

徐斌, 万举河, 卢淼 . 2017 - 05 - 31. 一种含澳洲坚果蛋白粉的美容养颜奶茶及其制备方法: 云南, CN106720630A [P].

徐斌, 吴云翔 . 2015 - 04 - 08. 一种澳洲坚果籽芽的嫁接方法 [P]. 云南: CN104488576A.

徐斌 . 2017 - 01 - 11. 一种利用澳洲坚果壳制备天然摩擦剂的方法: 云南,

CN106309259A [P].

徐斌 .2017-03-15. 一种澳洲坚果壳天然染发剂及其制备方法：云南，CN106491421A [P].

徐四新 .2016-08-24. 一种夏威夷果美化皮肤牡丹保健花茶及其制备方法：安徽，CN105876031A [P].

薛忠，宋德庆，王刚，等 .2016-09-28. 一种双通道澳洲坚果破壳装置及破壳方法：广东，CN105962387A [P].

杨斌，陈榆秀，刘海青，等 .2017-09-01. 一种澳洲坚果青皮脱皮机：云南，CN107114810A [P].

杨帆，魏舒娅，胡发广，等 .2016. 干热河谷地区澳洲坚果果实发育特性及落果调查 [J]. 中国农学通报，01：97-100.

杨护霞，许艳，方兴，等 .2016. 常见坚果壳的元素组成·纤维素含量和结晶度分析 [J]. 安徽农业科学，44（17）：21-23，129.

杨建荣，刘世平，李智华，等 . 临沧市澳洲坚果种植品种和抚育存在的问题及对策 [J]. 林业科技，41（5）.

杨申明，范树国，文美琼，等 .2016. 微波辅助提取澳洲坚果壳多糖的工艺优化及抗氧化性评价 [J]. 食品科学：1-5.

杨申明，王振吉，韦薇，等 .2016. 微波辅助提取澳洲坚果壳总黄酮的工艺优化及其抗氧化活性 [J]. 粮食与油脂，29（8）：80-84.

杨薇，涂灿 .2016-10-12. 一种澳洲坚果破壳机：云南，CN205624334U [P].

杨为海，张明楷，邹明宏，等 .2015. 澳洲坚果种仁矿质营养特性研究 [J]. 热带作物学报，11：1959-1964.

杨晓华 .2016. 浅析镇沅县澳洲坚果产业发展存在问题与对策 [J]. 中国林业产业，01：101.

杨增松 .2016-01-06. 含有澳洲坚果油的化妆品组合物及其制备方法：广东，CN105213226A [P].

易湘艳 .2017. 浅谈耿马县澳洲坚果种植管理技术 [J]. 农业工程技术，37（14）：56.

余朝炳 .2016-08-31. 一种夏威夷果的大角度开槽机：浙江，CN105904502A [P].

余贵湘，段忠俊，卢靖，等 .2016. 施肥和覆盖对澳洲坚果 344 和 OC 生长和产量的影响 [J]. 经济林研究，04：73-79.

岳海，陈国云，原慧芳，等 .2015. 不同覆盖方式下山地澳洲坚果园对磷利用的影响研究 [J]. 中国农学通报，13：205-210.

云南农业厅 .2016. 澳洲坚果主要病虫鼠害防治 [J]. 致富天地，211（7）：50-51.

昝建琴 .2017-01-04. 一种夏威夷果菠萝莓豆浆及其制备方法：安徽，CN106259989A [P].

曾黎明，陈显国，黄强，等 .2017-04-26. 一种弧形刀具式澳洲坚果破壳器：广西，CN206120148U［P］.

张汉周，王维，杨为海，等.2015.21 份澳洲坚果种质开花结果物候期的变异分析［J］.热带作物学报，11：2039-2043.

张汉周，张明楷，刘遂飞，等.2015.澳洲坚果不同种质果皮内含物含量的研究［J］.热带作物学报：1.

张瑞芳.2016.澳洲坚果种植主要病虫害防治措施［J］.现代园艺（15）：139-140.

张新民，何铣扬，陆超忠，等.2015.不同种质澳洲坚果叶片氮磷钾含量研究［J］.中国南方果树，06：66-67，70.

赵伟.2016-01-13.夏威夷果开口器：安徽，CN204950685U［P］.

郑翔，王淑生，于鹏程.2016-10-12.一种夏威夷果开壳钳：江苏，CN105996837A［P］.

郑翔，王淑生，于鹏程.2017-09-15.一种夏威夷果开壳钳：江苏，CN206491717U［P］.

郑依，李丽，吴华，王巧娥，等.2017.天然迷迭香提取物对提升澳洲坚果油氧化稳定性的研究［J］.河南工业大学学报（自然科学版），38（3）：73-76.

钟业俊.2017-09-05.一种两相调质法制备的澳洲坚果核桃饮料：江西，CN107125517A［P］.

周跃贵.2017-06-27.一种利用夏威夷果制备天然香精的方法：重庆，CN106889557A［P］.

朱国渊，张祖兵，段波，等.2016.云南澳洲坚果园有害动物及其天敌资源调查［J］.广东农业科学，43（8）：94-102.

朱泽燕，黄雪松.等.2017.用气相色谱-质谱联用法分析澳洲坚果幼叶的挥发性成分［J］.热带农业科学，37（3）：94-99.

左赛萍，张玉芬.2015.勐统镇栽培与发展中澳洲坚果的注意问题［J］.农业与技术（6）：157.

AAA Termizi, CM Hardner, J Batley, et al.2016. SNP analysis of Macadamia integrifolia chloroplast genomes to determine the genetic structure of wild populations［J］. Acta horticulturae：175-180.

Akinsanmi, Olufemi A.；Drenth Andrcpb；Jeff-Ego Olumide S. Dry；et al.2017. Flower Disease of Macadamia in Australia Caused by Neopestalotiopsis macadamiae sp. nov. and Pestalotiopsis macadamiae sp. nov. Plant disease. Jan., 101（1）：45-53.

Akinsanmi, O. A., A. 2017. Drenth. Characterisation of husk rot in macadamia［J］. Annals of applied biology. Jan., 170（1）：104-115.

Akinsanmi, O. A., J. Neal A. Drenth, B. Topp. 2017. Characterization of accessions and species of Macadamia to stem infection by Phytophthora cinnamomi［J］. Plant pathology, 66（2）：186-193.

Aquino-Bolacplos, Elia N.；Armando J. Martcpnez；Icpligo Verdalet-GuzmcpLn, et al. 2017. Fatty acids profile of oil from nine varieties of Macadamia nut [J]. International journal of food properties, 20 (6): 1262-1269.

Bai Shahla Hosseini, Xu, Cheng-Yuan, Xu Zhihong, Blumfield Timothy J. 2015. Soil and foliar nutrient and nitrogen isotope composition (delta N-15) at 5 years after poultry litter and green waste biochar amendment in a macadamia orchard [J]. Environmental Science & Pollution Research International, 22 (5): 3803-3809.

Cholake Sagar T., Paul Henderson, Raghu Raman Rajagopal, et al. 2017. Composite panels obtained from automotive waste plastics and agricultural macadamia shell waste [J]. Journal of cleaner production, 151 (151): 163-171.

Correa E R, Medeiros G C R, Barros W S. 2015. Evaluation and ranking of Macadamia genotypes using mixed models [J]. African Journal of Agricultural Research, 10 (38): 3696-3703.

DG Mayer, RA Stephenson. 2016. Statistical forecasting of the Australian macadamia crop [J]. Acta horticulturae: 265-270.

Fan FangYu, Zheng YunWu, Huang YuanBo, et al. 2017. Combustion kinetics of biochar prepared by pyrolysis of macadamia shells [J]. BioResources, 12 (2): 3918-3932.

Fischer I. H. Perdona, M. J. Cruz, J. C. S. Firmino, A. C. 2017. First report of Lasiodiplodia theobromae on Macadamia integrifolia in Brazil [J]. Summa Phytopathologica, 43 (1): 70.

Honorato Andressa Colussi, Pardinho Renan Buque, Dragunski Douglas Cardoso, et al. 2017. Biosorbent of macadamia residue for cationic dye adsorption in aqueous solution [J]. Acta Scientiarum Technology, 39 (1): 97-102.

JM Neal, DM Russell, J Giles, et al. 2016. Assessing nut germination protocols for macadamia cultivar 'Beaumont' [J]. Acta horticulturae: 189-196.

Kumar Uttam, Irshad Mansuri, Mohannad Mayyas, et al. 2017. Cleaner production of iron by using waste macadamia biomass as a carbon resource [J]. Journal of cleaner production, 158 (158): 218-224.

LM Keith, LS Sugiyama, TK Matsumoto, et al. 2016. Disease management strategy for macadamia quick decline [J]. Acta horticulturae: 237-242.

Lopez-Calleja, I. M.; Cruz, S. de la; Gonzalez, I.; et al. 2015. Development of real-time PCR assays to detect cashew (*Anacardium occidentale*) and macadamia (*Macadamia intergrifolia*) residues in market analysis of processed food products [J]. LWT-Food Science and Technology, 62 (1): 233-241.

Malvestiti, Rosane, Leandro da Silva Borges, Eleine Weimann, et al. 2017. The effect of macadamia oil intake on muscular inflammation and oxidative profile kinetics after exhaustive exercise [J]. European journal of lipid science and technology, 119 (8).

Maria Arroyo-Caro Jose, Manas-Fernandez, Aurora, Lopez Alonso, Diego, et *al.* 2016. *Macadamia tetraphylla* MtDGATI gene ［Proteaceae］: *Macadamia tetraphylla* type I diacylglycerol acyltransferase gene, expression Journal of Agricultural & Food Chemistry, 64（1）: 277-285.

Maria Lopez-Calleja Ines, de la Cruz Silvia, Garcia Teresa, *et al.* 2015. Development of real-time PCR assays to detect cashew（*Anacardium occidentale*）and macadamia（*Macadamia intergrifolia*）residues in market analysis of processed food products ［J］. LWT-Food Science & Technology, 62（1）: 233-241.

Martins Alessandro C, Pezoti Osvaldo, Cazetta Andre L, *et al.* 2015. Removal of tetracycline by NaOH-activated carbon produced from macadamia nut shells: Kinetic and equilibrium studies ［J］. Chemical Engineering Journal, 260: 291-299.

N White, J Hanan. 2016. A model of macadamia with application to pruning in orchards ［J］. Acta horticulturae.

Nock, Catherine J.; Elphinstone, Martin S.; *et al.* 2017. Whole genome shotgun sequences for microsatellite discovery and application in cultivated and wild macadamia（proteaceae）（vol 2, 1300089, 2014）［J］. Applications in Plant Sciences, 5（8）.

OA Akinsanmi, A Drenth. 2016. Sustainable control of husk spot of macadamia by cultural practices ［J］. Acta horticulturae: 231-236.

O'Connor K, Powell M, Nock C, *et al.* 2015. Crop to wild gene flow and genetic diversity in a vulnerable Macadamia（Proteaceae）species in New South Wales, Australia ［J］. Biological Conservation, 191: 504-511.

Penter, M. G. Bertling, I. Sippel, A. D. 2016. Acta Horticulturae ［J］. International Society for Horticultural Science（ISHS）, Leuven, Belgium: 1109, 35-41.

Perdona Marcos J, Soratto Rogerio P. 2015. Higher yield and economic benefits are achieved in the macadamia crop by irrigation and intercropping with coffee ［J］. Scientia Horticulturae（Amsterdam）, 59-67.

Perdona, Marcos J, Soratto, Rogerio P. 2015. Irrigation and Intercropping with Macadamia Increase Initial Arabica Coffee Yield and Profitability ［J］. Agronomy Journal, 107（2）: 615-626.

Perdona, M. J.; Soratto, R. P.; Esperancini, M. S. T. 2015. Productive and economic performance of Arabica coffee and macadamia nut intercropping ［J］. Pesquisa Agropecuaria Brasileira, 50（1）: 12-23.

Rodriguez Rodriguez Manuel Fernando, Sanchez-Garcia Alicia, Salas Joaquin J, *et al.* 2015. Characterization of soluble acyl-ACP desaturases from Camelina sativa, Macadamia tetraphylla and Dolichandra unguis-cati ［J］. Journal of Plant Physiology, 35-42.

S Karimaei, J Hanan. 2016. Carbohydrate sources for macadamia shoot development ［J］. Acta horticulturae.

Tu Can, Yang Wei, Yin QingJian, *et al.* 2015. of technical parameters of breaking macadamia nut shell and finite element analysis of compression characteristics [J]. Transactions of the Chinese Society of Agricultural Engineering, 31 (16): 272-277.

Walton David A, Wallace Helen M. 2015. The effect of mechanical dehuskers on the quality of macadamia kernels when dehusking macadamia fruit at differing harvest moisture contents [J]. Scientia Horticulturae (Amsterdam), 119-123.

Wongcharee, Surachai, Vasantha Aravinthan, Laszlo Erdei. 2017. Use of macadamia nut shell residues as magnetic nanosorbents [J]. International Biodeterioration & Biodegradation.

W. 聚尔, S. 罗韦尔, Y. 登诺. 2017 - 08 - 01. 新型澳洲坚果过敏原: 德国, CN106995491A [P].

Zhang, Guodong; Anna Laasri; David Melka; *et al.* 2017. Prevalence of Salmonella in Cashews, Hazelnuts, Macadamia Nuts, Pecans, Pine Nuts, and Walnuts in the United States [J]. Journal of food protection, 80 (3): 459-466.

Zhou HuiPing, Wei LiPing, Xie Jiang, *et al.* 2017. Litter dynamics of rubber plantation and macadamia plantation in Xishuangbanna [J]. Journal of Anhui Agricultural University, 44 (3): 422-428. 35 ref.

第十章 中国椰子科技发展现状与趋势研究

椰子（*Cocos nucifera* L）为棕榈科椰子属植物，原产于亚洲东南部、印度尼西亚至太平洋群岛，中国广东南部诸岛及雷州半岛、海南、台湾及云南南部热带地区均有栽培。椰子植株高大，乔木状，高15～30米，茎粗壮，有环状叶痕，基部增粗，常有簇生小根。叶柄粗壮，花序腋生，果卵球状或近球形，果腔含有胚乳（即"果肉"或种仁），胚和汁液（椰子水），花果期主要在秋季。椰子为重要的热带木本油料作物，其椰肉、椰水、椰壳、椰衣、椰子叶、椰子花等都可利用，用途广泛，具有很高的开发价值。新鲜椰肉营养丰富，约含脂肪33%、碳水化合物13%、蛋白质4%，还含有多种对人体有益的维生素和微量元素，椰肉还可加工成椰子汁、椰油以及椰子粉、椰子糖、椰蓉、椰丝等多种食品。椰子水是优质天然饮料，含有多种无机盐、维生素、氨基酸和微量元素。椰壳用于生产优质活性炭，作为吸附剂广泛应用于工业、环保等产业，另外用椰壳加工的椰雕，是海南独特的传统工艺品。椰衣中的高弹性纤维，是生产地毯、棕垫、隔音隔热材料和防震包装材料的优质原料，生产椰衣纤维的副产品椰糠，是农作物的优良培养基介质。

一、中国椰子产业发展现状

1. 生产状况

椰子在中国云南的西双版纳和河口、广西北海、广东雷州半岛和台山上下川岛的部分地区、台湾省南部及海南都能正常生长，其中90%以上分布在海南省，海南省是中国唯一能大面积商业化生产椰子的地区。据FAO统计，2010年，全国椰子收获面积达3.06万公顷，产量26.57万吨，单产8.68千克/公顷，到2016年，全国椰子收获面积达3.33万公顷，产量31.66万吨，单产9.49千克/公顷。产量从2010—2016年虽逐年增加，但是增幅不大（表10-1）。主要是因为中国椰子品种种植主要以高种椰子为主，而高种椰子生产期长，植后7～8年才能开花结果，一般种植180株/公顷，平均产量不到50个/株，单位面积产量不足9 000个/公顷，产量较低。近年来，海南也逐渐引进了一些新品种，如红、黄矮椰子，平均产量约120个/株，单位面积产量约30 000个/公顷，该品种的引进在将来会改变原来品种产量低、产期长的不足，为优化中国椰子品种结构带来新的前景。

表10-1 2010—2016年中国椰子生产情况

项目	2010年	2011年	2012年	2013年	2014年	2015年	2016年
收获面积（公顷）	30 609	31 964	31 894	32 504	32 151	31 262	33 349

（续表）

项目	2010 年	2011 年	2012 年	2013 年	2014 年	2015 年	2016 年
椰果产量 （吨）	265 569	268 880	271 118	280 379	307 222	298 687	316 579
椰果单产 （千克/公顷）	86 762	84 120	85 006	86 260	95 556	95 543	94 928

注：数据来源 FAO 数据库。

2. 椰产品贸易现状

随着中国椰子加工业的迅速发展，国内的椰果产量远远无法满足加工业需求，每年需大量从东南亚进口，但几年来，菲律宾、泰国等已经对中国进行椰果出口限制，其他主要进口国越南、印尼等，随着这些国家技术能力的提高，也将逐渐减少对中国的椰果出口量。据 FAO 资料表明，2010 年，中国椰果进口量和进口额分别为 14.86 万吨、3 182 万美元，而出口量和出口额分别为 0.06 万吨、44.2 万美元，到 2016 年椰果进口量和进口额分别为 34.40 万吨、1.5 亿美元，是 2010 年的 2.3 倍和 4.7 倍，而出口量和出口额分别为 1.58 万吨、1 607 万美元，是 2010 年的 26.3 倍和 36.4 倍，从 2010 年到 2016 年椰果进口量和进口额以及出口量和出口额都逐年增加，且出口增幅较大，但进口数量远大于出口量（表 10-2）。

2016 年，椰油进口量从 2010 年的 31.62 万吨减少到 14.15 万吨，进口额从 3.0 亿美元减少到 2.2 亿美元，出口量从 102 吨增加到 155 吨，出口额从 17.2 万美元增加到 47.6 万美元（表 10-2）。可以看出，椰子油的进口量以及进口额逐年在减少，出口量和出口额逐年在增加，但是进口量和进口额依然远远大于出口的。

椰干相对来说进出口贸易较少，2016 年，进口量和进口额分别为 9 356 吨、1 752 万美元，出口量和出口额分别为 143 吨、30.6 万美元（表 10-2）。

表 10-2　2010—2016 年中国椰子产品贸易情况

	项目	2010 年	2011 年	2012 年	2013 年	2014 年	2015 年	2016 年
椰果	进口量（吨）	148 563	209 463	188 150	199 155	313 948	343 465	343 984
	进口额（千美元）	31 817	96 925	69 461	74 889	126 170	148 001	151 705
	出口量（吨）	596	395	916	1 721	5 151	12 940	15 824
	出口额（千美元）	442	396	702	1 322	4 393	14 914	16 071
椰油	进口量（吨）	316 157	177 884	217 031	139 833	148 037	152 485	141 467
	进口额（美元）	303 926	323 848	271 090	135 650	206 124	192 968	220 225
	出口量（吨）	102	46	70	247	145	146	155
	出口额（美元）	172	99	151	579	376	529	476

（续表）

项目		2010 年	2011 年	2012 年	2013 年	2014 年	2015 年	2016 年
椰干	进口量（吨）	3 881	3 021	5 011	5 757	6 455	7 449	9 356
	进口额（美元）	4 387	5 931	7 801	8 174	12 791	14 897	17 518
	出口量（吨）	162	1 713	235	94	103	149	143
	出口额（美元）	223	5 334	491	197	291	355	306

注：数据来源 FAO 数据库。

椰产品加工方面，据不完全统计，全国椰子加工企业有 300 多家，主要集中在海南。其中椰树集团生产的天然椰子汁远销世界五大洲 35 个国家和地区，海南春光等食品有限公司生产的椰子糖、椰子粉等不仅销往全国各地，还出口港澳、东南亚、欧美、非洲及北美洲等国家和地区，生产技术处于国际先进水平。

二、国内外椰子科技发展现状

1. 国外椰子科技发展现状

近几年，国外学者对椰子的研究主要集中在产品加工及应用、检测、病虫害防治技术、遗传育种、组织培养技术等方面。其中椰子产品在医药学方面的应用研究较多，主要从不同方面揭示了椰子水及椰子油的营养成分及活性物质在抗老年痴呆、降低胆固醇、抗炎等方面具有一定效果。研究相关文献主要来自不同的大学和研究所。

在产品加工及应用方面，如印度喀拉拉邦农业大学植物生物技术和分子生物学中心 Lekshmi Sheela D 等人分析表明，椰子油中的中链脂肪酸–月桂酸具有降低胆固醇的功效；美国得克萨斯大学 . Chintapenta MA 对椰子油抗老年痴呆的效果进行了研究；泰国清迈大学 . Chinwong S 研究了椰子油对人体高密度脂蛋白和胆固醇水平的影响；尼日利亚联邦大学 . Famurewa AC 研究了椰子油佐剂对化疗大鼠的抗氧化和抗炎作用；伊拉克萨霍库尔斯坦大学科学系 Ibrahim AH 通过体外和体内研究了发酵椰油对血管生成和伤口愈合能力；洛斯安赫莱斯加州州立大学 Perng BC 研究了椰子油抗老年痴呆的使用方法；加纳大学食品科学与营养学系 Boateng L 等对椰子油和棕榈油的营养成分进行了比较研究；金奈泰米尔纳德邦马德拉斯大学 Venkatesagowda BT 从椰子油中分离脂肪酶，并对脂肪酶进行纯化和特性研究；斯里兰卡大学应用科学学院化学系 Padumadasa C 等人研究了椰子树不成熟花序的乙酸乙酯可溶性原花青素（EASPA）的抗氧化，抗炎和抗癌活性；印度卡纳塔克邦大学 Vijayakumar V 研究了椰子水对血糖和体重的影响；印度喀拉拉农业大学植物生物技术和分子生物学中心 Sheela DL 研究椰子油中中链饱和脂肪酸对慢性糖尿病并发症（包括视网膜病变和肾病）的影响；马来西亚农业研究和发展研究所生物技术和生物分子科学系 . Mohamad NE 对椰子水与小鼠肥胖相关性进行了分析；尼日利亚伊巴丹大学基础医学院生物化学系 Adaramoye OA 等人通过动物实验，研究了椰子壳纤维中不同剂量氯仿对老鼠肾的毒性作用。这些研究结果主要说明了不同椰子产品尤其是椰子油具有一定的抗氧化性，在预防老年痴呆等医学中具有一定的应用价值。

检测及病虫害防治方面，主要是通过不同方法对椰子产品的成分、农药残留以及生理结构等方面进行了分析。例如：巴西塞阿拉联邦大学食品技术部 Sucupira NR 等人采用核磁共振波谱法和 NMR 方法对不同加工条件下椰子水化学成分的变化进行了分析；巴西联邦大学 Tell V 用基质固相分散法和液相色谱法分析椰子树对农药的吸附性；南非夸祖鲁-纳塔尔大学 Ogedengbe 001 研究了椰子油作为高活性抗逆转录病毒疗法（lrb-haart-rbt）佐剂对大鼠睾丸超微结构和生化标记物的影响；印度金奈金提大学结晶学和生物物理学高级研究中心 Vajravijayan S 研究了椰子过敏原晶体结构的测定及分析；巴西坎皮纳斯州立大学 Ferreira JA 使用改进的 QuEChERS 和 LC-MS／MS 对椰子水和果肉中的十种农药进行残留测定，该检查方法在选择性，线性，基质效应，精度和精度方面有效；印度韦洛尔理工大学化学系 Elango G 等人研究了椰子油副产物椰壳介导钯纳米颗粒的绿色合成及其对幼虫和农业害虫的研究；韩国春武国立大学环境与生物资源科学学院 Govarthanan M 等人研究了椰子油饼提取物合成银纳米粒子（AgNPs）及其抗菌活性，该纳米合成简单，便宜，环保，合成的 AgNPs（1～4 毫米）减少多抗生素抗性细菌的生长速率，如气单胞菌属，不动杆菌属和柠檬酸杆菌属。

遗传育种与组织培养方面，主要通过不同方法对椰子遗传基因进行了研究。譬如：巴西联邦农业大学 Loiola CM 等人利用微卫星标记（SSRs）技术对拉丁美洲和加勒比地区椰子资源的遗传关系进行了研究；泰国农业大学水稻科学研究中心 Saensuk C 等人转录组装和鉴定了椰子"香兰样"香气的基因；泰国农业大学理学院遗传学教研室 Vongvan rung ruang A 等人通过克隆甜味基因 Badh2，分析 Badh2 基因在芳香性椰子和非芳香性椰子中的序列差异；沙特阿拉伯利雅得阿卜杜勒阿齐兹市科学技术和中国科学院基因组研究联合中心的 Aljohi HA 等人分析了椰子线粒体基因组的完整序列；印度喀拉拉邦印度农业研究委员会种植作物研究所作物改良研究中心 Rajesh MK 等人通过离体培养试验研究椰子体细胞胚胎的发生途径，并通过转录组分析技术对体细胞胚胎发生的基因表达模式进行了研究。

2. 国内椰子科技发展现状

中国椰子研究主要集中在生理生化、农产品加工与应用、检测、病虫害防治、遗传育种等方面，与国外研究方向基本一致，主要在产品加工与应用方面研究最多。

（1）生理生化

海南大学食品学院张观飞等研究了低醇度椰子水成分和抗氧化活性，结果显示，发酵对成熟椰子水的成分和抗氧化活性有重要的影响，其低醇度椰子水发酵 10 天后，葡萄糖、果糖和酒精度分别为 9.21 克/升、5.06 克/升和 5.2%vol；乳酸从 0.18 毫克/毫升增加至 4.00 毫克/毫升、琥珀酸从 0.17 毫克/毫升增加至 0.87 毫克/毫升，酒石酸和苹果酸从 32.09 毫克/毫升和 1.23 毫克/毫升下降至 0；总酚含量从 39.95 毫克 GAE/毫升逐渐升高至 67.89 毫克 GAE/毫升；另外，低醇度椰子水的抗氧化活性也有较大的改善，FRAP 值从 290.07 微摩尔/升 $FeSO_4$ 上升至 432.36 微摩尔/升 $FeSO_4$，ABTS+·清除率从 15.77% 上升至 69.84%，且相关性分析表明抗氧化活性升高归因于总酚含量的升高。中国热带农业科学院椰子研究所张玉锋等人分析了椰子种皮多糖提取液的抗氧化活性，试验以椰子种皮为原料，测定了其基本成分和多糖提取液的抗氧化活性，结果显示，干燥后椰子种皮中粗纤维和可溶性糖的含量以及经脱脂和超声波辅助提取所得提取液中多糖含量均较高，原液对 DPPH·自由基和羟自由基具有一定的清除率以及对 Fe^{3+} 的还原能力较强，并给出了具体的数值，结论说明椰子种皮是一种潜在的抗氧化资源。海南大学食品学院的武林贺等人采用 Lineweaver-Burk 法和 Wilkinson 统计法对脂肪酶水解椰子油的过程进行拟合，计算了酶解过程的动力学常数 km 和 Vm，以及脂肪酶水解椰子油的动力学方程。中国热带农业科学院椰子研究所曹红星等人对椰子抗寒相关生理生化指标进行了筛选及评价，研究在不同温度的处理下，椰子叶片 MDA 含量、可溶性糖含量、可溶性蛋白质含量、游离脯氨酸含量、超氧化物歧化酶（SOD）活性、过氧化物酶（POD）活性、过氧化氢酶（CAT）活性和抗坏血酸过氧化物酶（APX）活性的变化，结果表明：根据不同品种抗寒性相关生理生化指标变化幅度的不同，抗寒性强弱依次为海南高种椰子红矮椰子香水椰子；脯氨酸含量和 POD 活性与其他指标相关性高，不同低温处理间差异较大，可以聚为不同类分别代表渗透调节物质和保护酶类的指标，主成分分析结果表明，这 2 个指标可反映其他指标信息，可作为椰子抗寒鉴定指标。厦门市园林植物园阮志平等人研究了砂糖椰子对干旱和水分补偿的生理变化。结果表明，根系的 SOD 活性在干旱胁迫和复水后都显著高于对照，叶片和根系的 Pro 含量在重度干旱胁迫下显著升高，复水后显著降低；而可溶性蛋白含量在中度和重度干旱胁迫时均显著减少，复水 3 天后显著增加；叶片和根系的 MDA 含量变化趋势具有互补性；叶片和根系的相对电导率均随着干旱胁迫时间的延长而增加，在中度和重度干旱胁迫时显著高于其他处理，复水后减少；叶绿素含量在重度干旱胁迫时达到最高值。

（2）栽培技术

椰园间作模式方面，中国热带农业科学院香料饮料研究所赵溪竹等人以椰子间作可可系统（IN）、椰子单作系统（CN）和可可单作系统（CC）为试验材料，研究不同季节椰子/可可复合系统的小气候效应，结果显示，与椰子单作系统和可可单作系统相比，椰子/可可复合系统光合有效辐射强度均有所降低，相对湿度有所提高，结果还说明了不同季节的椰子/可可复合系统均呈现更优的小气候效应。

病虫害防治方面，海南大学环境与植物保护学院唐雅文等研究了椰子木蛾幼虫在椰子树上的空间分布型及抽样技术，结果表明：椰子木蛾的幼虫主要在椰子树的中下部叶片为害，有 87.17% 的幼虫分布在第 3 层、第 4 层和第 5 层叶片上，其中第 4 层叶片上幼虫数最多，平均每片大叶上有幼虫（22±7.42）头，占总数的 42.62%；椰子木蛾的幼虫在椰子树上呈聚集分布，理论分布型符合负二项分布；其种群聚集是由某些环境作用引起的。中国热带农业科学院椰子研究所唐庆华等人对椰子病虫害研究现状进行了总结，回顾了中国在病虫害综合防治方面取得的成绩并分析了依然存在的问题，阐述了中国椰子有害生物综合防治的重要性并做了展望。海南大学热带农林学院李紫成等研究了温度对不同地理种群周氏啮小蜂寄生椰子织蛾的影响，结果表明：海南地理种群在 32℃ 寄生率显著高于北京地理种群，而在 16℃ 显著低于北京地理种群；海南地理种群出蜂数量在20℃、24℃、28℃显著高于北京地理种群；温度和地理种群交互作用也影响周氏啮小蜂性别比；北京地理种群成虫寿命在16、32℃显著高于海南地理种群。中国热带农业科学院橡胶研究所曾宪海等人对海南儋州大王椰子椰子织蛾综合防治效果进行了比较研究。海南省林业科学研究所岳建军等研究了椰子木蛾对海南省不同生境园林植物的为害调查及分析。

病害虫习性研究方面，中国热带农业科学院环境与植物保护研究所林玉英等初步研究了椰子木蛾生殖系统，结果表明：椰子木蛾雄成虫内生殖系统由睾丸、贮精囊、输精管、双射精管、单射精管和附腺组成，外生殖系统由钩形突、颚形突、抱握器、阳茎轭片、阳茎和囊形突构成；雌成虫内生殖系统包括卵巢、侧输卵管、中输卵管、受精囊和生殖附腺，外生殖系统由产卵器、导精管和交配囊组成；雌性生殖系统的发育分为成熟待产期（Ⅰ级）、产卵初期（Ⅱ级）、产卵盛期（Ⅲ级）和产卵末期（Ⅳ级）4个级别。中国热带农业科学院环境与植物保护研究所林玉英等在室温（25±3）℃，寄主食料椰子叶饲养条件下，测量了雌、雄幼虫头壳宽、取食量并记录了各龄幼虫的发育历期。海南大学唐雅文研究了椰子织蛾对4种寄主植物适合度及其在椰子树上的分布规律，结果显示，椰子织蛾取食蒲葵、大王棕、油棕和椰子4种寄主植物后，均能很好地完成世代，其存活率高，但幼虫历期存在差异，其中大王棕叶片饲养的椰子织蛾雄幼虫历期最短，油棕叶片饲养的雌幼虫历期最长；4种寄主植物叶片饲养的椰子织蛾蛹重存在差异，以大王棕的蛹最重，蒲葵、椰子次之，油棕的蛹最轻；蛹历期差别不大，但雄蛹一般都比雌蛹先羽化；4种寄主植物叶片饲养的椰子织蛾成虫产卵前期在不同寄主植物叶片饲养下产卵量的差异较大；椰子织蛾的净生殖率由大到小依次为油棕、椰子、大王棕、蒲；平均世代周期由长至短依次为椰子、油棕、蒲葵、大王棕；椰子织蛾较喜好取食椰子老熟叶片，主要分布在植株的中下部叶片上，调查椰子织蛾种群时，可调查椰子的中下部叶片。中国热带农业科学院环境与植物保护研究所金涛等人对椰子木蛾的产卵节律及其对寄主植物的产卵选择性进行了研究，结果说明了椰子木蛾雌成虫具有较强的繁殖能力和产卵节律性，且在不同寄主植物上的产卵量一致。中国热带农业科学院环境与植物保护研究所吕宝乾等人通过研究椰子织蛾生殖、发育、存活等特性，探讨椰子织蛾不育技术的生物学基础。中国热带农业科学院椰子研究所孙晓东等人从土样中分离鉴定获得的1株Bt菌株对抑制椰子炭疽病菌、杀椰子织蛾Bt菌株进行了鉴定，结果表明，该菌株晶体蛋白对椰子织蛾幼虫具有一定的致死性，且对椰子茎泻血病菌菌丝生具有抑制作用。

（3）加工、检测及开发利用

加工技术方面，海南大学食品学院鲁梦齐等用非离子型表面活性剂司班80和吐温80制备椰子油微乳，考察制备方法、亲水亲油平衡值（HLB）、助乳化剂和乳化剂用量对微乳形成的影响，以确定椰子油微乳的最优制备工艺参数，结果表明，复合乳化剂的HLB值为12，助乳化剂为丙三醇，乳化剂用量为油水总量的3.2%时，用超声辅助搅拌的方法能制备稳定的o/w型椰子油微乳，且当椰子油和乳化剂与水的质量比为1∶9和2∶8时制得的微乳稳定性最佳，而3∶7时制得的微乳在低温下不太稳定。海南大学食品学院张宇翔等研究了喷雾干燥法制备椰子油基结构油脂微胶囊的最佳工艺及产品的相关指标，结果表明，喷雾干燥法制备椰子油基结构油脂微胶囊的最佳工艺条件为：乳化剂用量 0.96%、壁材比 1.96∶1、芯壁比 0.32∶1、固形物浓度 15.23%、进风温度 190℃，在此条件下微胶囊化效率的预测值为 74.76%，且产品具有良好的溶解性、贮藏稳定性，其中的椰子油基结构油脂有少量不饱和双键被氧化，油脂的官能团并未发生改变。三亚航空旅游职业学院李铭等综述了近年来非热杀菌技术在椰子水处理上的应用研究，并且探讨了目前尚未应用在椰子水的加工处理上，但是与饮料密切相关的非热杀菌技术，并且对未来的进一步研究方向做出了展望。江南大学食品学院叶棋锋等人利用水浴振荡辅助固定化酶进行椰子油水解工艺研究，比较 3 种固定化酶水解效率并筛选，以反应体系的酸值为响应值，以温度、pH 值、加酶量、水油质量比为影响因素，采用单因素实验结合 Box-Behnken 实验，建立反应体系酸值的二次多项式回归方程，通过响应面分析椰子油的最佳固定化酶水解条件，并在优化条件下研究酶的回收及操作稳定性。海南大学食品学院鲁梦齐等利用响应面法优化超声辅助乳化椰子油的工艺条件，试验在单因素试验的基础上，选取复合乳化剂的亲水亲油平衡值（HLB 值）、超声功率、超声时间为影响因子，以表征椰子油乳化程度的质量比 Y 为响应值，进行响应面分析，得到超声辅助乳化椰子油的最佳工艺条件。海南大学食品学院的武林贺等人利用 Box-Behnken 中心实验设计及响应面分析，优化了真空微波-超声波辅助酶法提取原生态椰子油（VCO）的工艺条件。

营养检测分析方面，华中农业大学食品科技学院耿蕾等对不同贮藏条件下成熟椰子水品质变化规律进行研究，结果表明：各处理随贮藏时间延长，吸光值均逐渐增大，pH 值均逐渐减小，电导率呈增大趋势；温度越低，吸光值增大越缓慢和 pH 维持稳定的时间段越长，说明低温更有利于椰子水的贮藏；相同贮藏温度，密封和非密封保存时间无差别，37℃可保存 5 小时，24℃可保存 8 小时，14℃可保存 22 小时，4℃可保存 7天；椰子水的吸光值和 pH 值剧变时间点与椰子水变质时间节点最接近，其中吸光值变化最为显著。中国热带农业科学院椰子研究所王挥等根据不同油脂的红外光谱特性，建立偏最小二乘法（PLS）和反向传递神经网络（BP-ANN）判别分析模型，进行初榨椰子油中大豆油、玉米油、葵花籽油的掺假检测分析，结果发现，PLS 和 BP-ANN 模型均具有较好的掺假检测分析能力，其中 BP-ANN 模型的分析效果最佳，其对初榨椰子油中大豆油、玉米油、葵花籽油进行掺假检测的准确率均达到了 99.67% 以上，该方法可用来进行初榨椰子油的掺假分析，具有分辨率高、快速、简便等特点。国家粮食局科学研究院张东等人采用反相高效液相色谱-飞行时间质谱法测定椰子油中甘油三酯组成，该研究可以为椰子油甘油三酯的定性提供新方法，为富含饱和脂肪酸的甘油三酯定性提供方法参考，同时也为油脂掺伪检验提供数据支持。中国热带农业科学院椰子研究所产品加工研究邓福等采用顶空-固相微萃取气质联用（HS-SPME-GC/MS）方法分析5 种中国椰子品种‘本地高种’‘文椰 2 号’‘文椰 3 号’‘文椰 4 号’‘小黄椰’的椰子水挥发性成分，结果说明在 5 种椰子水中共鉴定出 24 种挥发性成分，其中‘本地高种’和‘文椰 4 号’鉴定出 15 种、‘文椰 2 号’和‘文椰 3 号’鉴定出 14 种、‘小黄椰’鉴定出 13 种，主要为醇类、醛类、酸类、酮类、酯类和酚类，5 种椰子水不仅在香气物质构成上差异显著，相同挥发性成分在不同品种中相对含量差异也显著，这些差异的呈现可为今后矮种椰子的育种提供新的方法和手段。北京师范大学化学学院刘媛等人利用介电弛豫谱方法对椰子成熟度以及椰子水的贮藏温度和时间进行了研究,结果显示,椰子水的电导率随着贮藏时间的延长而逐渐降低,并且室温条件下贮藏时,电导率降低得更快,说明低温更利于椰子水的贮藏。此外,微波段弛豫实际包含了自由水分子和结合水分子两部分贡献,其中结合水分子弛豫强度的变化可以反映椰子水品质的改变。

产品开发方面,天津科技大学材料与化工学院李伏益等以椰子油、聚乙二醇-400、顺丁烯二酸酐、偏重亚硫酸钠合成一种新型具有抗菌防霉作用的加脂剂,用振荡法和晕圈法测其抗菌效果,并用傅立叶红外吸收光谱分析合成后椰子油的结构变化,研究表明:在椰子油:聚乙二醇-400摩尔比为1:2、醇解产物与顺丁烯二酸酐摩尔比1:0.7的条件下合成的椰子油加脂剂的抗菌效果较好,用振荡法测其抑菌率可达85.2%,晕圈法测其抗菌效果时,能看到明显的抑菌透明圈,其直径可达31.50毫米;偏重亚硫酸钠用量为油脂质量的25%时,加脂剂有较好的加脂效果且抗菌效果不变。海南大学武林贺研究了原生态椰子油及其衍生物的制备及特性,对原生态椰子油(Virgin Coconut Oil)的提取及应用进行了系统的研究,研究原生态椰子油(VCO)的提取工艺、VCO结晶动力学及结晶形态、VCO水解动力学、VCO衍生物的制备及其衍生物的抑菌性等内容,结果表明:超声波的使用加快VCO晶体的生长速率、缩短了结晶时间;通过Avrami方程对结晶曲线的拟合,测得拟合度较高($R^2 > 0.98$),表明Avrami方程适用于VCO结晶过程的研究;形态学研究表明,超声波辅助恒温结晶能够改变晶体的生长机制,使形成的晶体细小均匀,VCO及其衍生物对大肠杆菌、鼠伤寒沙门氏菌、金黄色葡萄球菌和单增李斯特菌都有一定的抑制作用。

产品应用方面,佳木斯大学附属第二医院口腔医院郭方兴等研究了椰子油对变形链球菌的生长抑制作用,文章通过观察其对生物膜活性、产酸及黏附的影响,探讨其在口腔中防龋的作用,结果表明,椰子油对变形链球菌的生长有抑制作用,并能抑制其生物膜的活性、产酸及黏附等作用。华北理工大学中医学院实验中心高秀娟等研究了椰子壳挥发油对心肌损伤大鼠生物化学标志物的影响及分析,表明椰子壳挥发油可以降低心肌损伤时多种酶类、蛋白质类标志物的释放,在一定程度上抑制心肌损伤的发生。南昌大学食品科学与技术国家重点实验室杨亚强等研究了椰子油微胶囊对断奶仔猪生长性能、血清生化指标及其肠道菌群的影响,结果表明,饲粮中添加椰子油微胶囊可提高断奶仔猪的生长性能,改善养分表观消化率。中国热带农业科学院椰子研究所海南省椰子深加工工程技术研究中心桂青等人对椰子种皮油木糖酯的亲水亲油平衡值(HLB值)、起泡能力、泡沫稳定性、乳化能力、乳化稳定性和润湿性能进行了研究。北京师范大学化学学院高艳艳等人研究椰子水的介电性质及其作为输液替代品的可行性,试验测量了椰子水以及椰子水的蔗糖溶液在40~40GHz宽频范围的介电弛豫谱(DRS),发现椰子水的介电性质主要反映在微波段水分子的极化,且与生理盐水的几乎没有区别,另外,射频段椰子水的电导率与蔗糖含量的依存关系和生理盐水的十分相似,因此,给出了椰子水静脉输液功能的介电依据。

（4）遗传育种与栽培

吉林农业大学动物科学技术学院李建平等人利用 Illumina HiSeqTM2 500 高通量 RNA-seq 测序技术测序，研究椰子油对育成猪肝脏转录组高通量测序的影响，再使用 TopHat2 软件将测序得到的 reads 序列与猪参考基因组（Sscrofa10.2）序列比对，找出差异表达基因，并在 Nr、GO 和 KEGG 数据库中进行功能注释、富集分析和聚类分析。华中农业大学张璐璐等简要介绍了几种常用的 DNA 分子标记技术的原理及应用，主要综述分子技术在椰子种质资源研究的进展，以及在椰子遗传多样性和遗传关系分析方面的研究状况，并对其应用前景进行展望。中国热带农业科学院椰子研究所周丽霞等对椰子 SSR-PCR 反应体系进行了优化，建立了椰子 SSR-PCR 最佳反应体系（10 微升）为：模板 DNA 60 纳克、Mg^{2+} 2.5 毫摩尔/升、dNTP 250 微摩尔/升、Taq 酶 0.5 微摩尔、引物 0.5 微摩尔/升、退火温度 58℃。中国热带农业科学院椰子研究所吴翼等采用改良 CTAB 法提取椰子基因组 DNA，以基因组 DNA 为模板，对 36 对 SSR 引物进行筛选，以条带清晰、多态性丰富为引物筛选原则。结果共筛选出 7 对具有多态性的引物，其中 2 对多态性较丰富，用于后续 SSR 分子标记分析。

三、中国椰子科技发展瓶颈、发展趋势

1. 椰子科技发展瓶颈

椰子产品的种类繁多，如椰子油、食品椰干、椰衣纤维和活性炭等，广泛应用于食品、日用化工、医药、养殖和航海等领域，海南椰子产量占全国总产量的 90% 以上，但是由于过去，国内对椰子产业的发展不够重视，对椰子产业的科研投入较少，在产品加工、种植品种、产品标准等方面没用深入研究，导致国内椰子产业发展仍然存在不少问题，具体如下。

（1）品种单一

椰子种植品种单一，产量低，非生产期长，导致经济收入不高，严重影响椰子种植户的积极性。

（2）种植规模小而散

国内椰子种植面积小而且分散，产量远不能满足国内市场，导致椰子进口需求量大，但是进口量会受到政策、气候、交通等因素的影响，导致椰子供应量不稳定。

（3）加工企业小而且同质化严重

小规模加工企业资金短缺，在产品研发等方面的投入较少，产品科技含量低，与国外产品相比，竞争力差。目前除了椰子汁饮料具有一定的科技含量外，占比重较大的是椰子小食品和椰衣纤维制品，生产上以手工或半手工为主，几乎没有涉及更深层次的开发利用，而菲律宾、马来西亚等国外椰子产品的科技含量和附加值更高，竞争性更强。

（4）产品标准不统一，缺乏品牌产品

国内椰子产品没有相应的标准，政府监管无从下手，企业自定标准，导致椰子产品杂乱，没有形成品牌，且存在一定的食品安全隐患。

（5）政府不够重视

长期以来，政府对椰子产业发展没有统筹规划，更没有相应的政策引导和经费支持，致使椰子产业链短，附加值低，严重影响椰子产业可持续发展。

2. 椰子产业发展趋势

（1）需求量持续增加

椰子全身都是宝，而且营养丰富，随着近年来人们对椰子的不断深入了解，市场需求将持续增多。据统计，我国从 2010 年年需椰果量 41 万吨左右增加到 2016 年的 65 万吨左右，而一半以上的需求量靠进口维持。因此，未来几年国内市场的供给远不能满足市场需求。

（2）经济效益持续增加

我国椰子种植品种单一、单产水平低，随着科技的发展，一些高产、早产等新品种的选育，将大大提高椰子单产量，提高经济效益。

（3）加工产业发展加快

随着椰子产品在应用上的不断挖掘，尤其是椰子油等产品功效的深入研究，我国将会通过整合椰子加工资源，对椰子加工技术进行改造和升级，加大在椰子精深加工产品以及提高产品附加值等方面的科研投入力度，使加工产业持续快速发展。

（4）科技支撑力度不断加大

随着椰子产业的不断发展，各类技术将在椰子应用等方面的研究力度将加大，通过加大科技支撑力度推进分子生物学和基因工程领域的联合科研攻关，在椰子优良品种选育、优质高效栽培、品种资源保护、病虫害防控、产后精深加工等方面进行技术的研发与集成。

四、中国椰子科技发展需求

从国内外椰子产业发展情况来看，国内在椰子科技发展方面有以下几个方面研发需求。

（1）优良品种选育研究

加快高产、早产和多抗椰子杂交新品种的培育研究，建立椰子杂交制种基地，培育优质种苗，缩短椰子种植非生产期，提高椰子单产。

（2）优质高效栽培技术研发

加大椰子丰产栽培技术的研究和推广，改变海南传统的椰子耕作方式，提高椰子产量。

（3）椰园利用率研究

进行椰园立体农业的研究和技术推广，选择市场前景广阔的椰园间种物，提高椰园单位面积的经济效益，进一步提高农民和企业种植椰子的积极性。

（4）病虫害防控研究

加强椰子生长过程中病虫害的防治研究和技术推广工作，减少病虫害对椰子产业的为害。

（5）构建安全、优质、环保、生态的椰子加工产业体系

加大椰子综合加工产品的开发和标准化研究工作力度，发展低耗能、高效益的椰子产品加工方式，延伸产业链条、整合产业资源，提高椰子的附加值，增强国际市场竞争力。

参考文献

曹飞宇，王兴国，陈卫军.2016.基于SIMCA、PLS-DA、WT-ANN模型的椰子油掺混定性识别研究［J］.中国粮油学报，31（1）：137-141.

曹红星，雷新涛，刘艳菊，等.2016.椰子抗寒相关生理生化指标筛选及评价［J］.广东农业科学（2）：49-53.

曾宪海，刘钊，唐真正，等.2016.海南儋州大王椰子椰子织蛾综合防治效果比较试验初报［J］.中国热带农业（1）：31-36.

陈娟，邓福明，陈卫军.2016.热处理对椰子水过氧化物酶和多酚氧化酶活力及色泽变化的影响［J］.热带作物学报，37（4）：817-821.

高艳艳，刘媛，杨曼，等.2016.椰子水的介电性质及其作为输液替代品的可行性［J］.热带作物学报，37（7）：1377-1381

桂青，褚小凤.2016.基于GC-MS法的离心浓缩椰浆风味成分及脂肪酸组成分析［J］.热带农业科学（6）：14-19.

金涛，李应梅，林玉英.2016.椰子木蛾的产卵节律及其对寄主植物的产卵选择性［J］.生物安全学报，25（1）：54-58.

李建平，秦贵信，张巧灵.2016，椰子油对育成猪肝脏转录组高通量测序的影响［J］.中国畜牧杂志，52（5）：60-64.

刘媛，高艳艳，杨曼，等.2016.椰子的成熟度和贮藏品质的介电评估方法［J］.食品科学，37（14）：225-229.

鲁梦齐，向东.2016.响应面法优化超声辅助椰子油乳化的条件［J］.中国食品添加剂（7）：23-28.

吕宝乾，金启安，温海波，等.2016.椰子织蛾不育技术的生物学基础［J］.生物安全学报，25（1）：44-48.

吕秋冰，向泽攀，戴得蓉，等.2016，热重法对椰子油的氧化稳定性及动力学研究［J］.安徽农业科学，44（11）：99-100，147.

阮志平.2016.砂糖椰子对干旱和水分补偿的生理变化［J］.浙江农业学报，28（1）：74-78.

孙晓东，阎伟，李朝绪，等.2016.苏云金芽胞杆菌的鉴定及对椰子织蛾的致死作用［J］.生物安全学报，25（1）：49-53.

孙晓东，阎伟，李朝绪.2016.椰子织蛾幼虫致病Bt菌的鉴定与杀虫活性测定［J］.中国生物防治学报，32（2）：282-286.

唐庆华，余凤玉，牛晓庆，等.2016.椰子病虫害研究概况及展望［J］.中国农学通报，32（32）：71-80

武林贺，白新鹏，吴谦，等. 2016. 脂肪酶水解椰子油动力学研究 [J]. 食品研究与开发，37（16）：65-69.

叶棋锋，王挥，赵松林，等. 2016. 固定化酶催化椰子油水解工艺研究 [J]. 中国油脂，41（11）：36-40.

张东，朱琳，薛雅琳，等. 2016. 反相高效液相色谱-飞行时间质谱法测定椰子油甘油三酯 [J]. 中国油脂（11）：55-60.

张华，南阳，方昭西，等. 2016. 椰子油与棕榈硬脂油物理混合及其结构脂熔融特性的比较研究 [J]. 现代食品科技，32（4）：46-51.

张玉锋，桂青. 2016. 椰子种皮多糖提取液的抗氧化活性分析 [J]. 食品科技（7）：180-183.

赵强，刘传玉，黎庆. 2016. 椰子油酸单乙醇酰胺丁氧基醚的合成 [J]. 化学与黏合，38（3）：191-193.

赵溪竹，李付鹏，朱自慧，等. 椰子/可可复合系统小气候特征研究 [C]. 2016 年中国热带作物学会会议论文集.

Adaramoye O A, Azeez A F, Ola-Davies O E. 2016. Ameliorative Effects of Chloroform Fraction of *Cocos nucifera* L. Husk Fiber Against Cisplatin-induced Toxicity in Rats [J]. Pharmacognosy Res., 8（2）：89-96.

Aljohi H A, Liu W, Lin Q, *et al.* 2016. Complete Sequence and Analysis of Coconut Palm (*Cocos nucifera*) Mitochondrial Genome [J]. Plos One, 11（10）：e0163990.

Boateng L, Ansong R, Owusu W B, *et al.* 2016. Coconut oil and palm oil's role in nutrition, health and national development: A review [J]. Ghana Med J., 50（3）：189-196.

Elango G, Mohana Roopan S, Abdullah Al-Dhabi N, *et al.* 2017. Cocos nucifera coir-mediated green synthesis of Pd NPs and its investigation against larvae and agriculturalpest [J]. Artif Cells Nanomed Biotechnol, 45（8）：1581-1587.

Ferreira J A, Ferreira J M, Talamini V, *et al.* 2016. Determination of pesticides in coconut (*Cocos nucifera* Linn.) water and pulp using modified QuEChERS and LC-MS/MS [J]. Food Chem., 213：616-624.

Ibrahim A H, Khan M S, Al-Rawi S S, *et al.* 2016. Safety assessment of widely used fermented virgin coconut oil (*Cocos nucifera*) in Malaysia: Chronic toxicity studies and SAR analysis of the active components [J]. Regul Toxicol Pharmacol, 81：457-467.

Lekshmi Sheela D, Nazeem P A, Narayanankutty A, *et al.* 2016. In Silico and Wet Lab Studies Reveal the Cholesterol Lowering Efficacy of Lauric Acid, a Medium Chain Fat of Coconut Oil [J]. Plant Foods Hum Nutr., 71（4）：410-415.

Loiola C M, Azevedo A O, Diniz LE, *et al.* 2016. Genetic Relationships among Tall Coconut Palm (*Cocos nucifera* L.) Accessions of the International Coconut Genebank for Latin America and the Caribbean (ICG-LAC), Evaluated Using Microsatellite Markers (SSRs) [J]. Plos One, 11（3）：e0151309.

Noor N M, Khan A A, Hasham R, *et al.* 2016. Empty nano and micro-structured lipid carriers of virgin coconut oil for skin moisturisation [J]. IET Nanobiotechnol, 10 (4): 195-199.

Padumadasa C, Dharmadana D, Abeysekera A. 2016. In vitro antioxidant, anti-inflammatory and anticancer activities of ethyl acetate soluble proanthocyanidins of the inflorescence of *Cocos nucifera* L. [J]. BMC Complement Altern Med. , 16: 345.

Rajesh M K, Sabana A A, Rachana K E, *et al.* 2015 . Genetic relationship and diversity among coconut (*Cocos nucifera* L.) accessions revealed through SCoT analysis [J]. Biotech, 5 (6): 999-1006.

Saensuk C, Wanchana S, Choowongkomon K, *et al.* 2016. De novo transcriptome assembly and identification of the gene conferring a "pandan-like" aroma in coconut (*Cocos nucifera* L.) [J].Plant Sci. , 252: 324-334.

Sucupira N R, Alves Filho E G, Silva L M, *et al.* 2017. NMR spectroscopy and chemometrics to evaluate different processing of coconut water [J]. Food Chem. , 216: 217-24.

第十一章　中国槟榔科技发展现状与趋势研究

槟榔（学名：*Areca catechu* L.）是棕榈科槟榔属常绿乔木，原产马来西亚，目前主要分布在亚洲，如印度、印度尼西亚、孟加拉国、中国、缅甸、泰国、菲律宾、越南、柬埔寨等国。印度是世界槟榔的主产国之一，其产量约占世界槟榔总产量的一半以上。虽然印度的槟榔产量居世界第一位，但东南亚一带和中国在世界槟榔生产中也占据十分重要的地位。从槟榔出口量来看，印度尼西亚是世界上最大的槟榔出口国，世界上最大的槟榔进口国则是巴基斯坦。

一、中国槟榔产业发展现状

据 FAO 数据统计，2016 年，印度是世界槟榔第一生产大国，产量达 70 万吨，收获面积 47 万公顷，面积和产量都远远超过其他国家。中国槟榔主产区在海南和台湾，从产量上来看，中国台湾槟榔产量排在世界的第五位，2006—2016 年，中国台湾槟榔收获面积平稳减少，10 年间收获面积减少约 7 000 公顷，年产量 2006 年为 14 万吨，到2016 年时已经减少到 10 万吨以下，单产量下降到 2 384 千克/公顷。海南槟榔产量位居世界第二位，且海南槟榔产量占全国的 95%，即海南槟榔现状可以代表中国大陆槟榔生产情况，槟榔已成为海南仅次于橡胶的第二大热带经济作物，年产值已超过百亿元；目前我国形成了种植在海南、深加工在湖南的局面，消费群体已从海南、湖南向全国范围扩展。2016 年年末，海南槟榔种植面积 99 661 公顷，当年新增种植面积 2 142 公顷，收获面积 70 218 公顷，海南槟榔单产量高于世界大多数国家，仅次于尼泊尔，单产量为3 336 千克/公顷，总产量 234 225 吨。目前，在槟榔生理生化、生防菌、栽培管理、加工和利用等方面取得了新的研究进展。

二、国内外槟榔科技发展现状

1. 国内现状

（1）生理生化

在生理生化方面，辽宁大学药学院胡延喜等分析了槟榔果皮挥发油成分，从槟榔果皮中鉴定出 8 种化合物，其含量占挥发油总含量的 70.35%，主要成分及相对含量分别为正十六烷酸（45.43%），十六烷酸乙酯（8.29%），辛酸（5.57%），（E,E）-2,4-癸二烯醛（4.43%），以酸类和酯类化合物为主。海南绿槟榔科技发展有限公司邢建华等建立了分光光度法测定多糖的方法，发现葡萄糖浓度在 2.50~10.00 微克/毫升与吸光度成良好线性关系。Hu，Meibian 等研究了槟榔籽中多糖的最佳提取方法，及其抗氧化活性。Liu YueLi 等海南生长的槟榔果提取物的抗衰老作用。赵新春等发明公开了一种槟榔有效成分的提取方法及其应用。湖南宾之郎食品科技有限公司康志娇等建立了高效液相色谱法检测槟榔中阿斯巴甜的含量的分析方法。Shen，Xiaojun 等研究了槟榔花、花轴和根等不同部位水溶胶的化学组成、抗菌性和抗氧化性。海南热带海洋学院生命科学与生态学院王燕等综述了槟榔花的花粉特征及开花习性、主要化学成分、生物活性、安全性和相关功能产品等的研究进展，对其下一步的发展提出相关建议，为槟榔花的科学研究和相关产品的开发提供依据。天津科技大学食品工程与生物技术学院张彪等以海南槟榔为试材，研究 11℃、13℃、15℃、20℃等不同温度条件下槟榔的品质变化，发现 13℃的综合评价最佳，贮藏期末腐烂率、L* 值、SSC（可溶性固性物含量）、VC（维生素 C）和槟榔碱含量分别为 21.39%、34.58、18.3%、3.8 毫克/克、0.35%；11℃下个别槟榔果实出现冷害症状，20℃果实贮藏品质最差。湖南省食品质量监督检验研究院陈雄等建立了影响槟榔中游离碱度测量结果的数学模型，并对电位滴定法测量槟榔中游离碱度的测量结果进行了不确定度评价。李凯悦等应用固态反应模型模拟槟榔炮制过程，研究了槟榔炮制过程中槟榔碱转化途径及美拉德反应对其的影响，发现美拉德反应对槟榔碱去甲基化和甲基化的转化过程具有抑制作用。华南理工大学李汴生等通过采用高效液相色谱法测定槟榔碱的含量，研究了烫漂和烘干过程对槟榔碱的影响。湖南宾之郎食品科技有限公司赵志友等采用 Fick 第二扩散定律与槟榔干燥的数学模型研究了食用槟榔在不同干燥温度下的热风干燥特性、水分有效扩散系数、表观活化能等参数与干燥动力学方程之间的相互关系。湖南农业大学食品科学技术学院吴硕等为了改善槟榔干果品质并延长其储存时间，采用正交试验研究了槟榔杀青软化的最佳工艺，发现杀青时间 25 分钟、酶解温度 50℃、酶解时间 0.5 小时和酶添加量 0.08%的工艺条件下，品质较好；辐照剂量 8～10kGy 可延长槟榔干果储存时间 2 个月。海南大学食品学院李尚斌等以海南产新鲜槟榔为试材，研究了 100 毫克/升 6-BA+100 毫克/升 GA$_3$+50%果蜡复合涂膜对采后槟榔鲜果在（25±0.5）℃和（7±0.5）℃条件下失水和色泽变化的影响及其机理，发现复配涂膜配合低温贮藏能有效抑制丙二醛的生成，维持细胞膜的完整性，降低了叶绿素酶对叶绿素的催化分解以及减缓了胡萝卜素的生成，有效地降低槟榔果实失水，增加槟榔表皮叶绿素的积累，延缓槟榔果实黄化劣变。江苏大学药学院周文菊等以总酚、总黄酮、多糖、槟榔碱、槟榔次碱和去甲基槟榔次碱 4 类药效组分为评价指标，基于紫外分光光度法、超高效液相色谱-二极管阵列检测法（UPLC-PDA），外观性状变化和水分含量检查联合探讨了不同储藏环境和包装材料对槟榔质量的影响，发现用自封袋包装槟榔储存在低温低湿环境中，可延长槟榔储藏时间，并保证槟榔质量。北京中医药大学中药学院贾哲等采用高效液相色谱法（HPLC）和磷钼钨酸/干酪素紫外-可见分光光度法（UV）分别测定药用槟榔饮片、食用槟榔中槟榔碱和鞣质的含量，并采用方差分析和主成分分析法对主要成分的含量进行多元统计分析，研究了食用槟榔及药用槟榔中主要化学成分的含量差异。广西大学轻工与食品工程学院邓通等分析了槟榔壳原料的化学组成、制浆性能、槟榔壳纸浆的纤维形态、漂白及其纸张的物理性能。

（2）病虫害防治

在病虫害防治方面，程乐乐等通过形态观察和 ITS 序列分析，对槟榔茎基腐病的病原菌进行了种类鉴定、致病性测定及生物学特性测定，发现病原菌为狭长孢灵芝（*Ga-*

noderma boninense Pat.)。中国热带农业科学院椰子研究所宋薇薇等采用组织块培养法进行了槟榔内生真菌的多样性，从槟榔根、叶、花中分离纯化得到 47 株内生真菌，并对这些菌株进行了 r DNA-ITS 序列扩增和系统发育分析，发现内生真菌分 8 个属，其中，青霉属（*Penicillium*）和镰孢属（*Fusarium*）为优势菌属。海南大学环境与植物保护学院韩丹丹等采用常规组织表面消毒法对槟榔进行内生细菌分离，共获得 16 株内生细菌，经筛选发现，菌株 BLG1 抑菌谱较广，尤其对水稻纹枯病菌的皿内抑菌率可达 95.00%；该菌株发酵液对水稻纹枯病的防效可达 67.05%，与对照药剂 10% 井冈霉素水剂效果（66.47%）相当。李昌侠等发明公开了一种含槟榔碱的杀虫剂组合物，该发明通过将槟榔碱与鸢尾黄素配伍在重量份数之比为（17~20）：1 之间具有很好的协同防治韭菜迟眼蕈蚊的作用。Zhong，Baozhu 等研究了不同温度对为害槟榔的红脉穗螟生长时间、生存和繁殖的影响。

（3）栽培管理

在栽培管理方面，中国热带农业科学院椰子研究所从海南槟榔中选育出的槟榔新品种'热研 1 号'，该品种经过对选育获得的后代进行多年品种比较试验表现为高产、稳产，果实主要特征为长椭圆形，经济价值高，品种综合性状优良。该品种 4~5 年开花结果，15 年后达到盛产期，经济寿命达 60 年以上，平均年产鲜果 9.52 千克/株，该品种适宜在海南省全省范围内推广种植。中国热带农业科学院香料饮料研究所祖超等在海南胡椒园间作槟榔优势区开展了 4 种间作模式与单作胡椒园小气候因子对产量影响的试验，研究了不同间作密度下，对胡椒产量有主要贡献的灌浆期的叶片光合作用参数、每日最高和最低气温、不同深度土层土壤温度和含水量，分析了胡椒园间作槟榔体系小气候因子对胡椒产量的影响，发现间作槟榔株数为 765 株/公顷，间作规格为（胡椒 2 行×槟榔 1 行）可以显著提高胡椒产量 38.71%，为增产效应最大的处理，光合有效辐射、日最高温、升温幅度和表层土壤温度是影响胡椒产量的关键小气候因子，所以，这几种小气候因子是用来确定间作模式是否合理的关键参数。海南省琼海市塔洋镇农业服务中心陈光能从海南槟榔栽培的育苗出发，详细阐述了海南槟榔高产栽培技术具体流程以及注意事项，主要包括育苗、定植、管理以及病虫害的防治等，并且依照海南当地的季节、地形地貌以及气候等因素来合理规划海南槟榔的种植。乐东黎族自治县黄流镇农业服务中心周忠志全面地提出了海南槟榔高产、优质、高效的一整套生产技术措施，对园地规划、定植与管理、病虫害防治和槟榔鲜果的采收等一系列技术环节都做了相应的规定。苏明针对海南椰子、槟榔的人工采摘作业的现状，研发了一种新型椰子、槟榔采摘机。

（4）机械和加工利用

● 机械

在加工机械方面，黄德懿发明公开了一种槟榔果采摘器，可实现从切割到装袋作业。戴睿淳、徐汝军和李文峰等发明公开了槟榔籽自动筛选设备。吴晨豪、王奕宽、吴忠伟和章旺晖等发明公开了槟榔带式输送切籽机。董志超、刘书伟和陈献思等发明公开了槟榔切割刀具。肖志军、余胜东、何春霞、容景盛、朱宗铭和张燕等发明公开了槟榔切割设备。袁迪红、辛滨和姚云发明公开了槟榔切籽设备。胡金保等发明公开了一种槟榔的浸泡和清洗系统及方法。马秋成等发明公开了一种槟榔气浮摆正定位装置。黄中华等发明公开了一种槟榔花蒂分离装置。卢克强等发明公开了一种槟榔挤压软化机。李海生、刘志护和方新国等发明公开了槟榔智能化点卤设备。谢景奇、余胜东、王灵矫、丑纪行和姜伟等发明公开了槟榔加工设备。李文峰发明公开了一种小包装槟榔自动包装机。杨志立和周望良等发明公开了槟榔包装盒。卢克强等发明公开了一种包埋卤水槟榔及其制备方法。王伟等发明公开了一种用于槟榔食品加工的点卤水保温装置和一种用于槟榔食品加工的移动式卤水加料装置。

● 加工利用

在加工利用方面，王晓伟、冯仲笑、廖文斌和陈高超等发明公开了不同功效槟榔及其加工方法。徐欢欢等发明公开了一种槟榔含片及其制作方法。黄丽云等发明公开了一种槟榔花茶制备方法。许启太发明公开了槟榔椰子固体饮料、槟榔炭烧咖啡和槟榔牡丹籽咖啡及其制备方法，还发明公开了一种槟榔壳聚糖口香糖含片及其制备方法和一种槟榔豆腐干及其制备方法。胡金保等发明公开了一种槟榔蒸煮系统及方法。谭树华、肖东等发明公开了槟榔卤水的制备方法。高敏研究了杀青软化及辐照对槟榔干果的果实贮藏的影响。赵志友等研究了软化方法对食用槟榔品质的影响。王冬明和巢雨舟等发明公开了槟榔软化方法。康效宁等发明公开了一种槟榔纤维柔软度测定方法。王灵矫等发明公开了一种基于图像分割的槟榔切割控制方法。欧阳建权等发明公开了一种基于数字图像处理的槟榔图像轮廓提取及校准方法，涉及企业对槟榔切割工艺领域。广东省现代农业装备研究所吴耀森等应用热泵干燥设备，针对卤水槟榔批量干燥中温度和相对湿度2个主要影响因素设计了单因素干燥实验和多阶段循环干燥实验，研究了槟榔的二次干燥特性。中国热带农业科学院热带作物品种资源研究所何际婵等研究了槟榔汁喷雾干燥工艺条件，在单因素试验基础上，选取进风口温度、进料量、空气流量3个因素的3个水平进行正交试验，得到槟榔汁喷雾干燥工艺的优化组合条件为进风口温度190℃、进料量25毫升/分、空气流量为700升/小时。广东药科大学中药学院梁清光等利用星点设计-效应面法优化槟榔炒焦炮制工艺，发现最佳工艺为炮制温度206℃，炮制时间6分钟，炒药机转速45转/分。为焦槟榔的规范化生产提供科学依据。

（5）医药

在医药应用方面，北京中医药大学东方医院孙露等对常用槟榔临床安全性病例报告进行了分析。初步总结了与槟榔及其制剂的安全性相关病例临床特点及潜在的风险因素。天津市药品检验所周军等建立了HPLC法测定越鞠保和丸中槟榔碱的含量。天津中医药大学陈妤等建立了藿香正气软胶囊中槟榔碱的限量测定方法。贵州省第二人民医院；海南省安宁医院张启文等采用多级分层方便抽样，对海口市社区人群进行问卷调查，了解了海口市社区人群嚼食槟榔行为、致病风险认知，为采取针对性措施提供依据。北京中医药大学民族医药学研究所佟海英等研究了蒙药槟榔十三味丸（高尤-13）对慢性应激抑郁模型大鼠肝肾毒性的影响。黄雪秋等研究了蒙药槟榔十三味丸中总黄酮含量的测定。广东药科大学中药学院窦珮丹等优选了槟榔标准饮片的均匀化方法，并建立了一种同时测定槟榔饮片中4种生物碱含量的HPLC分析方法。广西医科大学口腔医学院孙莹等研究了槟榔碱对口腔癌患者及小鼠肝脏功能影响。中南大学湘雅二医院口腔中心王发兰等观察了槟榔碱对体外培养的人脐静脉内皮细胞（HUVECs）增殖和凋亡的影响，并检测了槟榔碱诱导体外培养 HUVECs 表达 Ang-Ⅱ、TGF-β1 和 α-SMA 的情况。洛阳师范学院张岩松等介绍了槟榔与口腔黏膜下纤维化的流行病学调查、作用机制及槟榔急性毒性研究，多方位解读了槟榔安全性问题。湖北大学翟婷等研究了氢溴酸槟榔碱体内对大鼠肝肾转运体表达的影响。黑龙江省齐齐哈尔医学院王炳等研究了五味子酚对槟榔碱致帕金森病模型小鼠的保护作用。北京中医药大学侯文珍研究了槟榔及其复方安全性分析。苏林梁等研究了槟榔花茶对亚急性酒精性肝损伤是否有辅助保护作用。凌宏艳等观察了槟榔碱对 3T3-L1 脂肪细胞脂代谢的影响并探讨了其可能机制。侯冬兰等研究了槟榔碱对口腔黏膜异常增生上皮通透性的影响及 Ca^{2+} 对其的调节作用。Peng, Wei 等利用"目标成分去除结合生物活性分析"的策略，研究用于治疗儿童消化不良和腹胀最佳的槟榔碱含量。Li Shuyu 等发现槟榔提取物能保护小鼠的卵巢骨质疏松症。海南医学院药学院刘月丽等通过连续 8 周每天给小鼠皮下注射 D-半乳糖 800 毫克/千克，建立衰老模型，研究了海南槟榔提取物的抗衰老作用，发现海南槟榔提取物能改善衰老小鼠的学习记忆能力、脑组织抗氧化能力和组织学改变，有抗衰老作用。海南医学院发现高良姜素、胡椒碱和槟榔碱对岗田酸诱导 p-tau 模型细胞有一定的作用。

2. 国外现状

（1）生理生化

在生理生化方面，美国 Jain Vipin 等应用液相色谱-质谱联用技术分析了槟榔内生物碱的含量。美国 Simbala H. E. I. 等研究了槟榔果萃取物的化学组成。

（2）医用

在医学应用方面，美国 Hernandez Brenda Y. 通过研究咀嚼槟榔后口腔内微生物组群，探讨了槟榔咀嚼对口腔癌和口腔病变前的影响。

三、中国槟榔科技瓶颈、发展方向或趋势

1. 槟榔研究技术瓶颈

从目前研究来看，在槟榔新的遗传育种方法和技术研发，生物防治、物理防治等病虫害绿色防控技术以及槟榔精加工和深加工等研究空白仍然是制约我国槟榔产业发展的技术瓶颈。

2. 学科发展方向与趋势

（1）加强槟榔选育种研究

拓展资源收集渠道，加强资源的挖掘利用和创新，开展育种理论研究，加快适合我国不同种植环境的抗风、耐寒、高产、速生槟榔新品种的选育和引进；突破槟榔繁殖技术，开发槟榔新型种植材料；以大幅改良槟榔种植材料，推动我国槟榔产业进一步升级发展。

（2）加快病虫害绿色防控技术研究

摸清病虫害发生危害的规律，优化区域种植结构，开展拮抗菌的生物学研究，开发新型生物防治药剂，利用开发天敌资源，控制现有主要病虫害，防范潜在危险性的病虫害。开展合理间作，减少农药施用对环境造成的危害。

（3）加大精深加工的研发

加大槟榔精深加工的开发力度，针对食用和药用两大方面，重点在健康食品和中成药剂研发，为放心食品和低成本中成药研发作出一定的贡献。

四、中国槟榔科技发展需求

根据上述分析和中国槟榔主产区海南种植区的实际情况，为促进中国槟榔科技发展，现提出以下相关研发需求。

1. 推广良种繁育

引进、选育适宜中国物候环境的优良槟榔品种，建立种苗质量追溯制度，加强种苗市场监管，强化责任追究，加快良种选育进程，积极推荐已通过品种审（认）定的优良品种，从而扩大良种种植面积，提高良种覆盖率。

2. 及时高效防控虫害

加强槟榔椰心叶甲、红脉穗螟、双钩巢粉虱、介壳虫等害虫的及时防控。通过喷施高效氟氯氢菊酯、毒死蜱等杀虫剂、挂药包或根部施用内吸性杀虫剂，结合槟榔园内为害害虫投放寄生蜂等天敌昆虫。

3. 及时高效防控病害

加强槟榔叶斑病的及时防控。在槟榔细菌性条斑病、炭疽病等叶斑病发生严重的槟榔园，先割除下层重病叶，及时喷雾波尔多液、多菌灵、敌力脱等药剂进行防控。对确诊为植原体引起的黄化病病株及病毒病病株，及时挖除并销毁。

4. 优化栽培管理

加强槟榔园的栽培管理，树下施腐熟的农家机肥和生物复合菌肥、树上喷药海岛素、叶而肥等药剂诱导和增强槟榔抗病性。低洼积水地的槟榔园要在园内开深沟排水，山坡地槟榔园要开环山行，修建保水保肥工程。将植株营养吸收与土壤营养分析相结合，开展精准施肥和科学施肥。采用人工或机械除草，禁用草甘腾类除草剂，保护槟榔根系健康；积极开展树下养鸡、牛、羊或间作其他草本类经济作物等林下经济。

5. 深加工防污染

因食用槟榔加工的工业化时间较短，应进一步优化槟榔加工工艺及设备，提高槟榔加工机械化及自动化程度；对槟榔加工过程中存在的安全风险因子进行来源分析和风险控制，通过研究开发行之有效且不影响槟榔风味的杀菌工艺，微生物污染防控技术，以及非热加工技术等方法，解决槟榔加工过程中的质量安全问题；建议由政府相关部门以及槟榔生产龙头企业牵头，充分利用高校和科研院所的科研资源，加大科研资金投入，邀请更多相关专业学者针对目前槟榔产业发展中遇到的问题进行全面深入的研究。

参考文献

巢雨舟, 赵志友, 欧阳晗 .2017-03-29. 一种食用槟榔的软化方法：湖南, CN106538999A [P].

陈高超, 熊久松, 王冬明 .2017-02-15. 一种提高槟榔劲道的槟榔加工方法：湖南, CN106387737A [P].

陈光能 .2017. 海南槟榔高产栽培技术 [J]. 中国果菜, 37 (3)：69-71.

陈献思 .2017-06-13. 一种手动剖切槟榔铡刀：湖南, CN206242138U [P].

陈歆, 刘贝贝, 彭黎旭 .2015. 土壤水分对槟榔幼苗净光合速率和蒸腾速率的影响 [J]. 热带作物学报, 11：2034-2038.

陈雄, 方宣启, 胡勇辉, 等 .2017. 电位滴定法测定槟榔中游离碱度的不确定度评定 [J]. 食品安全质量检测学报, 8 (2)：521-524.

陈妤, 闫晓楠 .2017. 藿香正气软胶囊中槟榔碱的限量检查方法研究 [J]. 天津药学, 29 (5)：21-23.

陈宇, 陈圣文, 皮霞波 .2015-05-20. 槟榔包整理生产线：浙江, CN204341516U [P].

程乐乐, 李增平, 蒙汉华 .2017. 槟榔茎基腐病病原菌鉴定及其生物学特性测定 [J]. 热带作物学报, 38 (1)：119-125.

丑纪行, 杨明 .2017-09-05. 槟榔理料机：湖南, CN107128664A [P].

戴睿淳, 潘昊, 刘守先 .2017-05-24. 一种槟榔籽自动筛选设备：湖南, CN106694378A [P].

邓世明, 梁振纲, 杨先会 .2015-10-14. 一种槟榔食品原料及其用途：海南, CN104970308A [P].

邓通, 刘义, 黄显南, 等 .2017. 槟榔壳原料及制浆性能研究 [J]. 中国造纸, 36 (9)：39-42.

董志超, 何际婵, 王祝年 .2017-02-08. 一种槟榔鲜果剖切刀具：海南, CN205928761U [P].

董志超 .2015-08-05. 一种鲜槟榔榨汁机：海南, CN204520241U [P].

窦珮丹, 李克宁, 龙琴, 等 .2017. 槟榔标准饮片均匀化方法研究 [J]. 亚太传统医药, 13 (9)：15-18.

方新国 .2017-05-31. 槟榔全自动点卤装置：广东, CN106722448A [P].

方新国 .2017-07-14. 槟榔全自动点卤机：广东, CN206324152U [P].

冯仲笑, 曾宪维, 伍剑锋 .2017-08-18. 一种益生元槟榔及其制备方法：广东, CN107048254A [P].

高敏 .2017. 杀青软化及辐照利于槟榔干果的果实贮藏 [J]. 中国果业信息, 34

（3）：73.

高元能.2015-12-30.一种槟榔自动分拣系统：广东，CN204912117U［P］.

高志生.2015.浅谈槟榔烘干装置的 PLC 控制系统的应用［A］.2015 年第五届全国
　地方机械工程学会学术年会暨中国制造 2025 发展论坛论文集［C］.全国各省区
　市机械工程学会、云南省机械工程学会：6.

韩丹丹，骆焱平，侯文成，等.2017.槟榔内生细菌 BLG1 的抗菌活性及其对水稻
　纹枯病的防效［J］.河南农业科学，46（2）：60-63.

何春霞，秦国帅，王蕾，等.2017-07-14.一种连续传动的槟榔剖切机：河南，
　CN106945094A［P］.

何际婵，董志超.2017.槟榔汁喷雾干燥工艺研究［J］.热带农业科学，37（3）：
　100-103.

侯冬兰，陈蓉，高义军，等.2017.槟榔碱和 Ca～（2+）对口腔黏膜异常增生上皮
　体外模型通透性的影响［J］.口腔疾病防治，25（1）：21-25.

侯文珍.2017.槟榔及其复方安全性分析和不同厂家吐温 80 中脂肪酸杂质检测
　［D］.北京：北京中医药大学.

胡金保，姜本平，王宝龙，等.2016-01-20.一种槟榔的浸泡和清洗装置：上海，
　CN204969321U［P］.

胡金保，姜本平，王宝龙，等.2016-03-02.一种槟榔蒸煮装置：上海，
　CN205052759U［P］.

胡金保，姜本平，王宝龙，等.2017-02-22.一种槟榔的浸泡和清洗系统及方法：
　上海，CN106418010A［P］.

胡金保，姜本平，王宝龙，等.2017-03-01.一种槟榔蒸煮系统及方法：上海，
　CN106465870A［P］.

胡延喜，徐亮，王志萍，等.2017.槟榔果皮挥发油成分的 GC-MS 分析［J］.时珍
　国医国药，28（5）：1055-1056.

黄德懿.2017-09-05.一种槟榔果采摘器：广东，CN107124960A［P］.

黄丽云，贾效成，周焕起，等.2017-06-20.一种槟榔花茶的制备方法及其制得的
　槟榔花茶：海南，CN106857985A［P］.

黄丽云，刘立云，李艳，等.2015.低温胁迫对'热研 1 号'槟榔新品种生理特性
　的影响［J］.热带作物学报，11：2015-2018.

黄雪秋，赵玉英.2017.蒙药槟榔十三味丸中总黄酮含量的测定［J］.山东工业技
　术，No.234 04：50.

黄中华，谢雅.2017-06-09.一种槟榔花蒂分离装置：湖南，CN206227667U［P］.

贾哲，韩婷，刘欢，等.2017.基于多元统计分析的食用槟榔及药用槟榔主要化学
　成分的含量对比研究［J］.中华中医药杂志，32（11）：5158-5161.

姜伟.2017-04-05.一种槟榔加工一体机：湖南，CN206062086U［P］.

康效宁，吉建邦.2017-01-11.一种槟榔纤维柔软度测定方法：海南，
　CN106323763A［P］.

康志娇, 夏延斌, 赵志友, 等. 2017. 高效液相色谱法测定槟榔中阿斯巴甜的含量 [J]. 食品安全质量检测学报, 8 (5): 1857-1861.

李汴生, 顾伟樑, 阮征. 烫漂和烘干过程对槟榔中槟榔碱含量的影响 [J]. 食品与发酵工业: 1-4.

李昌侠, 李秀准. 2017-04-19. 一种含槟榔碱的杀虫剂组合物: 江苏, CN106561660A [P].

李海生, 颜晓威, 刘曙光, 等. 2017-02-15. 一种槟榔智能化点卤系统: 广东, CN106387745A [P].

李杰, 黄丽云, 李艳, 等. 2015-07-08. 一种槟榔采集设备: 海南, CN204443149U [P].

李凯悦, 王伟英, 严新宇, 等. 2017. 美拉德反应对槟榔炮制过程中槟榔碱转化的影响 [J]. 华西药学杂志, 32 (2): 150-153.

李尚斌, 张微微, 潘永贵. 2017. 6-BA、GA_3 结合果蜡复合涂膜对槟榔果实失水和色泽的影响及其机理 [J]. 食品工业科技, 38 (2): 319-323, 348.

李韦, 周璐丽, 王定发, 等. 2015. 槟榔提取物对球虫感染鸡血液指标及抗球虫效果的影响 [J]. 中国畜牧兽医, 11: 3056-3064.

李文峰. 2017-01-25. 一种小包装槟榔自动包装机: 福建, CN106347760A [P].

李文峰. 2017-05-24. 一种槟榔自动筛分下料装置: 福建, CN206187433U [P].

李小龙, 俞贵伍. 2015-02-11. 槟榔类产品自动下料装置: 浙江, CN204150254U [P].

李逸峰. 2015-09-30. 一种烟果槟榔熏制除烟设备: 湖南, CN204672092U [P].

李智, 徐欢欢, 胡恒, 等. 2015. 降低槟榔产品水分活度技术的研究 [J]. 农产品加工, 20: 11-13.

李智. 2015-10-21. 一种槟榔超高压快速发制工艺: 湖南, CN104982856A [P].

李宗军, 吴硕. 2015-10-21. 一种槟榔杀青软化方法: 湖南, CN104983039A [P].

梁清光, 王盈, 孙萌, 等. 2017. 基于星点设计——效应面法焦槟榔的炮制工艺优选 [J]. 中药材, 40 (3): 580-584.

廖文斌, 何泽湘, 曾胜强, 等. 2017-09-05. 一种清凉提神槟榔及其制备方法: 湖南, CN107125755A [P].

凌宏艳, 贺娟, 杨丝丝, 等. 2017. 槟榔碱对 3T3-L1 脂肪细胞脂代谢的影响 [J]. 中国应用生理学杂志, 33 (1): 22-25.

刘坤锋, 盛锋, 张洪波. 2016-06-08. 一种槟榔切籽机及切刀装置: 湖南, CN205291040U [P].

刘书伟, 程汉亭, 王燕. 2017-08-15. 多功能槟榔切割刀: 海南, CN206406137U [P].

刘月丽, 徐汪伟, 周丹, 等. 2017. 海南槟榔提取物抗衰老作用研究 [J]. 中国热带医学, 17 (2): 123-125.

刘志护. 2016-04-13. 槟榔点卤阀: 湖南, CN205143419U [P].

刘志护.2017-05-03.智能化槟榔点卤设备：湖南，CN206137093U［P］.

卢克强，吴石林，邓建阳，等.2017-06-20一种槟榔挤压软化机：湖南，CN206260824U［P］.

骆宇平.2015-01-21.用于槟榔自动切籽机的找正装置：湖南，CN204109060U［P］.

马秋成，杜鹏，姜良兴，等.2017-03-01.一种槟榔气浮摆正定位装置：湖南，CN106465871A［P］.

欧阳建权，周勇，周海池.2017-05-31.一种基于数字图像处理的槟榔图像轮廓提取及校准方法：湖南，CN106780533A［P］.

任军方，张浪，姜殿强，等.2015.海南槟榔林下套种切叶花卉品种筛选［J］.绿色科技，01：38-40.

容景盛，劳加斌.2017-08-18.一种旋转式切生槟榔装置：广西，CN107053288A［P］.

容景盛，劳加斌.2017-09-08.一种切生槟榔装置：广西，CN107139229A［P］.

宋薇薇，牛晓庆，余凤玉，等.2017.槟榔内生真菌的分离与初步鉴定［J］.江西农业学报，29（6）：66-69，74.

苏林梁，黄业宇，冯丁山，等.2017.槟榔花茶对大鼠亚急性酒精性肝损伤的保护作用［J］.现代食品科技，33（6）：15-18，8.

孙九霞，王学基.2015.民族文化"旅游域"多元舞台化建构——以三亚槟榔谷为例［J］.思想战线，01：97-105.

孙露，宋海波，张力，等.2017.中药槟榔及其制剂的安全性系统评价［J］.中国中药杂志，42（21）：4067-4073.

孙莹，于大海，王涛，等.2017.槟榔碱对口腔癌患者及小鼠肝脏功能影响的初步研究［J］.口腔医学研究，33（6）：589-592.

谭树华，聂娜，孙远东，等.2017-07-14.一种新型槟榔卤水及制备方法：湖南，CN106942683A［P］.

谭小军，史茂萱，李逸峰.2016-05-11.槟榔果剖切装置：湖南，CN205219212U［P］.

唐庆华，覃伟权，宋薇薇，等.2016-08-31.一种利用槟榔幼苗饲养甘蔗斑袖蜡蝉成虫的田间装置：海南，CN205511725U［P］.

唐庆华，覃伟权，朱辉，等.2016-08-17.一种利用槟榔叶片饲养甘蔗斑袖蜡蝉成虫的装置：海南，CN205455445U［P］.

田靖，孙少毅，陈发添，等.2016-04-20.槟榔包装机：江苏，CN205169008U［P］.

佟海英，范益然，李婧，等.2017.蒙药槟榔十三味丸（高尤-13）对慢性应激抑郁模型大鼠肝肾毒性的影响［J］.中南民族大学学报（自然科学版），36（3）：57-60.

万三连，肖春雷，刘勇，等.2015.三亚市槟榔黄化病为害情况初步调查［J］.中国南方果树，01：49-51.

王炳，方晓雨，高峰，等.2017.五味子酚对槟榔碱致帕金森病模型小鼠的保护作用 [J].齐齐哈尔医学院学报，16：1861-1863.

王殿军.2015-07-15.程控熏烤槟榔生产线：天津，CN204466858U [P].

王冬明，邓志辉，卢克强，等.2017-01-25.一种槟榔高效软化方法：湖南，CN106343417A [P].

王发兰，高义军，凌天牖.2017.槟榔碱抑制人脐静脉内皮细胞增殖和诱导 Ang-Ⅱ、TGF-β1 和 α-SMA 表达的实验研究 [J].临床口腔医学杂志，33（8）：451-456.

王灵矫，钟益群，周海池，等.2017-05-10.一种基于图像分割的槟榔切割控制方法：湖南，CN106647633A [P].

王灵矫，钟益群，周海池，等.2017-05-31.一种全自动槟榔加工设备：湖南，CN106737919A [P].

王晓伟，吴青.2017-01-04.一种健康槟榔加工方法：湖南，CN106262076A [P].

王燕，刘书伟.2017.槟榔花研究进展 [J].东北农业科学，05：51-55.

王奕宽，阙瑞立，林昊，等.2017-08-04.槟榔带式输送切籽机上的传送机构：浙江，CN206375299U [P].

吴晨豪，阙瑞立，林昊，等.2017-08-29.槟榔带式输送切籽机上的下料输送机构：浙江，CN206445859U [P].

吴硕，李宗军，杜莎，等.食用槟榔干燥和烟熏特性研究 [J].食品工业科技：1-13.

吴硕，李宗军，谭雅，等.2017.槟榔干果的杀青软化及辐照保藏研究 [J].核农学报，31（4）：711-718.

吴耀森，刘清化，龙成树，等.2017.卤水槟榔批量干燥加工工艺研究 [J].食品科技，42（1）：120-125.

吴忠伟，王奕宽，阙瑞立，等.2017-09-08.槟榔带式输送切籽机上的料斗翻转机构：浙江，CN206475249U [P].

肖灿，曹尉南，张智，等.2017-08-15.一种槟榔废水的处理方法：湖南，CN107043195A [P].

肖东，谷成云，袁河，等.2017-03-29.一种食用富硒槟榔卤水及用其制备槟榔的方法：湖南，CN106539048A [P].

肖东，赵志友，吴耀祥.2017-04-05.一种可抑制槟榔返卤的食用槟榔卤水及其制备方法：湖南，CN106551365A [P].

肖志军，孙南川.2017-03-22.一种全自动切槟榔装置：湖南，CN206029998U [P].

谢传飞，姚艳.2015-02-04.一种槟榔上料机构：海南，CN204137840U [P].

谢景奇，邓朝晖.2017-08-18.槟榔水分测量设备：湖南，CN107064178A [P].

辛滨.2017-01-18.槟榔切籽刀片：江西，CN205889275U [P].

辛滨 . 2017-01-18. 槟榔推籽板：江西，CN304017075S［P］.

辛滨 . 2017-01-18. 用于槟榔切籽机的可转动伸缩自适应调节挡块：江西，CN205889336U［P］.

辛滨 . 2017-01-18. 用于槟榔切籽机的切分后扫籽装置：江西，CN205891998U［P］.

辛滨 . 2017-01-18. 用于槟榔切籽机的压板机构：江西，CN205889339U［P］.

辛滨 . 2017-04-12. 可消毒和烘干的槟榔自动切籽机：江西，CN206085180U［P］.

邢建华，朱晓瑜，许启太，等 . 2017. 槟榔提取物中多糖含量的测定［J］. 广东化工，44（15）：253-254.

徐欢欢，陈娟，陈高超，等 . 2017-01-11. 一种槟榔含片及其制作方法：湖南，CN106307224A［P］.

徐汝军 . 2017-08-01. 槟榔原籽分选系统：江苏，CN106994446A［P］.

徐枝泉 . 2016-11-30. 一种槟榔烘干机：广东，CN205747900U［P］.

许敬生 . 2015. 嗜食槟榔［J］. 河南中医，01：198-199.

许启太 . 2017-01-04. 一种槟榔豆腐干及其制备方法：海南，CN106260011A［P］.

许启太 . 2017-02-15. 一种槟榔炭烧咖啡及其制备方法：海南，CN106387243A［P］.

许启太 . 2017-02-22. 一种槟榔牡丹籽咖啡及其制备方法：海南，CN106417843A［P］.

许启太 . 2017-02-22. 一种槟榔椰子固体饮料及其制备方法：海南，CN106418098A［P］.

许启太 . 2017-05-31. 一种槟榔壳聚糖口香糖含片及其制备方法与应用：海南，CN106720889A［P］.

晏文会，谢峰，阳业，等 . 2017-08-15. 一种曲柄式全自动槟榔切籽机：湖南，CN206406099U［P］.

杨志立 . 2017-06-27. 一种新型槟榔包装盒：湖南，CN206278383U［P］.

姚云 . 2016-03-30. 自动化槟榔切籽设备：湖南，CN205111970U［P］.

姚云 . 2016-06-15. 一种槟榔切籽的仿型模具：湖南，CN205310379U［P］.

姚云 . 2017-04-12. 槟榔切籽机切削机构：湖南，CN206085121U［P］.

佚名 . 2017. 槟榔-热研1号［J］. 世界热带农业信息（4）：53.

余胜东 . 2017-06-13. 智能化槟榔切割成套设备：浙江，CN106827004A［P］.

余胜东 . 2017-06-20. 全自动槟榔加工设备：浙江，CN106863419A［P］.

袁聪 . 2015-12-09. 槟榔去核装置：湖南，CN204837890U［P］.

袁迪红，袁菊兰 . 2017-01-18. 一种切槟榔籽的设备：湖南，CN205889318U［P］.

曾梦香 . 2017-11-10. 槟榔压榨整形机：湖南，CN206620816U［P］.

曾蔚斌 . 2016-01-27. 一种槟榔撕拉瓶：湖南，CN204998991U［P］.

翟婷，黄祥涛，王俊俊，等 . 2017. 氢溴酸槟榔碱体内对大鼠肝肾转运体表达的影响［J］. 中草药，48（13）：2711-2716.

张彪, 李喜宏, 张文涛, 等.2017. 槟榔不同温度贮藏特性研究 [J]. 食品研究与开发, 38 (2): 206-209.

张琮培.2016-02-10. 槟榔帽: 海南, CN205018373U [P].

张丹, 李丹, 许启泰, 等.2015. 槟榔提取物不同部位的抗氧化性比较及成分研究 [J]. 食品工业科技, 02: 102-104, 109.

张海德, 文娜娜, 何余勤.2015-10-07. 一种速溶槟榔咖啡粉: 海南, CN104957336A [P].

张南方, 程燕燕, 张义生.2015. 文帮百刀槟榔炮制工艺研究 [J]. 中医学报, 03: 410.

张启文, 邓婧, 吴传东.2017. 海口市社区人群嚼食槟榔现状及致病风险认知调查 [J]. 中国健康教育, 33 (9): 797-800.

张锡来.2015-12-16. 一种滚筒式槟榔熏烤机: 天津, CN204860853U [P].

张岩松, 许启泰.2017. 槟榔安全性简析 [J]. 食品安全导刊, No.162 03: 153-154.

张燕, 李伟, 唐政.2017-09-29. 一种手动槟榔切片器: 海南, CN206527759U [P].

张燕, 李伟, 唐政.2017-09-29. 一种手动槟榔切片器: 海南, CN206527759U [P].

章旺晖, 吴忠伟, 王奕宽, 等.2017-08-29. 槟榔带式输送切籽机上的出料拨籽机构: 浙江, CN206445865U [P].

章旺晖, 吴忠伟, 王奕宽, 等.2017-08-29. 槟榔带式输送切籽机上的防卡传送装置: 浙江, CN206445860U [P].

赵霖.2015-11-11. 一种槟榔渣法医提取保存装置: 湖南, CN204750861U [P].

赵贤武, 黄丽平, 邓敏贞, 等.2017. 高良姜、胡椒和槟榔有效成分对岗田酸诱导p-tau 细胞模型的作用研究 [J]. 中医学报, 32 (11): 2176-2180.

赵新春, 汪贻元.2017-04-19. 一种槟榔有效成分的提取方法及其应用: 海南, CN106562276A [P].

赵志友, 巢雨舟, 袁思颂, 等.2017. 软化方法对食用槟榔品质的影响 [J]. 食品与机械, 33 (7): 189-193.

赵志友, 肖东, 巢雨舟, 等.2017. 食用槟榔热风干燥特性及动力学模型 [J]. 现代食品科技, 11: 1-8.

周军, 陈飞, 曲佳, 等.2017. HPLC 法测定越鞠保和丸中槟榔碱的含量 [J]. 天津药学, 29 (5): 26-27.

周望良, 戴振兴.2017-09-22. 槟榔包装盒: 湖南, CN304291593S [P].

周文菊, 骆骄阳, 刘洪美, 等.2017. 槟榔在不同储藏条件下的药效组分变化 [J]. 中国实验方剂学杂志, 23 (19): 56-64.

周政权, 易智辉.2016-11-30. 槟榔切籽机: 湖南, CN205735129U [P].

周政权, 易智辉.2016-11-30. 一种槟榔籽定位机构: 湖南, CN205735207U [P].

周政权, 易智辉.2016-11-30. 一种槟榔籽夹具: 湖南, CN205735199U [P].

周忠志.2017.海南槟榔栽培技术［J］.农技服务，34（15）：100.

朱辉，宋薇薇，余凤玉，等.2015.海南槟榔炭疽病病原菌的鉴定［J］.江西农业学报，01：28-31.

朱巨才，魏朝栋，唐杰才，等.2016-03-09.槟榔全自动选切籽一体机：湖南，CN205074244U［P］.

朱宗铭，唐灯，梁亮，等.2017-01-18.一种槟榔果剖切机构：湖南，CN205889284U［P］.

邹文波，宁石文，吕卫文，等.2016-09-07.一种槟榔泡制和蒸煮生产废水的处理装置：湖南，CN205556393U［P］.

祖超，杨建峰，李志刚，等.2015.胡椒园间作槟榔对胡椒光合效应和产量的影响［J］.热带作物学报，01：20-25.

祖超，杨建峰，李志刚，等.2017.胡椒园间作槟榔体系小气候对胡椒产量的影响［J］.热带作物学报，38（3）：426-431.

Acharya G C., Paul S. C., Chakrabarty R., *et al.* 2015. Effect of organic and inorganic sources of nutrients on soil fertility status of arecanut (*Areca catechu*) in north-east India［J］. Indian Journal of Agricultural Sciences, 85 (10): 1335-1341.

Adarsha S. K., Swamy C. M. K., Pavithra H. B. 2015. Effect of insecticides on soil arthropods and earth worms in areca nut ecosystem［J］. International Journal of Agriculture Sciences, 7 (4): 482-486.

Aizad Izha A. R., Jugah Kadir, Mahmud Tengku M. M., *et al.* 2015. Potential of the extract from the nut of *Areca catechu* to control mango anthracnose［J］. Pertanika Journal of Tropical Agricultural Science, 38 (3): 375-388.

Arathi G., Venkateshbabu N., Deepthi M., *et al.* 2015. In-vitro antimicrobial efficacy of aqueous extract of areca nut against Enterococcus faecalis［J］. Indian Journal of Research in Pharmacy and Biotechnology, 3 (2): 147-150.

Basker Arumugam, Shabudeen Syed, Shekhar Appavoo Ponnuraju, *et al.* 2016. Validating Adsorptive Capacity of Areca Husk Carbon onto Methylene Blue with ANOVA Modeling［J］. Chiang Mai Journal of Science, 43 (1): 1237-1248.

Chu HoneJay, Wang ChiKuei, Kong ShishJeng, *et al.* 2016. Integration of full-waveform LiDAR and hyperspectral data to enhance tea and areca classification［J］. GIScience and Remote Sensing, 53 (4): 542-559.

Dhanraj K. M., Veerakumari L. 2015. Effect of ethanol extract of *Areca catechu* and Syzygium aromaticum on Glutathione-S-transferase of Cotylophoron cotylophorum［J］. World Journal of Pharmacy and Pharmaceutical Sciences (WJPPS), 4 (10): 1117-1125.

Diwakar Tiwari Lalhmunsiama Lee SeungMok. 2015. Iron-impregnated activated carbons precursor to rice hulls and areca nut waste in the remediation of Cu (II) and Pb (II) contaminated waters: a physico-chemical studies［J］. Desalination and Water Treatment, 53 (6): 1591-1605.

Hariharan Thangappan Valiya parambathu, A. 2016. Shiny Joseph. Surface characterization and methylene blue adsorption studies on a mesoporous adsorbent from chemically modified Areca triandra palm shell [J]. Desalination and Water Treatment, 57 (44): 21118-21129.

Hazarika, D. J. Kaushal Sood. 2015. In vitro antibacterial activity of peptides isolated from *Areca catechu* Linn [J]. Der Pharmacia Lettre, 7 (1): 1-7.

Hernandez Brenda Y., Zhu Xuemei, *et al.* 2017. Betel nut chewing, oral premalignant lesions, and the oral microbiome [J]. human 16S rRNA gene [Hominidae] PLoS One, 12 (2): e0172196.

Hu Meibian, *et al.* 2017. Optimum Extraction of Polysaccharide from *Areca catechu* Using Response Surface Methodology and its Antioxidant Activity [J]. Journal of food processing and preservation, 41 (1).

Ifedi E. N., Ajayi I. A., Olaifa F. E., *et al.* 2016. Nutritional evaluation, toxicological effect and possible utilization of *Areca catechu* seed flours as an additive in feed formulation for African catfish fingerlings (*Clarias gariepinus*) [J]. Annals Food Science and Technology, 17 (1): 55-67.

Jagannath Pattar, Ashok Mehatha. 2015. Design and fabrication of environmental friendly areca nut collecting and bagging agri-machine [J]. Golden Research Thoughts, 4 (12): GRT-5833.

Jain Vipin Chaturvedi, Pankaj Garg Apurva, Khariwala Samir S. 2017. Parascandola Mark Stepanov Irina. Analysis of Alkaloids in Areca Nut-Containing Products by Liquid ChromatographycOppTandem Mass Spectrometry [J]. Journal of agricultural and food chemistry, 65 (9): 1977-1983.

Jeena Sharafudheen, Sarala Gopalakrishnan, Mukkadan J. K. 2015. Anti oxidant, anti inflammatory and antinociceptive study on areca nut [J]. Indian Journal of Arecanut, Spices and Medicinal Plants, 17 (1): 3-12.

Kalleshwaraswamy C. M, Adarsha S. K, Naveena N. L, *et al.* 2016. Adult emergence pattern and utilization of females as attractants for trapping males of white grubs, Leucopholis lepidophora (Coleoptera: Scarabaeidae), infesting areca nut in India [J]. Journal of Asia-Pacific Entomology, 19 (1): 15-22.

Kumara N., Farooquee A. N., Sasidhar P. V. K. 2015. Study on performance of *Areca catecu* and Zinziber officinalis as an inter crop under organic condition in Tumkar district of Karnataka-India [J]. Indian Journal of Tropical Biodiversity, 23 (1): 64-68.

Kumara N., Farooquee N. A., Sasidhar P. V. K. 2016. Performance of Areca catechu and Piper betle as a mixed cropping under organic condition in Tumkur district of Karnataka [J]. Environment and Ecology, 34 (4A): 1946-1949.

Lee Kang Pa Choi, Nan Hee Sudjarwo, Giftania Wardani Ahn, et al. 2016. Protective Effect of *Areca catechu* Leaf Ethanol Extract Against Ethanol-Induced Gastric Ulcers in ICR Mice [J]. Journal of medicinal food, 19 (2): 127-132.

Li Shuyu, Chen Rong, Luo Kaili, et al. 2017. Areca nut extract protects against ovariectomy-induced osteoporosis in mice [J]. Experimental & Therapeutic Medicine, 13 (6): 2893-2899.

Liu YueLi, Xu WangWei, Zhou Dan, et al. 2017. Anti-ageing effects of betel nut extract grown in Hainan [J]. China Tropical Medicine, 17 (2): 123-125.

Mohammed Faraz, Manohar Vidya, Jose, Maji, et al. 2015. Estimation of copper in saliva and areca nut products and its correlation with histological grades of oral submucous fibrosis [J]. Journal of Oral Pathology & Medicine, 44 (3): 208-213.

Nam J., Park J., Yun S., et al. 2015. Mixture of *Areca catechu* nuts and Alpinia katsumadai seeds inhibits skin photoaging by inhibition of UVB-induced 11 beta-hydroxysteroid dehydrogenase type 1 up-regulation [J]. Journal of Investigative Dermatology, 135 (Suppl. 1).

Paarakh, P. M. 2015. Comparison of in vitro antioxidant activity of *Areca catechu* Linn nut by microwave extraction and Soxhlation technique [J]. World Journal of Pharmacy and Pharmaceutical Sciences (WJPPS), 4 (5): 778-779.

Peng Wei, Liu YuJie, Hu Mei-Bian, et al. 2017. Using the "target constituent removal combined with bioactivity assay" strategy to investigate the optimum arecoline content in charred areca nut [J]. Scientific Reports, 7: 40278.

Rehman Ambreen, Ali Sitara, Lone Mohid Abrar, et al. 2016. Areca nut alkaloids induce irreparable DNA damage and senescence in fibroblasts and may create a favourable environment for tumour progression [J]. Journal of Oral Pathology & Medicine, 45 (5): 365-372.

Rekha V B, Ramachandralu K, Vishak S. 2015. *Areca Catechu* husk fibers and polypropylene blended nonwovens for medical textiles [J]. International Journal of PharmTech Research, 8 (4): 521-530.

Remdor D., Ram Singh Feroze S. M., Singh R. J., et al. 2016. Profitability analysis of areca nut orchard in Meghalaya [J]. Indian Forester, 142 (4): 339-345.

Saha Pritikana, Bhattacharya Sekhares. 2016. Induction of sperm-head abnormality in Swiss albino mice Mus musculus by administration of fresh and processed betel nut extracts [J]. Current Science (Bangalore), 110 (5): 891-896.

Shabbir K., Shivanna B. K., Khadar B. A. 2016. Evaluation of indigenous (local) management practices against root grub in areca nut ecosystem [J]. nvironment and Ecology, 34 (2A): 773-777.

Shen Xiaojun, Fei SongHui, Wang Minmin, et al. 2017. Chemical composition, antibacterial and antioxidant activities of hydrosols from different parts of *Areca cate-*

chu L. and *Cocos nucifera* L [J]. Industrial crops and products, 96 (96): 110-119.

Simbala H. E. I., Queljoe E. de, Runtuwene M. R. J., *et al.* 2017. Bioactive compounds in Pinang Yaki (Areca vestiaria) fruit as potential source of antifertility agent [J]. Pakistan Journal of Pharmaceutical Sciences, 30 (5, Suppl.): 1929-1937.

Srimany Amitava, George Christy, Naik Hemanta R., *et al.* 2016. Developmental patterning and segregation of alkaloids in areca nut (seed of *Areca catechu*) revealed by magnetic resonance and mass spectrometry imaging [J]. Phytochemistry (Amsterdam): 35-42.

Sujatha S, Bhat Ravi, Chowdappa P. 2016. Cropping systems approach for improving resource use in arecanut (*Areca catechu*) plantation [J]. Indian Journal of Agricultural Sciences, 86 (9): 1113-1120.

Sujatha S., Bhat Ravi. 2016. Impact of organic and inorganic nutrition on soil-plant nutrient balance in arecanut (*Areca catechu* L.) on a laterite soil [J]. Journal of Plant Nutrition, 39 (5). 714-726.

umara N., Farooquee N. A., Sasidhar P. V. K. 2015. Study on the performance of areca nut and ginger lilly as a mixed crop under organic condition in Tumkur District of Karnataka-India [J]. Indian Journal of Arecanut, Spices and Medicinal Plants, 17 (2): 17-23.

Upadhyay, R. K. 2016. Does salinity stress amend the morphology and physiological appearance of young betel nut (*Areca catechu* L.) seedlings? [J]. Journal of Plantation Crops, 44 (2): 129-131.

Yu HongMei; Qi ShuiShui; Chang ZhaoXia; Rong Qiqi; Akinyemi, I. A.; Wu Qing-Fa. 2015. Complete genome sequence of a novel velarivirus infecting areca palm in China [J]. Archives of Virology, 160 (9): 2367-2370.

Zhong, Baozhu Lu, Chaojun, Qin, Weiquan. 2017. Effect of temperature on the population growth of Tirathaba rufivena (*Lepidoptera Pyralidae*) on Areca catechu (*Arecaceae*) [J]. Florida Entomologist, 100 (3). SEP 578-582.

第十二章　中国咖啡科技发展现状与趋势

咖啡树（*Coffea* L.），为茜草科多年生常绿灌木或小乔木，是一种园艺性多年生的经济作物，具有速生、高产、价值高、销路广的特点。原产于热带非洲，中国华南、西南有引种栽培。目前，主要分布于南北回归线间拥有高山地形的国家（也就是所谓的咖啡地带）。

近年来，中国咖啡产业发展迅速，已成为热区农民致富、企业增效和财政增收的重要渠道之一。为科学把握咖啡产业科技发展现状，推动中国咖啡产业健康持续发展，在收集、整理近年来国内外咖啡科技信息基础上，系统分析了中国咖啡科技发展现状与趋势，提出其研发需求，形成本报告。

一、中国咖啡产业发展现状

1. 种植基本情况

根据农业农村部农垦局统计，2017 年中国咖啡种植面积 179.82 万亩，其中收获面积 120.46 万亩，同比分别增长 0.89% 和减少 0.36%。种植省份分别为云南省 177 万亩，同比增长 0.88%；海南省 1.17 万亩，同比增长 3.54%；四川省 1.65 万亩，同比持平。从种植区域看，云南是全国最大的咖啡产区，种植面积及产量均占全国 98% 以上。目前除了上述 3 个省份，广东和贵州等部分适宜地区也开始进行咖啡试种。

2017 年咖啡总产量 14.72 万吨，同比减少 8.14%，产量约占全球总量的 1.5%。其中云南 14.5 万吨，占总产量的 98.47%，同比减少 8.45%；海南 405 吨，占总产量的 0.27%，同比增长 18.42%；四川 1 840 吨，占总产量的 1.25%，同比增长 16.38%。全国咖啡平均单产 122.24 千克/亩，同比下降 6.89%。总产值 26.52 亿元，同比增长 1.19%。

2008—2017 年中国咖啡产量呈现快速增长，年平均增长率达 18.9%。2017 年中国咖啡产量占同期全球总产量的 1.53%，比 2003 年的全球占比 0.31% 有显著提升，但于全球产量相比，中国咖啡产业的体量仍然较小。

2. 市场情况

2017 年，受国际期货市场价格影响，云南市场咖啡综合平均价总体呈下降趋势。1 月至 6 月的咖啡价格持续下降，虽然 7 月价格略有回升，但到了 8 月以后又持续下降，12 月到达全年最低价格 15.9 元/千克（图 12-1）。

进出口方面，2017 年中国咖啡进口量 12.71 万吨，同比减少 2.89%。出口量 11.64 万吨，同比减少 20.78%。进出口咖啡包括咖啡饮料、速溶咖啡、咖啡生豆和烘焙豆。

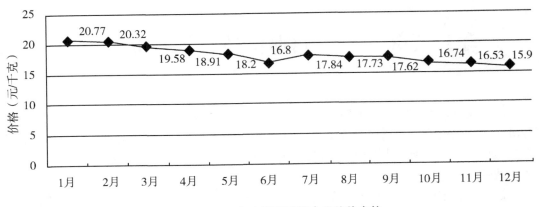

图 12-1　2017 年中国咖啡综合平均价走势

来源：内部统计数据资料。

总体上，进出口量基本平衡，出口量约占全球出口总量的 1.5%，进口量约占全球进口总量的 1.7%，咖啡产业贸易体量还较小。

国内咖啡消费市场规模已达 138 亿元，其中速溶咖啡市场规模约 110 亿元左右，现磨咖啡市场规模约 28 亿元。根据中国咖啡协会北京分会数据显示，中国咖啡消费年增长率在 15% 左右，是全球咖啡消费平均年增长率的 7 倍，在未来中国咖啡消费年增长率将达到 15%～20%，总体呈现消费群体小，增速快的特点。

3. 产业综合效益

咖啡种植主要集中在云南边疆民族地区，根据云南省农业厅监测数据显示，2017年从事咖啡产业亩均生产成本 1 665 元。其中劳动力成本 1 000 元、肥料成本 300 元、农药成果 20 元、加工费 145 元、土地租金及其他 200 元。2017 年亩均产量约 121.82 千克，年度综合平均价 18.08 元/千克，亩均产值 2 202.5 元、亩净产值为 637.5 元。

二、国内外咖啡科技发展现状

1. 种质资源利用与创新

咖啡的种植与生产虽然分布广泛，但主要分布在发展中国家。除了广泛栽培的小粒种咖啡种质资源和育种研究利用比较受重视外，其他品种的种质资源保存及育种研究相对较为滞后，各国保存咖啡种质资源的数量及评价工作差别较大。国外咖啡种质资源收集的国家主要分布在巴西、科特迪瓦、塞尔比亚、喀麦隆、马达加斯加、肯尼亚、哥伦比亚、哥斯达黎加、印度尼西亚、中国、印度等国家和地区，收集超过 63 646 份，近50 个品种。其中科特迪瓦保存的种质资源最多，超过 21 640 份，其次为巴西。

根据数据显示，保存的小粒种 20 253 份，巴西约占 31.8%，埃塞尔比亚和科特迪瓦各占 22.9% 和 17.6%；保存的中粒种 5 609 份，科特迪瓦占 36.9%，巴西和印度尼西亚各占 25.7% 和 23.1%；保存大粒种 1 994 份，科特迪瓦占 95.8%。

我国引进、收集、繁殖和入库保存的咖啡种质资源约 800 余份，主要来自葡萄牙（CIFC）、肯尼亚、巴西、哥伦比亚、越南和马来西亚等国家。国内种质资源主要分布在云南省和海南省，主要保存单位有云南省德宏热带农业科学研究所、中国热带农业科学院香料饮料研究所、中国科学院西双版纳热带植物园、云南省农业科学院热带亚热带经济作物研究所以及雀巢（中国）普洱农艺部勐海试验示范农场等，保存最多的是云南省德宏热带农业科学研究所。近年来，国内相关科研机构在咖啡种质资源创新利用等方面开展了大量的研究工作，选育处咖啡品种 6 个，注册登记新品种 5 个。在海南建立了中粒种咖啡种质资源圃 1 个，重点开展对中粒种咖啡种子创新和新品种选育研究工作。

卡蒂姆系列杂交品种占我国咖啡总面积的 95% 以上，该系列品种具有抗锈、矮秆、投产早、产量高、见效快等优点，但也存在稳产性差、易早衰和品质差等缺陷。随着种植年限的延长和锈菌生理小种分化，该系列品种已开始出现抗锈病能力退化问题，而且大规模单一品种种植，还存在抵御旱害、寒害等自然灾害能力低的风险。在耕种模式方面，又因为咖啡多以单一作物种植为主，生物多样性差，抵抗自然灾害和市场风险能力弱。为了选育出适合我国热区气候和土壤条件的本地咖啡品种，中国热带农业科学院香饮所先后收集了来自墨西哥、喀麦隆、马来西亚、巴西等国的大、中、小粒种咖啡种质 200 多份，采用人工杂交、嫁接、诱导等方式培育出一批适宜我国气候和种植条件的中、小粒品种。该所研发的《中粒种咖啡 8 个无性系的选育》获国家科技进步三等奖，让国内咖啡平均亩产从 30 千克增加到 150 千克。在云南德宏，研究专家对从非洲引入的 9 个非抗锈咖啡品种适应性试验的结果表明，DTARI 010、DTARI 011 植株比对照矮小，总结果量亦低于对照，其他品种均较对照高大、粗壮，总结果量高于对照；DTARI 010、DTARI 051、DTARI 05、DTARI 06 是相对早熟品种；DTARI 010 产量表现最高；所有参试品种均对咖啡叶锈病敏感，冬季落叶程度高，建议云南咖啡植区仍要以种植抗锈品种为主。

2. 遗传育种

阿拉比卡咖啡现在已被证明是世界上遗传多样化最缺乏的作物之一，疾病、虫害和气候变化威胁着现在及未来全球咖啡供应及咖啡行业的可持续性发展。气候变化造成部分种植地区降雨增大，气温上升，迫使咖啡种植海拔进一步升高，进而形成对森林资源的破坏。根据非营利组织"世界咖啡研究"（World Coffee Research）报告称，一项对 947 个咖啡植物样本的研究表明，野生和栽培植物的多样性令人难以置信，它们的基因相似度高达 98.8%。与玉米、大米或其他显示约 70% 基因多样性的商品农作物相比，阿拉比卡咖啡现在已被证明是世界上遗传多样化最缺乏的作物之一。

目前，阿拉比卡咖啡遗传多样性的研究一直在进行中，以改善咖啡长期供应的可持续性。通过基因多样性的研究，WCR 已经收集了 100 个核心阿拉比卡咖啡样品，这些样品包括了可获得的 90% 的遗传多样性。来自这一核心收集的样本已经在三个不同的地点进行繁殖：萨尔瓦多的 WCR 研究农场，哥斯达黎加的 CATIE 研究农场，以及在哥斯达黎加的星巴克研究农场。育种专家从每个品种中提取单核苷酸多态性（SNP）并创建一个数据库，来理解和记录样本的遗传差异，通过传统育种方法（而不是通过基因改造），来创造新的咖啡品种，新的咖啡品种具有特定的风味特征，咖啡因含量，可以适应当地的土壤和气候等。

遗传学家蒂姆·席林（Tim Schilling），从咖啡基因库中（包括小果咖啡和其他种植咖啡品种）已有的适应性突变着手，试图通过咖啡种株的异地引种，观察这些引种的咖啡树是否比在原产地的长势更好。目前，科学家已经在研究中找到了来自 10 个国家、产量最高的 30 种咖啡种株进行试验研究。

在国内，中国热带农业科学院香饮所对选育的 5 个中粒咖啡品种和实生选育的一批优良单株共计 80 多个样品进行杯评，筛选出了一批优良单株，弄清选育的中粒咖啡品种特性，为后期品种选育奠定了基础。在云南，相关专家以 7 个品种的小粒咖啡为供试材料，通过测定叶片厚度（LT）、角质层厚度（CT）、栅栏组织厚度（PT）、海绵组织厚度（ST）、气孔密度（SD）和叶片小脉密度（VD），并计算出叶片组织结构紧密度（MTR）、叶片组织结构疏松度（MLR）和气孔面积指数（SPI），分析其抗旱能力的差异，为小粒咖啡栽培和筛选抗旱性状提供理论依据。结果表明，所选 9 个抗旱性指标，品种间差异显著，运用主成分分析方法结果显示，PT 和 MTR 载荷较高，是反映小粒咖啡抗旱性信息的主要因子，可以作为评价小粒咖啡抗旱性的主要指标。

3. 栽培技术

Pablo Imbach 等专家在越南，对气候变化条件下蜜蜂授粉与咖啡适宜性的耦合进行了研究，评估了气候变化对作物的适宜性和授粉的耦合作用可以帮助目标适当的管理实践做法，包括森林保护、阴影调整、轮作等；D. D. Srigandha 等对阿拉比卡品种进行了种苗生根研究，方法：在适合的容器和生根培养基生长对幼苗活力进行了客观评价，对不同容器的适宜性提高幼苗并找出最适合的媒体更好的生根和咖啡幼苗生长。研究结果表明，不同容器和容器填料对咖啡苗的生长和活力有很大的影响。在埃塞尔比亚，相关研究专家对咖啡种植园的遮阴树效果进行了评价分析，结果表明最好的遮阴树是非洲刺桐甘蓝，咖啡苗种植面积推荐距离绿荫树树干 3 米为最佳效果。

在国内，咖啡标准化种植技术进一步普及，中国热带农业科学院香饮所先后编制了《咖啡高产栽培技术》《小粒种咖啡优质高产栽培技术图解》《咖啡栽培及初加工技术》《小粒咖啡标准化生产技术》等技术规程，为海南小粒种种植栽培制定了相关标准。

在云南河口，制定的《河口小粒咖啡综合技术规范》（DG 5325/T 5.1—5.6—2013）标准，规范了本地区小粒种咖啡栽培技术；试验筛选出的高抗锈良种 CIF7963（6），加快了本地区良种化进程；"水压自动补偿"灌溉系统，解决了本地区传统灌溉问题；对传统湿法加工实施背压式热风穿透风干燥技术（设备）改造，改变了传统上利用水泥晒场自然晾晒咖啡豆。这些创新亮点促进了本地区小粒种咖啡产业的可持续性发展。

4. 病虫害防治

咖啡锈病的流行，使全球咖啡种植业面临诸多威胁，在气温升高和极端天气的影响下，已经脆弱不堪的咖啡作物将对新出现的病害毫无抵抗之力。在 CATIE 的研讨会上提到，中国的咖啡种植者在他们的作物中发现了多达 5 种的新型锈病。以往，锈病不会影响到高海拔地区的咖啡作物，但是现在，情况已经发生了变化。为抵抗锈病的侵袭，美国国际开发署专此投入立项经费，支持研究专家，通过高科技育种计划，为种植者提供气候适应性和抗病虫害能力更强的新咖啡种源。

在埃塞尔比亚，对咖啡9个品种的白叶枯病耐受性进行了评价，三年的数据显示，年轻、成熟和较老的咖啡植物的疾病综合征类似于其他地方的咖啡细菌性枯萎病。这种疾病经常侵袭具有典型枯萎症状的咖啡树叶、树枝和芽。结果表明，74110和74112品种的抗耐受性更加。

国内研究专家对云南省普洱市普遍种植的小粒种咖啡的抗锈性进行研究。研究结果表明：不同小粒种咖啡品种的抗锈性存在较大的差异性。波邦（Bourbon）和铁毕卡（Typica）类咖啡虽然杯品质量优秀，但不抗锈病，生产性种植时，因锈病落叶引起的抗旱抗寒差、产量低、枯枝早，杯品质量好也不能增产增效；而Catimor系列品种，尽管杯品质量不突出，但抗锈丰产，能达到增产增效。在对滇东南最适宜种植咖啡的区域进行病虫害普查中，调查结果显示，滇东南热区咖啡叶锈病、褐斑病和炭疽病为绝对优势病害，灭字虎天牛、旋皮天牛和木蠹蛾是重要的钻蛀树干、枝条的害虫，根粉蚧是为害根部的主要害虫，几种蓑蛾、尺蠖、蚧类和象甲是为害叶片、嫩枝茎及果实的主要害虫。

5. 加工技术

咖啡豆的缺陷仍然可能发生在收获后的加工过程中，在菲律宾，真菌的发生和赭曲霉毒素污染，绿色和黑色的咖啡豆烤幼和缺陷进行了研究。此外，还利用自由基清除试验和金属螯合法对缺陷咖啡豆的抗氧化性能进行了评价。研究发现，绿色咖啡豆样品ochratoxigenic真菌和赭曲霉毒素A的焙烧的绿咖啡豆样品总酚含量降低污染，但增加了清除自由基和金属螯合活动。在处理污染的缺陷咖啡豆之前，可利用隔离抗氧化化合物去除赭曲霉毒素。

在巴西，对咖啡豆发酵的酵母多样性和理化特性进行了分析研究，通过采用不同的化学分析方法，包括傅立叶变换红外光谱（FTIR）和矿物热重分析等方法，对发酵焙炒咖啡豆进行了分析。该研究的结果丰富了我们关于酵母多样性和与咖啡豆发酵相关的理化特性的知识，并可用于促进对农场加工的控制。

在国内，重点推广了青果分理、机械脱胶及干燥新技术，加快咖啡脱壳、抛光、分级加工厂的升级改造。在海南，研究了咖啡超微粉的颗粒特征及其对加工适应性的影响，探究适于加工的最佳粒度。先制备出不同粒度大小的咖啡粉，采用现代仪器考察各咖啡粉的粒度分布、微观结构、红外光谱吸收，测定其溶解性和分散性、持水性、持油性。结果表明，咖啡粉所测粒径基本与不锈钢筛孔一致，不同颗粒大小咖啡粉红外吸收峰大致相同；粒度小的咖啡粉比表面积大，咖啡粉的粒度分布越均匀，红外吸收峰越强；溶解性和分散性越好；咖啡粉的持水力和持油力也得到改善。研究表明，海南咖啡粉碎至200目时有较好的加工适性。

目前，小粒种咖啡出加工方法主要有：①干法加工；②湿法加工，是目前普及率最高的加工方法；③半水洗法；④密处理法；⑤双重发酵法。

三、中国咖啡科技瓶颈、发展方向或趋势

1. 中国咖啡科技瓶颈

云南是中国最大的咖啡产区，种植面积及产量均占全国98%以上，中国的咖啡种植和初加工都高度集中在云南产区。从市场潜力来看，云南咖啡对国际上很多知名咖啡也存在较大的替代可能性。但仍存在产业发展缺乏积累、产业基础不牢、技术能力不足、对终端市场培育不够等问题。主要表现为以下方面。

一是咖啡种植品种单一，优质新品种储备不足。云南咖啡90%以上种植的品种是卡蒂姆7963及其系列，该品种抗病和耐旱能力较好、产量较高，但国际上普遍认为该品种主要适用于速溶咖啡生产，用期制作的焙炒单品咖啡在品质、口感上次于铁皮卡和波邦等纯小粒种咖啡。另外，单一品种的种植，不仅存在大规模病虫害隐患，还限制了云南咖啡品质的提升。加上由于种植栽培方式上的原因（例如，大量施用化肥），很多咖啡种植园卡蒂姆品种的衰退期已经缩短到78年，卡蒂姆品种的优良性逐年下降，其特有的抗锈病能力减弱，品质退化趋势明显。

二是标准化生产欠缺，行业标准化水平相对滞后。虽然咖啡栽培技术已比较成熟，但随着咖啡产业种植规模的迅速扩张，大多数咖农并未很好地掌握和应用规范性栽培技术，许多咖啡园在定植、修枝整形、施肥、鲜果采摘等重要生产环节上不规范，对咖啡园管理不到位，导致咖啡质量参差不齐。在初加工环节的规范化、标准化程度不高，技术水平以及设施装备等也存在参差不齐的问题，导致咖啡豆质量稳定性差。另外，尚缺少统一的咖啡标准化工作机构协调推进全国咖啡标准化工作，现有咖啡体系标准整体数量较少，分布零散，尚未系统化，对国际、国外先进标准的采用率仍然较低。目前，我国采用国际、国外咖啡相关标准数量为6项，只占我国现有咖啡标准体系标准数量的8%；现有咖啡相关国际标准27项，对国际标准的采用率为22%。在农药残留标准、产品标准、检验方法标准等都与国际主流标准存在较大差距。

三是精深加工不足，整体产业经济效益较低。中国咖啡产业链虽然已经初步形成，但大多数咖啡企业在各个环节中的力量分布并不均衡。受技术水平限制，大部分本土企业对咖啡杯品分析、焙炒、拼配等深加工关键技术的掌握远远不够，精深加工能力不足。咖啡主要集中在产业链的上游，仅有少量焙炒咖啡豆、焙炒咖啡粉和速溶咖啡、拼配咖啡产品。产业附加值低，仅得到整个产业链上20%的利润，咖啡深加工和分销、零售等高附加值的产业链环节被国外咖啡商占领。

四是产业缺少公共服务平台，组织服务支撑体系不足。特别在仓储、加工、信息、交易、金融等环节，标准化程度低，遇到价格下跌等风险时，缺乏有效的产业保护和调控。

2. 中国咖啡发展趋势

自2013年起，云南咖啡规模扩张放缓甚至停滞。受宏观经济状况制约及咖啡市场价格持续低迷的影响，预计未来几年，云南的咖啡种植规模新增潜力较小、种植面积将

大致稳定，咖啡豆产量增加主要由采收面积增加来推动。

另外，随着国内市场对咖啡的强劲需求，咖啡需求将保持增长态势。未来全球咖啡市场供求基本保持平衡，并将在较长时期内保持这一趋势。在国内居民对咖啡品质要求不断提高以及国际市场总量基本平衡的条件下，市场将对咖啡产品品质提出更高的要求。未来中国咖啡市场总体规模仍会保持增长趋势，生态、绿色化发展是咖啡产业发展的未来方向。在竞争与合作的环境背景下，中国咖啡产业链将不断完善，通过与国外先进企业建立合作关系，促进在产品深加工、产品研发等领域的合作交流，不断提高自身加工和运营能力。

四、中国咖啡科技发展需求

一是强化科技支撑，发挥科技创新在产业提质增效中的支撑引领作用。加强平台、人才、项目、资金、政策等要素资源的统筹整合，形成对咖啡产业的科技支撑。针对产业发展的重大科技问题和关键性技术，应加大科技攻关、技术集成和科技成果转化应用，促进产业技术优化升级。

二是提升精深加工水平和能力。我国咖啡在全球咖啡产业中的体量有限，应着力提升科技创新能力，发展绿色、有机、精品咖啡，实现咖啡产品差异化的创新与打造，提高供给质量，延伸产业链，提升价值链。

三是制定完善技术标准认证体系，提升产业发展软实力。借鉴国际咖啡生产技术标准认证体系，积极探索、制定和完善有关生产技术标准认证体系，为构建中国绿色咖啡产业特色的技术标准认证体系发挥积极作用。

参考文献

郭铁英，白学慧，肖兵. 2017. 非抗锈咖啡品种适应性研究 [J]. 热带农业科技（1）.

胡发广，毕晓菲，黄家雄. 2017. 小粒咖啡初加工方法概述 [J]. 农产品加工（6）.

黄家雄，黄琳，等. 2018. 中国咖啡产业发展前景分析 [J]. 云南农业科技（6）.

李宝珠，邱晓燕，王培涌. 2018. 关于提升我国咖啡产业标准水平的对策研究 [J]. 标准科学（4）.

梅春燕. 2018. 德宏州咖啡种、产、销标准化产业链发展模式研究 [J]. 中国集体经济（17）.

文娜娜，张海德，何余勤. 2017. 海南咖啡超微粉的颗粒特征及加工适性研究 [J]. 食品科技（2）.

闫林，黄丽芳. 2018. 中粒种咖啡品种比较试验 [J]. 热带作物学报（7）.

杨罂. 2017. 咖啡主要病虫害的症状识别与防治措施探讨 [J]. 农业开发与装备（1）.

张毅，邵源春. 2018. 云南省及国内外咖啡产业发展的动态及对比研究 [J]. 现代经济信息（14）.

赵明珠，郭铁英，白学慧，等. 2018. 世界咖啡种质资源收集与保存概况 [J]. 热带农业科学（1）.

Alexander Yashin, Yakov Yashin. 2017. Chromatographic Methods for Coffee Analysis：A Review ［J］. Journal of Food Researc（8）.

D. D. Srigandh, J. Venkatesh, G. Raviraja Shetty. 2017. Study of suitability of containers and rooting media for growth and rooting of coffee seedlings（*Coffea arabica cv.* Chandragiri）［J］. International journal of current microbiology and applied sciences（10）.

Dejene Nigat, Lemma Tiki, Gonfa Kewess. 2017. Traditional coffee management practices and their effects on woody species structure and regeneration in bale eco-region, Ethiopia ［J］. International Journal of Advanced Research（IJAR）（6）.

Ebisa Dufera Bongase. 2017. Impacts of climate change on global coffee production industry：Review ［J］. African journal of agricultural research（5）.

K. Naveen, Subedar Sing, Santosha Rathod. 2017. Hybrid arima-ann modelling for forecasting the price of robusta coffee in India ［J］. International Journal of Current Microbiology and Applied Science（7）.

Olyfia Rosalin, Muhammad Sayuth, Rita Hayati. 2017. A study of caffeine level changes, fat and water in arabica coffee due to the attack of coffee borer pests（*Hyphothenemus Hampei*）［J］. IOSR journal of pharmacy and biological science（8）.

Pablo Imbach, Emily Fun, Lee Hannah. 2017. Coupling of pollination services and coffee suitability under climate change ［J］. PNA（9）.

第十三章 中国香草兰科技发展现状与趋势

香草兰［*Vanilla Planifoli* Ancer］，又名香荚兰、香子兰、香兰果，是一种名贵的多年生热带攀援藤本兰科作物，有"食品香料之王"的誉称，具有用途广、经济价值高的特点，是高级食品、饮料、高档化妆品的天然配香原料。国外香草兰的利用有近200年的历史。据FAO统计，香草兰的主要生产国与地区有马达加斯加、科摩罗、印度尼西亚、墨西哥和留尼旺等。世界年消费香草兰商品豆荚2 000吨以上，美国、欧盟、日本等发达国家是香草兰豆荚的主要消费国。

一、中国香草兰产业发展现状

我国于20世纪60年代开始香草兰的引种试种研究，80年代试种成功，并在海南、云南规模化种植。由表13-1可看出，虽然中国香草兰面积和产量途中有缩小的趋势，但收获面积与产量都在逐年增加。2016年香草兰收获面积为6 933公顷，较2015年大幅增加。产量为885吨，较2015年增加了36%。截至2016年中国香草兰种植面积占世界香草兰收获面积的6%，排在马达加斯加和印度尼西亚之后，位列第三。而目前海南种植面积约133多公顷，年产量达150吨，主要分布在屯昌县、定安县、琼海市、万宁市等种植基地。虽然云南西双版纳亦有种植，但受香草兰各种病害及气候影响，产业发展不及海南有优势。海南已将种植香草兰作为发展热带高效农业的重点项目，香草兰种植面积逐年增加，目前正大力推广应用热带经济林下槟榔间作香草兰等种植模式，但产品仍供不应求，所需大量进口。

表13-1　中国香草兰2012—2016年产量概况　　（单位：公顷、吨）

项目	2012年	2013年	2014年	2015年	2016年
收获面积	3 200	2 600	1 220	3 600	6 933
总产量	432	335	286	566	885

数据来源：世界粮农组织数据库FAOSTAT。

二、国内外香草兰科技发展现状

1. 国外香草兰产业发展现状

目前，世界香草兰的主要生产地有马达加斯加、印度尼西亚、巴布亚新几内亚、墨西哥、波利尼西亚、乌干达、汤加等（表13-2、表13-3）。其中，马达加斯加是世界最大的香草兰生产地，2016年其收获面积与产量分别达到6.78万公顷和0.29万吨，分别占世界香草兰收获面积和总产量的77%和35%，同时也是香草兰第一大出口国。据世界粮农组织数据库FAOSTAT统计，2016年世界香草兰出口总量为0.54万吨，马达加斯加出口量为0.16万吨，占世界总量的23%。第二，第三位为印度尼西亚和巴布亚新几内亚。而香草兰主要进口国有美国、法国、英国、德国、加拿大和比利时等。2016年世界香草兰进口总量为0.72万吨，其中第一大进口国美国进口量为1 609吨，第二位法国进口量为891吨。可见香草兰仍然是热带香料中供不应求的产品之一。

表13-2　世界香草兰2012—2016年种植面积　（单位：公顷）

项目	2012年	2013年	2014年	2015年	2016年
马达加斯加	71 344	72 605	74 640	68 599	67 823
印尼	16 600	16 600	13 600	13 600	14 104
巴布亚新几内亚	1 400	1 562	1 856	1 823	1 863
墨西哥	1 111	965	934	945	979
法属波利尼西亚	450	463	250	106	231
乌干达	350	341	409	402	405
留尼旺	330	328	326	324	322
汤加	310	300	290	285	267
科摩罗	130	116	100	79	63

数据来源：世界粮农组织数据库FAOSTAT。

表13-3　世界香草兰2012—2016年总产量　（单位：吨）

项目	2012年	2013年	2014年	2015年	2016年
马达加斯加	2 923	3 014	3 139	2 922	2 926
印尼	3 100	2 600	2 000	2 000	2 304
巴布亚新几内亚	400	437	509	500	502
墨西哥	390	463	420	482	513
土耳其	290	275	279	291	303
汤加	210	190	186	190	180
乌干达	170	179	219	209	211
法属波利尼西亚	57	28	27	11	24
科摩罗	31	28	24	19	15

数据来源：世界粮农组织数据库FAOSTAT。

2. 国外香草兰科技发展现状

国外香草兰研究机构主要分布在主产国，有墨西哥作物研究所、马达加斯加安达拉哈香草兰研究中心、法国农业部等，这些研究单位大都以香草兰初加工技术研究为主。

（1）香草兰选育种

巴西科研人员 Koch 等人在巴西亚马逊东北部 Caxiuana 国家森林的河滩地带发现新的香草兰品种 labellopapillata，它在形态上类似于万代兰属科和依兰属科，但具体特征却与两种物种有区别。Koch，Ana Kelly 等人经过对香草兰种类材料的审查，确定这是首次在巴西发现香草兰新品种。美国及法国的科研人员 Rao. Xiaolan、Krom. Nick 等人利用新一代测序技术，在香草兰种子、茸毛和中果皮组织等不同的发展时期中得出产生香草豆荚的基因序列数据集，为香草兰生长研究建立了较为详细的数据库资源。

（2）香草兰栽培增殖

巴西科研人员 de Oliveira 等人使用双相培养系统进行香草离体繁殖的新方法研究，该方法通过三个实验确定培养时间等的影响。研究发现茎芽增殖培养基中，DPS 双相培养系统、BA6-苄基氨基嘌呤浓度对培养成功具重要影响。马来西亚科研人员 Tan，Boon Chin 等人通过实验，发现作为氧化氮供体的硝普钠（SNP）对香草兰对芽增殖和再生起到影响作用。结果表明，氧化氮能刺激枝条发育，并且可以被看作是一个不定芽再生的中介，因此，也已被建议用于其他植物物种的增殖培养中。丹麦科研人员 Hansen 等人利用碳氮稳定同位素来分析香草兰的可靠性及可追溯性。留尼旺研究人员 Khoyratty. S 等人对留尼旺岛上香草兰内生菌的分离，转化及分布进行了研究。结果表明留尼旺岛上大棚内及灌木丛中的香草兰上都含有内生菌且经过栽培可以培养内生菌的多样性，此项研究有助于香草兰口味复杂性的研究。墨西哥研究人员 Adame-Garcia. J 等人在墨西哥香草兰最大产地的帕潘特拉对香草兰上变异镰刀菌分离进行了研究。

（3）香草兰提取工艺

墨西哥科研人员 Rodriguez-Jimenes 等人采用代数方程模型拟合进行香草荚固液萃取过程中提取方法对质量传递的影响，通过实验数据估测在豆荚中提取的香气化合物的扩散系数和传质系数。丹麦科学人员 Gallage 等人通过实验研究，表明使用单一酶的催化，可使香草兰阿魏酸及其糖苷能直接转化，从中制成香草醛。墨西哥研究人员 M. A. Olmedo-Suarez 等人通过常规微波烘箱固化香草兰豆荚的方法获取到了 1 倍浓度的香草萃取物。通过这个方法，可在三天内获得含有 0.2% 香草醛的香草萃取物，且这个值高于国际标准建立的最小值 0.11%。相对于传统的手工方法，此项研究使得提取效率提高了 90%，萃取时间减少了 66%。

德国地球科学研究所科研人员 Greule，Markus 等人通过对碳和氢的稳定同位素分析，对香草香精的真实性和可追溯性进行评价。

丹麦研究人员 Margraf. M 对波旁香草提取物与天然香草化合物进行了比较研究。该研究介绍了使用 core-shell column 梯度法来比较波旁香草提取物以及天然和人工香草提取物含量，目的是实现对波旁香草提取物可靠性的证明。由于该方法的高效性和可靠性，使得它也适合于食品中的常规分析。

（4）香草兰食品加工

巴西科研人员 Balthazar. CF 等人对香草兰冰淇淋中添加低聚半乳糖的效果进行了研究。

3. 国内香草兰科技发展现状

国内近年来对香草兰的科研工作主要集中在对香草兰育种技术、香草兰加工技术、土壤分析、病虫害防治研究等方面。

（1）香草兰选育种

中国热带农业科学院香料饮料研究所科研人员顾文亮等人通过对香草兰花粉保存与种间杂交育种研究，发现部分杂交果荚的长度和宽度与母本自交果荚有显著差异。香草兰杂交果荚内含有数量庞大的杂交种子，是潜在的香草兰育种新种质，此项新研究以期改变目前生产上香草兰品种单一的局面。他们还通过 RACE 方法从香草兰中克隆 Vp LFY 基因的全长 cDNA 序列。结果显示，该基因包含一个 1 493 bp 的开放阅读框，编码 491 个氨基酸残基。经蛋白质序列同源比对分析结果发现，Vp LFY 属于 FLO-LFY 家族。组织特异性研究结果表明，Vp LFY 基因在香草兰组织中属于组成型表达。荧光定量分析结果表明，Vp LFY 基因分别在香草兰纯花芽和混合花芽的不同发育阶段中有着较强的表达。中国热带农业科学院香料饮料研究所研究人员王辉等人采用磷酸盐生长培养基从香草兰种植园中筛选到 6 株可解磷的细菌，通过 NBRIP 液体培养基摇床培养 3 天后，菌株 V-29 培养液中可溶性磷含量最高，达到 475. 3 微克/毫升。经 16S rDNA 分子鉴定该菌株为伯克霍尔德氏菌。通过温室盆栽试验研究了施用 V-29 及其制得的微生物有机肥料在香草兰上的应用效果。结果表明施用由解磷细菌制得的微生物有机肥可显著提高香草兰茎蔓及根系干重，但单独接种解磷细菌处理与对照相比，差异不显著；施用微生物有机肥及接种解磷细菌均可提高土壤有效磷和植株全磷含量。

（2）香草兰提取工艺

中国热带农业科学院香料饮料研究所的徐飞等人对微波超声协同萃取香草兰净油工艺优化及挥发性成分分析。为优化香草兰净油超声微波协同萃取工艺条件，采用二次回归正交旋转组合设计对香草兰净油得率进行探讨，并进行气相色谱-质谱鉴定。得出最佳萃取条件为萃取时间 6. 91 分钟，萃取功率 253 瓦，萃取溶液石油醚：正己烷 = 2. 8 : 1（V : V），得率 5. 18%。莫丽梅等人使用二次回归中心组合法优化外源纤维素酶酶解提取香草兰青豆荚香兰素工艺。研究人员利用香草兰青豆荚作为原料，尝试外源添加纤维素酶提高香草兰主要香味物质—香兰素，在单因素实验基础上，采用可旋转的二次回归中心组合试验设计考察酶解温度，酶添加量和酶解时间 3 个变量对香兰素含量的影响，最终确定最佳工艺条件为香草兰青豆荚 10 克、酶解温度 53℃、酶添加量 26. 9 毫克（15 000U/克）、酶解时 16 小时。海南师范大学化学与化工学院的罗由萍等人使用国产超临界 CO_2 萃取中试装置，利用均匀设计法研究了香草兰的超临界萃取工艺。以萃取压力、萃取温度、夹带剂乙醇用量和萃取时间为考察因素，确定最佳萃取工艺条件为萃取压力 30. 9 兆帕、萃取温度 53. 1℃、夹带剂乙醇用量 1. 53 毫升/克、萃取时间 135 分钟，此条件下香草兰的萃取率为 19. 56 毫克/克。从而优化了香草兰超临界 CO_2 萃取工艺。湖南中医药大学药学院研究人员孙皓等人采用 GC-MS 分析法，分析不同产地香草兰商品荚乙醇提取物化学成分差异及其香草醛的测定，该项技术能快速、简便、高效地检测出香草兰商品荚乙醇提取物的化学成分，并在香草醛的定量测定中具有稳定、可重复的特点。中国热带农业科学院香料研究所科研人员对热风干燥盒冷冻干燥处理香草兰样品的干燥效果进行比较，结果表明热风干燥的干燥速率随温度的增加而增加，冷冻干燥的干燥速率介于40℃和50℃热风干燥的速率之间。电子鼻分析结果表明，与40℃，50℃和60℃热风干燥相比，相同干燥时间条件下，冷冻干燥能更好地保留香草兰原有风味，同时冷冻干燥处理的香草兰样品具有更强的香气强度。华中农业大学食品科技学院及中国热带农业科学院香料饮料研究所的科研人员董智哲等人共同研究固相微萃取和同时蒸馏萃取法分析海南香草兰挥发性成分，对固相微萃取（solid phase micro-extraction，SPME）技术萃取香草兰中挥发性成分的萃取条件进行优化，并采用SPME和同时蒸馏萃取（simultaneous distillation extraction，SDE）两种方法对海南地区香草兰豆荚中挥发性成分进行检测分析。结果显示SPME最优萃取条件为萃取头75 μm CAR/PDMS、萃取温度80℃以及萃取时间20分钟。2种萃取方法共检测出105种挥发性成分，其中利用SPME技术检测出挥发性成分73种，SDE检测出78种。结果显示将SPME和SDE两种方法联合使用可以更加全面地检测出香草兰中的挥发性成分。

（3）香草兰栽培增殖

中国热带农业科学院香料饮料研究所研究人员赵青云等人将根际促生菌Bacillus subtilis Y-IVI接种在有机肥上，生产了生物有机肥，并就该生物有机肥对香草兰生长的影响进行了研究。结果表明Y-IVI可稳定定殖于香草兰根际土壤对其生长起有益作用，含促生菌Y-IVI的生物有机肥料比单独使用促生菌菌液可以更有效地减少根际土壤中尖孢镰刀菌数量，降低连作生物障碍。同研究所研究人员顾文亮等人针对香草兰果荚发育中存在严重的果荚脱落现象，对香草兰果荚脱落情况及其内源激素含量变化进行研究。研究人员采用酶联免疫法分别测定各种处理果荚中生长素（IAA）、赤霉素（GA）、玉米素核苷（ZR）和脱落酸（ABA）的含量。该研究可为解决生产中的香草兰落荚问题提供理论依据和技术方法。

（4）香草兰土壤分析

中国热带农业科学院香料饮料研究所科研人员王华等人为了揭示槟榔不同株行距间作香草兰对土壤微生物和土壤养分的影响，以生产上槟榔3个种植密度间作香草兰为处理，人工荫棚单作香草兰为对照，测定和分析土壤中微生物的数量和土壤养分的含量。结果表明，槟榔间作香草兰可显著提高土壤微生物的数量改良土壤微生物群落中真菌、细菌和放线菌的比率。槟榔株行距为2.0米×2.5米（Tr2）的处理，土壤pH值及有机质、全K、碱解N、速效P、速效K、交换性Ca、有效Fe、有效B含量均显著提高。同研究所科研人员赵青云等人通过大田试验研究施用不同有机肥对香草兰生长，叶绿素荧光特性及土壤酶活性的影响。试验表明有机肥和生物有机肥混合施用的处理香草兰茎蔓和叶片干重显著高于施用牛粪的处理；施用生物有机肥和有机肥的处理香草兰叶片表观电子光合传递速率（ETR）和实际光化学效率（Yield）无显著性差异，但均显著高于施用牛粪的处理；有机肥和生物有机肥混合施用的处理土壤酸性磷酸酶、脲酶和蔗糖酶活性显著高于施用牛粪的处理。此外他们还通过大田试验研究追施不同量的液态氨基酸有机肥对香草兰生长发育、土壤养分和可培养微生物数量的影响。与化肥对照相比，喷施不同量的液态氨基酸有机肥（常规化肥施肥量的 25%、50% 和 100%）均可促进香草兰茎蔓生长，增加花序数、花朵数及果荚产量，但增幅不同；施肥量为常规施肥量50% 和 100% 处理的土壤全氮、速效磷、速效钾含量及土壤可培养细菌、真菌数量高于化肥对照。因此，生产上建议追施常规化肥用量 50% 的液态氨基酸有机肥以提高香草兰产量，增加土壤养分含量和可培养微生物数量。

（5）香草兰病虫害防治

中国热带农业科学院香料饮料研究所研究人员高圣风等人对香草兰生防细菌的筛选、分子鉴定及其抑菌机制有了初步研究。通过平板对峙法从香草兰根际微生物中筛选出对香草兰根（茎）腐病菌（*Fusarium oxysporum*）、香草兰疫病菌（*Phytophthora nicotianae*）和香草兰细菌性软腐病菌（*Erwinia carotovora*）均有良好抑制效果的生防菌 10株。提取脂肽类化合物进行抑菌分析，发现 10 株生防菌脂肽类提取物对香草兰根（茎）腐病菌和香草兰疫病菌均有良好的抑制效果，有 4 株的脂肽类粗提物对香草兰细菌性软腐病菌有强烈的抑制活性。

（6）科研单位在香草兰研究方面的计量分析

2010—2018 年，共有 316 篇香草兰相关论文发表。排名前十的科研机构有中国热带农业科学院香料饮料研究所、华中农业大学、黑龙江东方学院、宁夏大学等（下图），在香草兰育种、提取工艺、栽培增殖、土壤分析及加工方面都开展了相关研究。

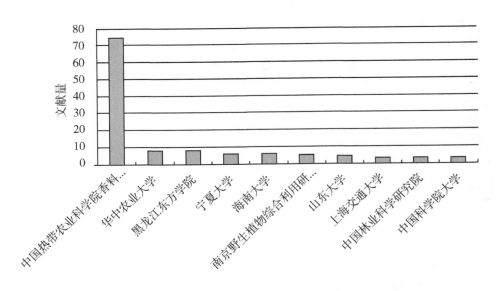

图　香草兰发文量前 5 科研机构

数据来源：万方数据库。

在相关科研机构中，中国热带农业科学院热带香料饮料研究所对香草兰研究最为系统，涵盖了引种试种、栽培、植保、加工等各个环节，2010—2018 年中国热带农业科学院香料饮料研究所共发表相关文献 74 篇，占香草兰总文献量的 23%。目前已掌握了香草兰产业化发展中的产前、产中、产后等关键技术，在海南万宁、琼海、定安等市县建立示范基地，分别在育种、土壤研究、产品加工等方面不断进行科技研究。主要科技研究有：①独创了人工荫棚香草兰丰产栽培技术，单位面积产量和质量都超过国外水平；②研发出槟榔园间作香草兰和在活荫蔽树下种植香草兰的关键栽培技术；③国内首创单元式热空气发酵生香法，工艺设计合理，产品质量达到 ISO 标准要求，填补了国内香草兰产品加工的技术空白；④进行了香草兰系列产品的研发，尤其是在茶叶、饮料上的应用，技术成熟，效益显著，提出了香草兰系列产品开发的方向，开拓了香草兰产后市场，其在产品加工方面不断进行创新研究并陆续开发出了香草兰绿茶、香草兰天然香水、香草兰精油等一系列产品。通过赋香、固香技术将香草兰的独特香气，与绿茶、红茶等茶基有机结合，开发出的香草兰茶产品还荣获 2006 年度、2011 年度海南省名牌产品称号；⑤首次制定了《香荚兰种苗》和《香荚兰》两项国家农业行业标准，规范了香草兰的生产；⑥探索出"公司+科研院所+农户"的统一技术指导、分散种植、集中加工的香草兰产业化发展模式，具有实际的生产应用价值。

三、中国香草兰科技瓶颈、发展方向或趋势

1. 国内香草兰科技发展存在的问题

①选育种方面，当前品种较为单一，抗病性不高；②种植模式方面，目前国内主要还是采取了人工荫棚系统种植模式及活荫蔽种植模式，前者产量虽高，但成本也高，后者成本虽低，但产量较低，效益也低；③病虫害方面，香草兰受根腐病，炭疽病等危害严重，近年来病虫害研究进展缓慢，阻碍了香草兰产业的发展；④产品加工方面，产品初加工多精深加工少，对香草兰有效成分提取和系列产品研发技术不足，未能充分发挥香草兰增值效应；⑤香草兰生产的基层技术人员缺乏，很大程度上影响了香草兰的产量和质量。

2. 香草兰科技发展趋势

在未来香草兰科技发展上，仍然以选育种关键技术研究，如通过传统杂交育种方法与现代的分子生物学技术得到高品质、高产量、抗性强的优良品种；香草兰规模化栽培关键技术研究，如大力推进活荫蔽香草兰间作模式，扩大种植面积，提升产量规模，有效地增加农民收入；香草兰深加工关键技术研究，进行香草兰精油等精深加工技术研究，丰富产品种类，提高产品质量和市场竞争力。香草兰属于劳动密集型绿色产业，由于国外劳动力成本高，世界香草兰种植业发展比较缓慢。其种植仅限于热带地区，而目前世界范围内香草兰种植面积和产量均有限，产品远远不能满足市场需求，海南地处热带地区，地理与自然环境优越，气候条件与主产国马达加斯加较为相似，因此，充分利用海南自然优势发展香草兰产业，加大科技投入，既可丰富我国名贵香料资源，促进高档食品、名烟、茶叶和香料工业的协调发展，还能提高国内香草兰产品质量与国际市场竞争力，从而带动和促进香草兰产业的可持续发展，提高农民收入。

四、中国香草兰科技发展需求建议

1. 加大科技投入，积极实践创新

无论采取什么措施，中国要真正在香草兰方面有所突破，必须要加大科技投入，首先要在香草兰的生产种植方面有所创新。由于香草兰生产条件比较苛刻，种植成功比较困难，这就需要科技力量的支持。目前，中国热带农业科学院香料饮料研究所已在香草兰引种试种研究、香草兰丰产栽培技术研究、香草兰产品加工工艺研究方面已有了许多研究成果，为香草兰的进一步推广打下了基础，未来也需关注如何提高香草兰的抗病性等适应环境能力、如何高速高质量提取香兰素、如何提高香草兰豆荚的产量等方面取得突破。

2. 注重深加工、提高香草兰产品的附加价值

目前美国、德国、法国、日本都对香草兰的提取物进行了更深层次的加工。如美国利用95%的香草兰豆荚加工成提取物后出售给食品香精香料制造商或供零售贸易，它所生产的香草兰提取物有44%用于生产冰淇淋，其他的还用于糖果、糕点和酒类产品工业，并将生产的高质量产品再次出口，使香草兰的价值提高了一倍。因此，要创新思维方式，突破传统观念，以市场为导向，以提高香草兰附加值为目标，促使原来香荚兰单一销售为主的传统市场模式转换为鲜果和加工产品并重的市场模式，大力推进香草兰加工业项目建设，大力培育龙头、骨干企业，推动香草兰深加工，以空间换时间，延长销售寿命，实现产销的良好互动，通过企业的牵引和带动，实现产业化升级，削弱产业风险。

3. 完善产业技术标准认证体系，促进香草兰产业提质增效

建立一套符合国家及国际惯例的香草兰种植生产和品质标准体系，并采取有效措施，确保该体系标准得以贯彻实施。大力加快监控体系和质量认证建设，进一步提高香草兰标准化生产水平。加快构筑标准化生产示范基地建设，通过基地的示范效应，引导香草兰种植农户向集约化、规划化和无公害化的方向发展，全面提高香草兰生产质量和提升国内外市场竞争力。以科研单位为技术依托，实施标准化生产，创新多模式符合栽培技术。

4. 完善香草兰产业科技支撑体系

政府及企业、科研机构应联合加大培训力度，充分发挥农业技术推广网络作用，通过香草兰技术培训班、农民田间学校，对技术骨干、种植大户、农村经济能人等进行强化技术培训，推广普及香草兰标准化栽培技术、病虫害综合防治技术、测土配方施肥技术等。此外，不定期聘请国家香草兰产业技术体系专家进行专业技术辅导、解决技术难题，促进产业健康发展。

5. 探索多样化发展模式

三产融合发展，开发种植农场，融种植、观光、休闲于一体。集合香草兰产业的先

进科技成果，以科技为纽带，实现多领域战略合作，以更加高效、经济、快捷的手段促进香草兰科技成果在三产融合产业链条上推广应用，能够节省研究开发成本，提高科研效率，因此，必将成为科技支撑香草兰产业发展的重要渠道。

参考文献

董智哲，谷风林，徐飞，等.2015. 不同产地香草兰香气成分及抗氧化活性比较[J]. 中国食品学报，15（1）：242-249.

李智，初众，姚晶，等.2015. 海南产不同等级香草兰豆挥发性成分分析[J]. 食品科学，36（18）：97-102.

刘爱芳，卢少芳，刘爱勤，等.2008. 香草兰产业发展现状调研[J]. 热带农业科学，28（5）：59-65.

刘爱勤，桑利伟，谭乐和，等.2011. 海南省香草兰主要病虫害现状调查[J]. 热带作物学报，32（10）：1957-1962.

欧阳欢.2006. 香草兰产业发展历程和展望[J]. 农业与技术（1）：66-68.

宋应辉，王庆煌，赵建平，等.2006. 香草兰产业化综合技术研究[J]. 热带农业科学（6）：43-46.

赵建平，王庆煌，宋应辉，等.2006. 香草兰产业开发与应用配套技术研究成果[J]. 热带农业科学（6）：38-42，46.

Hansen, AMS; Fromberg, A; Frandsen, H L, *et al.* 2014. Authenticity and Traceability of Vanilla Flavors by Analysis of Stable Isotopes of Carbon and Hydrogen [J]. Journal of Agricultural and Food Chemistry, 62 (42): 10326-10331.

Ramos-Castellá; Alma Laura; Iglesias-Andreu, Lourdes G, *et al.* 2016. Evaluation of molecular variability in germplasm of vanilla (*Vanilla planifolia* G. Jackson in Andrews) in Southeast Mexico: implications for genetic improvement and conservation [J]. Plant Genetic Resources.

Schipilliti Luisa, Bonaccorsi Ivana Lidia, Mondello Luigi. 2016. Characterization of natural vanilla flavour in foodstuff by HS-SPME and GC-C-IRMS [J]. Flavour and Fragrance Journal.

White J F, Torres M S, Sullivan R F, *et al.* 2014. Occurrence of Bacillus amyloliquefaciens as a Systemic Endophyte of Vanilla Orchids [J]. Microscopy Research and Technique, 77 (11): 874-885.

第十四章　中国胡椒科技发展现状与趋势

一、中国胡椒产业发展现状

2009—2018 年，我国胡椒收获面积相对稳定，单位面积产量稳步提高，而且总产量稳步提高态势明显。海南胡椒主要种植分布在琼海、文昌、海口、万宁、定安等市县，是橡胶、槟榔后的第三大主要热带作物。

目前，我国胡椒初产品加工采用水浸泡、晾晒干燥等传统加工方法，主要初产品为白胡椒粒、黑胡椒粒、胡椒粉等。科研机构和较大规模的胡椒加工企业，已深入开展胡椒产品深加工技术研发，主要产品有胡椒碱、胡椒油、胡椒油树脂等。与印度、马来西亚等国家相比，我国胡椒产品种类相对较少，国内市场销售以进口胡椒产品为主，胡椒出口产品占世界市场份额小。胡椒产品存在初加工工艺落后、深加工技术工艺不配套、品牌文化尚未形成等瓶颈，无法保障胡椒产品质量标准，国内胡椒加工企业更倾向于进口国外胡椒产品。

二、国内外胡椒科技发展现状

1. 国外胡椒科技发展现状

（1）采后处理和产品加工

Yogendrarajah P 等研究了黑胡椒中黄曲霉（*Aspergillus flavus*）和寄生曲霉（*Aspergillus parasiticus*）霉菌毒素的产生，通过动力学模型预测其对生长的影响；Barani A 等研究了伊朗商业胡椒中黄曲霉毒素的自然发生情况；Sachadyn-Krol M 等研究了臭氧对冷冻贮存条件下胡椒的相关代谢化合物和酶活性变化的影响；Moosavi-Nasab M 等对可生物降解的壳聚糖包膜的黑胡椒精油用于延长冷藏期间鲤鱼的保质期进行研究；Karthikeyan P 等研究了在研磨温度为-120℃、-80℃、-40℃、0℃和40℃下制备的研磨黑胡椒粉颗粒的物理化学特性；Serrano-Martinez A 等研究了环糊精对保护保鲜胡椒质量参数的作用；Pacheco FV 等研究了不同光环境下培养的胡椒的精油质量；Samuel M 等比较了黑胡椒的胡椒碱提取物对阿拉伯按蚊的杀虫效果；Park C 等研究了胡椒提取物对合成银纳米银粒子的催化作用和抗菌活性；Jeevitha GC 等研究了应用微波辐射减少黑胡椒微生物负荷及其对黑胡椒品质的影响；Park MS 等研究了胡椒叶片提取物对 α-葡萄糖苷酶和 α-淀粉酶的体内和体外抑制作用；Ahmad N 等研究了黑胡椒体外培养提取物的毒素代谢和抗菌活性。Martinelli L 等提取八种胡椒精油和油树脂，测试其抗细菌和抗真菌活性，并鉴定最具生物活性样品中存在的化合物。Firdos A 等研究了黑胡椒提取物对稳定葵花籽油的抗氧化潜力。Barnwal P 等研究了低温环境对黑胡椒加工性能的选择。Lima Vandimilli A 等研究了生长、光合色素和不同光照条件下对长胡椒精油生产的影响。Rakmai Jaruporn 等采用羟丙基-环糊精对黑胡椒精油进行物理化学表征和生物功效评价。Malo I 等发现从胡椒、野生芸香和丁香提取的天然提取物可以激活番茄植株中的病原体。Alam Perwez 通过高效薄层色谱法对不同黑胡椒种子的胡椒碱变化进行应力诱导分析。Hwang Ki Seon 等从黑胡椒中分离出来的胡椒油酸乙酯和酰胺，可以作为对小菜蛾的诱杀幼虫化合物。Rodriguez-Ruiza Marta 等从胡椒果实中提取半乳糖-1,4-内酯脱氢酶，并对其进行生物合成。Okmen Gulten 等研究了胡椒对乳腺炎病原菌及其抗氧化活性的抑制作用。Ozkaya Hulya Ozgonen 研究了大蒜素提取物对胡椒粉中某些重要病原菌和总酚类化合物的影响。Gorgani Leila 等采用微波-超声辅助提取黑胡椒的胡椒碱 Olalere Olusegun Abayomi 等通过萃取、自由基清除活性及黑胡椒粉的物理化学构建指纹图谱。Dutta Sayantani 对以金属氧化物为基础的电子鼻对黑胡椒小豆蔻饼干的保质期进行评价。

（2）耕作栽培和生理生化

Vijayakumari K 等比较了 γ-氨基丁酸处理干旱敏感和耐旱的两个黑胡椒品种对 PEG 诱导的干旱胁迫的抗渗透能力；Verma VM 研究了植物生长调节剂对胡椒快繁和离体保存的影响；Sen S 等采用生态位模型来预测印度气候变化对野生黑胡椒种质资源多样性的影响。Ennigrou A 等研究了胡椒树果实成熟期脂肪酸等化学成分和生物活性物质的变化。Botella MA 等评估钾 K+浓度对胡椒果实营养品质和产量的影响。Verma Virendra M. 等研究了重要商业黑胡椒品种的体外繁殖。Penella C 等开发了一种环保的可以克服水和盐的压力技术，即将胡椒嫁接到耐受的砧木上。Padilla Francisco M 等研究了土壤性质、作物产量和根系生长对改良灌溉和施氮肥、土壤耕作、胡椒作物施肥的反应。

（3）植物病理

Mahadevan C 等对侵染黑胡椒的胡椒疫霉菌进行蛋白质组学研究；Asha S 等研究了 TRNA 派生的小 RNA 在黑胡椒植物受胡椒疫霉侵染过程中的应激反应；Veloso J 等研究了尖孢镰刀菌菌株 Fo47 控制胡椒枯萎病的作用模式。de Castro GLS 等研究了黑胡椒对胡椒尖孢镰刀菌培养滤液的敏感性；Umadevi P 等研究了高温下胡椒黄斑驳病毒感染胡椒的症状表现；Osdaghi E 等研究了伊朗胡椒细菌性斑点病病原菌黄单胞菌的发生和特征。Mahadevan C 等对侵染黑胡椒的胡椒疫霉菌进行蛋白质组学研究；Asha S 等研究了 TRNA 派生的小 RNA 在黑胡椒植物受胡椒疫霉侵染过程中的应激反应；Veloso J 等研究了尖孢镰刀菌菌株 Fo47 控制胡椒枯萎病的作用模式。de Castro GLS 等研究了黑胡椒对胡椒尖孢镰刀菌培养滤液的敏感性；Umadevi P 等研究了高温下胡椒黄斑驳病毒感染胡椒的症状表现；Osdaghi E 等研究了伊朗胡椒细菌性斑点病病原菌黄单胞菌的发生和特征。Hampi Anusree 等研究了黑胡椒粉的主要土传性病原菌根瘤菌。Bi ju Chakkiyanickal Narayanan 等研究黑胡椒炭疽病流行病学的意义及苗期疾病管理方法。Dawkins Karim 等报道了与入侵南佛罗里达胡椒树的两种原生植物相关的丛枝菌根真菌。Huang Kuo-Shiou 等从胡椒中提取一种新的胡椒感染病毒，获得的完整核苷酸序列。Fulton J 等评估信息扩散对佛罗里达州胡椒产业的疾病识别和反应的影响。da Luz Shirlley F M 等测定了由尖孢镰刀菌引起的两种不同品种黑胡椒病原微生物的次生代谢特征。Rosiles-

Gonzalez 等调查墨西哥尤卡坦半岛喀斯特含水层系统地下水中出现的胡椒温和斑点病毒。

（4）生物技术

Choi DS 等研究了胡椒中磷酸烯醇式丙酮酸羧激酶 CaPEPCK1 参与的植物对细菌和卵菌的免疫过程；Lim CW 等研究了胡椒中环指蛋白基因 CaRING1 在植物脱落酸信号转导和耐脱水性的作用；Guo WL 等鉴定了胡椒 CaNAC2 基因及其表达谱；Sasi S 等利用环介导等温扩增（LAMP）和实时荧光检测法快速鉴定转基因黑胡椒；Hong JK 等研究了 15 种植物精油在防治胡椒果实炭疽病中的应用。Asha S 等在黑红椒中利用高通量小核糖核酸分析，揭示了 microRNA 介导的基因调控的复杂性；Celik I 等研究了抗胡椒根结线虫基因的紧密连锁标记。George K 等研究了干旱、耐旱和易感黑胡椒对水分亏缺胁迫的基因表达分析。Umadevi P 等研究了黑椒疫病菌的基因型特异性和宿主抗性 Agisha V N 等通过抑制减法杂交分析植物内生假单胞菌 BP25 诱导黑椒根系防御基因的表达。Moreira Edith C O 等通过对黑胡椒粉的 RNA 测序进行转录谱分析。Tsai W S 等调查泰国东部胡椒和番茄的遗传多样性。

2. 国外胡椒科技发展现状

（1）采后处理和产品加工

辛颖等以胡椒属植物黄花胡椒中分离得到的酰胺生物碱为例，分析胡椒酰胺类生物碱在核磁共振波谱的结构规律；海南大学的疏奇等设计了一种湿胡椒脱粒去皮机械设备。该设备主要由脱粒装置、划痕装置、微波处理装置、去皮装置以及筛选装置 5 个部分组成；王梦杰等采用红外光谱、离子色谱和高效液相色谱法分析固态发酵过程中胡椒果皮果胶组分结构、含量及其变化；周雪敏等对黑胡椒油树脂乙醇浸提工艺进行研究；李鑫等以海南胡椒果为原料，采用回流法提取胡椒生物碱；Zhang J 等研究了黑胡椒精油对储存期间新鲜猪肉质量的影响；赵伯涛等发明公开了一种新型的白胡椒加工方法，该方法有效避免微生物污染和湿法脱皮工艺造成环境污染问题；王金辉等发明公开了一种白胡椒抗肿瘤提取物及其组合物的制备方法及其医药应用；Deng Y 等通过体外和体内活性诱导阐明了黑胡椒中胡椒碱的游离黑曲霉粗提取物（PFPE）的抗癌作用机制；田百玉等发明公开了一种黑胡椒自动生产装置，其特征是，包括传送带式上料机、磁选机、振动烘干流化床连续式杀菌机、移动式储料罐、低温研磨机、连续式回暖机、两级传送带、分级摇摆筛和金属探测器；胡红宇发明公开了一种手动胡椒磨；聂剑斌发明公开了一种电动胡椒碾磨器；郑福新发明公开了一种胡椒研磨器；山东龙盛食品股份有限公司的张杰发明公开了一种黑胡椒腌料及其制备方法；代鹏等发明公开了一种控制吸油率的黑胡椒膨化型蚕豆食品。谷风林等发明公开了一种胡椒鲜果调味酱及其制备方法。胡椒鲜果调味酱由胡椒鲜果、水、食盐、白砂糖、柠檬酸、异抗坏血酸钠、山梨酸钾和黄原胶制成，其中，胡椒鲜果经热处理后立即冷却；杨继敏等研究了不同热烫处理方式（微波处理 1 分钟、3 分钟、6 分钟、9 分钟，水蒸气处理 1 分钟、3 分钟、6 分钟、9 分钟，100℃水处理 1 分钟、3 分钟、6 分钟、9 分钟）对胡椒主要成分的影响；还研究了油炸胡椒鲜果中胡椒碱和胡椒精油的含量，以及油炸处理对胡椒鲜果中胡椒精油化学成分的影响，还对胡椒鲜果调味酱的制备工艺进行了研究；吴桂苹等建立胡椒总多酚的提取和分析方法，并研究其抗氧化活性；张园等发明公开了一种胡椒鲜果脱皮洗涤一体机。邓浩等采用乙醇浸提法提取胡椒中的胡椒碱，通过单因素和正交实验确定最佳提取工艺条件。穆晗雪等采用水蒸气蒸馏、石油醚提取法提取胡椒花挥发油，考察不同提取方法对胡椒花挥发油化学成分的影响。董景峰等以胡椒叶为原料，发明了一种从胡椒中提取榄香素的方法。Wu XY 等使用近红外（NIR）光谱的直接检测方法对掺杂的四川胡椒粉进行鉴定。吴明峰发明公开一种胡椒研磨器。杨玉坤等公开了一种脱水青胡椒的干燥方法和一种盐水青胡椒的制备方法。赵丹丹等研究胡椒中黄酮类化合物的提取工艺及其抗氧化性。辛松林等将川秋葵果胶用于西式菜肴及西式面点的制作，研究川秋葵果胶对黑胡椒汁、马乃司以及面团品质的影响。许敏等发明公开了一种胡椒属植物精油的用途，即胡椒属植物精油在制备治疗和预防阿尔茨海默病药物或健康产品中的应用。张万年等发明公开了基于胡椒和荜拨的治疗脑缺血活性部位药物及制备方法。王晓发明公开一种胡椒薏米饼加工方法。汪晓琳对胡椒碱的提取工艺及抗氧化性进行了研究。余天意等发明公开了一种胡椒鲜果生物脱皮制备白胡椒的方法。杨明南发明公开了外观设计专利电动重力感应胡椒磨，能磨胡椒及一些小型的颗粒物。黄永乐发明公开一种黑胡椒酱。刘雪松等发明公开一种胡椒配方颗粒的制备方法。陈晓龙等对海南黑、白胡椒的基本成分进行测定分析。赵贤武等探讨高良姜、胡椒和槟榔有效成分对岗田酸诱导 p-tau 细胞模型的作用。Yu GW 等开发了一种用微波辅助的水蒸馏技术，从白和黑椒的干果中提取精油。方一明等采用胡椒鲜果，测定不同处理的黑胡椒中胡椒碱和油树脂含量，利用无定形态糖包埋技术制备含油树脂的固体分散体，检测固体分散体稳定性，并观察微观结构与形态。黄菲菲等对 4 种不同加工方式黑胡椒产品（直接日晒、热烫处理方式、日晒 1 天后轻度发酵方式、日晒 2 天后轻度发酵方式）气味进行分析。谷风林等发明公开了一种胡椒鲜果复合调味汁及其制备方法。吴贵苹等采用顶空固相微萃取和水蒸气蒸馏法萃取白胡椒粒风味物质，气相色谱-质谱联用仪检测分析浸泡 3 天、6 天以及终极产品中风味物质组成及差异。苟亚峰等以胡椒瘟病菌为供试病原菌，用生长速率法测试了 10 种化合物对其离体抑菌活性。

（2）耕作栽培和生理生化

覃姜薇等对海南文昌 66 个胡椒园 0～30 厘米的土壤样品进行测试分析；Yang BZ 等研究了钙离子（Ca^+）对减缓水分胁迫下胡椒伤害的影响。李志刚等以胡椒实生苗为研究对象，探讨土壤水分对胡椒生长和叶片活性氧代谢的影响；鱼欢等发明公开了一种胡椒的施肥方法，该方法通过调整在胡椒一个结果周期内的施肥方案，配合滴灌技术，以适合于胡椒的水肥一体化技术；Zu C 等通过对黑胡椒不同生长阶段遮阴处理调节花序数量；Li ZG 等研究了连作 12 年、18 年、28 年和 38 年的胡椒园土壤根际和非根际微生物群落变化、理化性质及其对胡椒生长的影响。萧自位等对德宏单一胡椒栽培和橡胶+胡椒复合栽培两种模式的冬季寒害情况进行调查。鱼欢等以胡椒热引 1 号插条苗为材料，采用盆栽试验研究不同施氮量对胡椒叶片 SPAD 值、干物质积累量、根系生长及花穗抽生情况的影响。祖超等在海南胡椒园间作槟榔优势区开展 4 种间作模式与单作胡椒园小气候因子对产量影响的为期 4 年的试验，研究不同间作密度下，对胡椒灌浆期叶片光合作用参数、每日最高和最低气温、不同深度土层土壤温度和含水量，分析胡椒园间作槟榔体系小气候因子对胡椒产量的影响。中国热带农业科学院香料饮料研究所的郝朝运等发明公开一种抗瘟病胡椒种苗的繁育方法。胡丽松等发明公开一种以外种皮为外植体获得胡椒体细胞胚胎的方法。王灿等发明公开一种胡椒的施肥方法。李志刚等从土壤物理、化学、生物学角度分析了胡椒连作障碍的形成机理。李志刚等选取连作 12 年、18 年、28 年和 38 年的胡椒园，测定土壤、根系和叶片中 Ca、Mg、B、Zn、Fe、Mn 等中微量元素的全量含量，分析其随种植年限增加的变化规律，并探讨土壤中微量元素与胡椒产量、品质和土壤微生物区系的相关关系。杨建峰等采用盆栽试验，分析了 5 种磷源处理后胡椒与槟榔混作及二者单作下作物地上部和根系生长情况。祖超选用胡椒与槟榔种子苗为材料，比较胡椒与槟榔间作和二者单作条件下，胡椒与槟榔的根系形态、地上部和根系的养分浓度和含量、养分吸收和利用效率、地上部和根系生物量的差异。鱼欢等研究施氮量 0 克/盆、1 克/盆、2 克/盆、3 克/盆、4 克/盆共 5 个处理对胡椒叶片酸性转化酶（AI）活性、蔗糖合成酶（SS）活性、蔗糖磷酸合成酶（SPS）活性、可溶性糖、淀粉及氮含量的影响。王灿 等研究 1.5 年、2.5 年、8.0 年和 15.0 年不同树龄胡椒总根长和细根长水平分布特征并绘制了根系水平分布图。

（3）植物病理

Zhang C 等首次报道了在中国引起胡椒果实腐烂的梨形虫；Yao YP 等研究了用于控制中国胡椒疫霉病的木霉拮抗剂的靶向选择方法；Kang S 等研究了不同土壤种植的胡椒植物内生细菌的相同结构和拮抗活性；Zhang MJ 等从胡椒根际土壤中分离出对胡椒疫霉菌具有拮抗活性的菌株，研究其生物防治潜力和促进胡椒生长的能力；Xu SJ 等评估了多粘类芽孢杆菌菌株 SC09-21 对胡椒疫霉菌的防治效果，及其对胡椒植物生长的促进作用。桑立伟等采用生长速率法测定胡椒瘟病病原菌对 12 种生物农药和新型低毒化学农药的敏感性。Zheng Kuanyu 等对中国云南胡椒斑点病新菌株分离和鉴定。She X 等调查了中国广东的花椒黑斑病的发生。车海彦等调查海南胡椒花叶病发生及为害现状。高圣峰等研究枯草芽胞杆菌 VD18R19 在胡椒上的定殖动态及促生作用和对胡椒瘟病的防治效果。

（4）生物技术

Fan S 等分离了胡椒细胞质雄性不育中的柠檬酸合酶基因，并分析其生物学特性；Zhang JC 等对胡椒脱皮过程中微生物的种类及其基因功能进行鉴定。Wu B D 等利用 EST-SSR 标记确定黑胡椒种质资源的遗传多样性；范睿等研究了胡椒 PnNPR1 基因的克隆与表达分析；Hao CY 等对感染胡椒疫霉菌的胡椒进行转录组测序，并对敏感性和抗病性胡椒品种的苯丙烷代谢途径相关基因进行分析。张家超等发明公开了一种胡椒脱皮过程中关键微生物功能基因组的检测方法。Cheng Yuan 等通过对胡椒粉中 WRKY 基因家族的详细表达分析对果实成熟的调控结果进行了推测。王灿等研究了海南万宁 8 年、18 年和 28 年 3 种不同种植年限胡椒园土壤微生物群落功能多样性和群落结构变化。胡丽松等采用实时荧光定量 PCR 技术分析筛选胡椒内参基因。郝朝运等对胡椒种质资源描述标准及描述符进行归纳总结。Tai W S 等调查泰国东部胡椒和番茄的遗传多样性。

三、中国胡椒科技瓶颈、发展方向或趋势

1. 胡椒优良品种匮乏，种植品种单一

胡椒（*Piper nigrum* L.）属胡椒科（Piperaceae）胡椒属（Piper）多年生常绿藤本植物，是世界重要的热带香辛料作物。我国胡椒种质资源虽然比较丰富，具备优良性状的种质也有不少，但我国胡椒种质资源收集、保存、选育种等研究工作起步较晚，优良品种繁育技术水平比较落后，不仅栽培品种单一，高产与高抗等优良品种更是匮乏。胡椒种苗生产仍然还处于国外的胡椒植株插条继代繁殖获得，由于胡椒插条长期无性继代繁殖，植株产量、抗病、抗逆等农艺性状已退化，出现生长适应能力差、病虫为害严重、产量低等问题。

2. 胡椒种植集约化较低，技术标准执行困难

国家和科研工作者投入大量资金和精力，开展了胡椒产业技术研究与示范，着力于解决胡椒生产技术标准化。胡椒种植面积与产业整体规模和水平都取得了较大发展。然而，胡椒生产技术标准化的应用推广滞后于胡椒产业技术研究，胡椒科技成果集成示范推广缓慢，胡椒单位面积产量低和效益不稳定现状比较突出，生产形式仍然是分散种植，自主自营，栽培模式单一、集约化程度不高，标准化生产技术应用程度低。由于连作障碍，胡椒病虫害严重，加速了胡椒园老化。随着劳动力、生产物资等成本的提高，种植胡椒积极性受到影响。多年来，我国胡椒种植仍然是单一作物方式，而作物间种或套种已成为提高作物种植生产效益的有效栽培模式，以及出现咖啡、椰子、菠萝蜜等作物间种、套种胡椒，但由于对间种、套种模式规模小，胡椒与各作物间的配套技术研究不够深入，目前我国胡椒栽培模式单一，生产集约化程度不高，管理水平低，单位面积效益水平不高的现状仍未能改变。

3. 胡椒加工工艺传统，产品供需缺乏多样化

我国胡椒产业基础差，资源分散，初产品主要采用传统加工方法，多为作坊式加工，产品质量差。目前，胡椒初产品主要是白胡椒、黑胡椒、白胡椒粉及黑胡椒粉等产品，胡椒初加工机械的研究主要围绕初加工产品进行。由于海南胡椒产业存在的加工工艺落后、产品未形成品牌等短板，胡椒产品品质难以保障，大部分海南胡椒主要销往低端市场，国内市场也倾向于进口国外胡椒，胡椒产品大部分无法达到出口标准，国际市场份额比例低。由于产品质量档次低，国内大部胡椒加工企业对收购来的胡椒初产品仅是简单除杂质后转卖给国内食品企业，或当原料出口。大部分食品企业宁愿从国外进口胡椒再加工出口产品。目前，国内也有规模较大的胡椒加工企业，开展胡椒产品深加工，如胡椒碱、胡椒油、胡椒油树脂等，产品已开始进入市场，但规模还小，成本高、市场无法拓展。

四、中国胡椒科技发展需求

1. 创新利用种质资源

胡椒种质资源创新利用目的是加快繁育高产优质，抗病虫、抗风、抗旱、抗涝等适应性强的优良品种。近年来，印度、马来西亚等国在胡椒种质资源研究方面有所突破，其他胡椒主产国的相关报道很少。中国热带农业科学院香料饮料研究所是我国最早从事胡椒种质资源收集保存、鉴定价格与创新利用的科研所，引种并培育了一批胡椒栽培优良种质，包括热研 1 号、云选 1 号、班尼约尔 1 号、柬埔寨小叶种、73-F-5 等。目前建立有国家级胡椒种质资源圃，摸清了我国胡椒种质资源地理分布和区系特征，构建了胡椒种质资源描述规范、数据质量控制规范和数据标准，建立胡椒属植物 DNA 条形码，为我国胡椒种质资源保护、评价、创新利用和加快胡椒新品种繁育等提供了重要材料、数据和技术支撑。通过引进国外新品种、新技术、及新品种创新利用等途径提升胡椒种质资源创新研究水平，构建胡椒优良品种繁育产业技术体系，加快我国胡椒高产高抗等新品种培育，有望突破我国胡椒栽培品种单一现状。

2. 提高栽培模式

针对我国目前胡椒栽培模式单一，生产技术标准化的应用推广常滞后于胡椒产业技术研究，集约化生产程度低，病虫害生态生物防控技术落后，胡椒园连作障碍等问题，深入开展胡椒养分管理、水肥药一体化、病虫害安全高效防控等高效栽培模式创新技术研究，着力解决胡椒高效生产关键技术，加强"科研院所+公司+农户""科研院所+种植户""科研院所+农业合作社+农户"等科技示范推广应用，以提高胡椒种植的组织化程度，形成统一的生产、加工、销售的产业链。大力推广胡椒与槟榔、椰子、橡胶等作物间套种栽培模式，可以缓解充分利用水、土、光、热等资源，提高土地复种指数，具有资源节约、环境友好、经济高效、良性循环的特点，还能有效防控病虫害的发生流行，对提高胡椒生产经营水平、实现胡椒高产、优质、安全栽培，以提升我国胡椒生产性能。

3. 创新产品加工工艺

学习国外先进加工技术，加速科技成果转化通过产业化经营促进胡椒标准化生产的变革和可持续发展，不断提高胡椒科技成果的经济效益和社会效益。通过创新产品加工技术与工艺，发展胡椒产品精深加工产业，提高产品附加值。大力采用国际与国外的先进标准，完善和健全胡椒及相关产品的产品品质标准及农药残留限量标准，以适应国际贸易的需要，增强我国胡椒产业的竞争力。同时，推广应用产品质量安全追溯技术，建立胡椒种植、加工、销售等产品信息体系，保障胡椒产业可持续的发展。

参考文献

车海彦 . 2017. 海南胡椒花叶病发生及为害现状［A］. 中国植物病理学会 . 中国植物病理学会 2017 年学术年会论文集［C］. 中国植物病理学会：中国植物病理学

会：1.

陈晓龙，陈光静，柳中，等 . 2017. 海南黑、白胡椒有效成分的检测及其分析 [J].
　　中国调味品，42 （11）：98-102.

代鹏，袁霞，张鑫，等 . 2016-10-12. 一种控制吸油率的黑胡椒膨化型蚕豆及其制
　　备方法，安徽：CN105995567A [P].

邓浩，张容鹄，窦志浩，等 . 2017. 胡椒碱提取与纯化工艺的研究 [J]. 中国调味
　　品，42 （1）：122-127.

董景峰，谢海涛，谢来宾，等 . 2017-01-25. 一种从胡椒中提取榄香素的方法
　　[P]. 广东：CN106349028A.

范睿，郝朝运，胡丽松，等 . 2016. 胡椒 PnNPR1 基因的克隆与表达分析 [J]. 热
　　带作物学报，37 （7）：1318-1324.

范睿，胡丽松，伍宝朵，等 . 2018. 胡椒 PnNPR2 基因的克隆 [J]. 热带作物学报，
　　39 （10）：1983-1989.

房一明，吴桂苹，谭乐和，等 . 2017. 不同处理方式对胡椒精油组成及含量的影响
　　[J]. 中国食品学报，17 （7）：109-118.

苟亚峰，孙世伟，高圣风，等 . 2018. 假连翘提取物对胡椒瘟病菌抑菌活性测定
　　[J]. 热带农业科学，38 （9）：49-52.

谷风林，吴桂苹，杨继敏，等 . 2016-02-03. 一种胡椒鲜果调味酱及其制备方法，
　　海南：CN105285935A [P].

郝朝运，胡丽松，黄大雄，等 . 2017-05-10. 一种抗瘟病胡椒种苗的繁育方法，海
　　南：CN106613484A [P].

郝朝运，邬华松，范睿，等 . 2017. 我国胡椒种质资源描述符研究与应用 [J]. 中
　　国热带农业 （5）：4-8.

胡红宇 . 2018-11-23. 胡椒磨 （KSD-22），浙江：CN304906980S [P].

胡丽松，范睿，伍宝朵，等 . 2017-06-13. 一种以外种皮为外植体获得胡椒体细胞
　　胚胎的方法，海南：CN106818485A [P].

胡丽松，范睿，伍宝朵，等 . 2017. 胡椒实时荧光定量 PCR 内参基因的筛选 [J].
　　热带作物学报，38 （10）：1901-1906.

黄菲菲，谷风林，吴桂苹，等 . 2017. 不同加工方式黑胡椒产品风味品质分析 [J].
　　热带作物学报，38 （7）：1359-1364.

黄永乐 . 2017-12-01. 一种黑胡椒酱及其制备方法，广东：CN107411032A [P].

李鑫，史金儒，羊梦诗，等 . 2016. 胡椒生物碱提取、几何结构以及红外光谱的研
　　究 [J]. 光谱学与光谱分析，36 （7）：2082-2088.

李志刚，王灿，杨建峰，等 . 2017. 连作对胡椒园土壤和植株中微量元素含量的影
　　响及相关特征分析 [J]. 热带作物学报，38 （12）：2215-2220.

刘雪松，栾连军，沈晓丹，等 . 2017-11-24. 一种胡椒配方颗粒的制备方法，河
　　南：CN107375445A [P].

穆晗雪，惠阳，林婧，等 . 2017. 不同方法提取胡椒花挥发油气质联用成分分析

[J]. 广州化工，45（3）：72-74.

聂剑斌．2016-08-10．一种电动胡椒碾磨器，湖北：CN105832190A［P］.

疏奇，张燕．2016．湿胡椒脱粒去皮机的设计［J］．食品与机械，32（2）：91-93，127.

覃姜薇，唐群锋，曹启民，等．2016．海南文昌胡椒园土壤养分现状分析［J］．热带农业科学，36（5）：13-16，27.

田百玉，白凤新．2016-02-24．一种黑胡椒自动生产装置，江苏：CN105341859A［P］.

汪晓琳．2017．黑胡椒中胡椒碱的提取及抗氧化性研究［J］．中国调味品，42（9）：51-54.

王灿，李志刚，杨建峰，等．2017．胡椒连作对土壤微生物群落功能多样性与群落结构的影响［J］．热带作物学报，38（7）：1235-1242.

王灿，李志刚，杨建峰，等．2017．基于地统计学分析的不同树龄胡椒根系水平分布特征［J］．热带作物学报，38（11）：2021-2027.

王灿，李志刚，祖超，等．2017-09-05．一种胡椒的施肥方法，海南：CN107124949A［P］.

王金辉，黄健，张瑾．2016-10-05．白胡椒抗肿瘤提取物及其组合物的制备方法和医药应用，辽宁：CN105982968A［P］.

王梦杰，刘四新，陈海明，等．2016．胡椒固态发酵脱皮过程中果胶的降解［J］．食品与机械，32（4）：14-18.

王晓．2017-09-15．一种胡椒薏米饼加工方法，江苏：CN107156226A［P］.

吴桂苹，黄菲菲，李恒，等．2016．胡椒总多酚的提取及其抗氧化活性研究［J］．农学学报，6（11）：67-74.

吴明峰．2017-04-05．胡椒研磨器，台湾：CN106551635A［P］.

萧自位，张洪波，田素梅，等．2017．云南德宏地区两种胡椒栽培模式寒害研究［J］．热带农业科技，40（2）：15-17.

辛松林，张振宇，徐向波，等．2017．川秋葵果胶对黑胡椒汁、马乃司及面团品质的影响［J］．食品工业，38（7）：41-45.

辛颖，史燕妮，朱宏涛，等．2016．胡椒酰胺类生物碱的核磁共振谱学特征［J］．天然产物研究与开发，28（8）：1181-1191，1180.

许敏，韩佳欣，向彩朋，等．2017-07-21．胡椒属植物精油的用途，云南：CN106963820A［P］.

杨继敏，朱科学，谷风林，等．2016．不同热烫处理方式对胡椒成分及香气物质的影响［J］．农产品加工（6）：41-47.

杨继敏，朱科学，谷风林，等．2016．油炸处理对胡椒鲜果中精油成分的影响［J］．农学学报，6（6）：36-44.

杨建峰，祖超，王灿，等．2017．不同磷源对胡椒与槟榔混作生长影响的研究［J］．中国热带农业（6）：46-50，53.

杨明南 . 2018-03-02. 电动重力感应胡椒磨, 浙江: CN207055387U [P].

杨玉坤, 邓勇 . 2017-04-19. 一种脱水青胡椒的干燥方法, 重庆: CN106561794A [P].

杨玉坤, 邓勇 . 2017-04-19. 一种盐水青胡椒的制备方法, 重庆: CN106562382A [P].

余天意, 朱圆敏, 白云, 等 . 2017-07-28. 一种胡椒鲜果生物脱皮制备白胡椒的方法, 湖北: CN106987534A [P].

鱼欢, 王灿, 李志刚, 等 . 2017. 不同施氮量对幼龄胡椒叶片碳代谢的影响 [J]. 热带作物学报, 38 (10): 1784-1789.

鱼欢, 邢诒彰, 王灿, 等 . 2018. 不同氮肥施用量对胡椒生长及花穗的影响 [J]. 热带作物学报, 39 (3): 438-442.

鱼欢, 祖超, 王灿, 等 . 2016-04-06. 一种胡椒的施肥方法, 海南: CN105453785A [P].

张家超, 霍冬雪, 李从发, 等 . 2017-02-22. 一种胡椒脱皮过程中关键微生物功能基因组的检测方法, 海南: CN106434914A [P].

张杰, 刘德要, 刘婷, 等 . 2016-10-12. 一种治疗小儿腹泻的中药组合物及其制备方法, 山东: CN105998454A [P].

张万年, 付雪艳, 张元斌, 等 . 2017-07-04. 基于胡椒和荜拔的治疗脑缺血活性部位药物及制备方法, 宁夏: CN106913628A [P].

张园, 韦丽娇, 邓怡国, 等 . 2018-11-13. 一种胡椒鲜果脱皮机及其磨皮工艺方法, 广东: CN108783487A [P].

赵伯涛, 黄晓德, 郑慧华, 等 . 2016-07-20. 一种白胡椒加工新方法, 江苏: CN105768029A [P].

赵丹丹, 陈盛余, 凌绍明, 等 . 2017. 胡椒黄酮的提取及其抗氧化性研究 [J]. 食品研究与开发, 38 (13): 59-62.

赵贤武, 黄丽平, 邓敏贞, 等 . 2017. 高良姜、胡椒和槟榔有效成分对岗田酸诱导 p-tau 细胞模型的作用研究 [J]. 中医学报, 32 (11): 2176-2180.

郑福新 . 2016-10-26. 胡椒研磨器 (PM#007), 广东: CN303899223S [P].

周雪敏, 朱科学, 杨继敏, 等 . 2016. 超临界法萃取的黑胡椒油树脂成分分析 [J]. 热带农业科学, 36 (2): 54-58, 82.

祖超, 李志刚, 王灿, 等 . 2017. 胡椒与槟榔间作对群体养分吸收利用的影响 [J]. 热带作物学报, 38 (11): 2014-2020.

Agisha V N, Eapen S J, Monica V, et al. 2017. Plant endophytic Pseudomonas putida BP25 induces expression of defense genes in black pepper roots: Deciphering through suppression subtractive hybridization analysis [J]. Physiological and Molecular Plant Pathology, 100: 106-116.

Ahmad N, Abbasi B H, Fazal H. 2016. Effect of different in vitro culture extracts of black pepper (Piper nigrum L.) on toxic metabolites-producing strains [J]. Toxicology and industrial health, 32 (3): 500-506.

Alam P. 2017. Stress-induced analysis of piperine variability in different marketed black pepper powders and seeds by a validated high-performance thin-layer chromatography method [J]. JPC - Journal of Planar Chromatography - Modern TLC, 30 (4): 251-258.

Asha S, Soniya E V. 2017. The sRNAome mining revealed existence of unique signature small RNAs derived from 5.8 SrRNA from *Piper nigrum* and other plant lineages [J]. Scientific reports, 7: 41052.

Biju C N, Ravindran P, Peeran M F, *et al.* 2017. Significance of Microsclerotia in the Epidemiology of Black Pepper Anthracnose and an Approach for Disease Management in Nurseries [J]. Journal of Phytopathology, 165 (5): 342-353.

Cheng Y, Ahammed G J, Yu J, *et al.* 2017. Corrigendum: Putative WRKYs associated with regulation of fruit ripening revealed by detailed expression analysis of the WRKY gene family in pepper [J]. Scientific Reports, 7: 43498.

da Luz S F M, Yamaguchi L F, Kato M J, *et al.* 2017. Secondary Metabolic Profiles of Two Cultivars of *Piper nigrum* (Black Pepper) Resulting from Infection by Fusarium solani f. sp. piperis [J]. International journal of molecular sciences, 18 (12): 2434.

Dawkins K, Esiobu N. 2017. Arbuscular and ectomycorrhizal Fungi associated with the invasive Brazilian pepper tree (Schinus terebinthifolius) and two native plants in South Florida [J]. Frontiers in microbiology, 8: 665.

de Castro G L S, de Lemos O F, Tremacoldi C R, *et al.* 2016. Susceptibility of in vitro black pepper plant to the filtrate from a Fusarium solani f. sp. piperis culture [J]. Plant Cell, Tissue and Organ Culture (PCTOC), 127 (1): 263-268.

Deng Y, Sriwiriyajan S, Tedasen A, *et al.* 2016. Anti-cancer effects of Piper nigrum via inducing multiple molecular signaling in vivo and in vitro [J]. Journal of ethnopharmacology, 188: 87-95.

Dutta S, Bhattacharjee P. 2017. Nanoliposomal encapsulates of piperine - rich black pepper extract obtained by enzyme-assisted supercritical carbon dioxide extraction [J]. Journal of Food Engineering, 201: 49-56.

Firdos A, Tariq A R, Imran M, *et al.* 2017. Antioxidant potential of black pepper extract for the stabilization of sunflower oil [J]. Bulgarian chemical communications, 49 (1): 31-33.

Fulton J, Harmon C L, Turner S, *et al.* 2017. "I heard it through the grapevine": Assessing effects of information diffusion on disease recognition and response within the Florida pepper industry [C] //PHYTOPATHOLOGY. 3340 PILOT KNOB ROAD, ST PAUL, MN 55121 USA: AMER PHYTOPATHOLOGICAL SOC, 107 (12): 8-8.

George K J, Malik N, Kumar I P V, *et al.* 2017. Gene expression analysis in drought tolerant and susceptible black pepper (*Piper nigrum* L.) in response to water deficit stress [J]. Acta physiologiae plantarum, 39 (4): 104.

Gorgani L, Mohammadi M, Najafpour G D, et al. 2017. Sequential Microwave – Ultrasound–Assisted Extraction for Isolation of Piperine from Black Pepper (*Piper nigrum* L.) [J]. Food and Bioprocess Technology, 10 (12): 2199–2207.

Hao C, Xia Z, Fan R, et al. 2016. De novo transcriptome sequencing of black pepper (*Piper nigrum* L.) and an analysis of genes involved in phenylpropanoid metabolism in response to Phytophthora capsici [J]. BMC genomics, 17 (1): 822.

Hong J H, Chen H J, Xiang S J, et al. 2018. Capsaicin reverses the inhibitory effect of licochalcone A/β–Arbutin on tyrosinase expression in b16 mouse melanoma cells [J]. Pharmacognosy magazine, 14 (53): 110.

Huang K S, Tai C H, Cheng Y H, et al. 2017. Complete nucleotide sequences of M and L RNAs from a new pepper–infecting tospovirus, Pepper chlorotic spot virus [J]. Archives of virology, 162 (7): 2109–2113.

Hwang K S, Kim Y K, Park K W, et al. 2017. Piperolein B and piperchabamide D isolated from black pepper (*Piper nigrum* L.) as larvicidal compounds against the diamondback moth (Plutella xylostella) [J]. Pest management science, 73 (8): 1564–1567.

Jeevitha G C, Sowbhagya H B, Hebbar H U. 2016. Application of microwaves for microbial load reduction in black pepper (*Piper nigrum* L.) [J]. Journal of the Science of Food and Agriculture, 96 (12): 4243–4249.

KANG S M O, HAMAYUN M, WAQAS M, et al. 2016. Burkholderia sp. KCTC 11096BP modulates pepper growth and resistance against Phytophthora capsici [J]. Pak. J. Bot, 48 (5): 1965–1970.

Karthikeyan P, Vasuki S. 2016. Efficient decision based algorithm for the removal of high density salt and pepper noise in images [J]. Journal of Communications Technology and Electronics, 61 (8): 963–970.

Li Z, Zu C, Wang C, et al. 2016. Different responses of rhizosphere and non – rhizosphere soil microbial communities to consecutive *Piper nigrum* L. monoculture [J]. Scientific reports, 6: 35825.

Lim C W, Hong E, Bae Y, et al. 2018. The pepper dehydration–responsive homeobox 1, CaDRHB1, plays a positive role in the dehydration response [J]. Environmental and Experimental Botany, 147: 104–115.

Mahadevan C, Krishnan A, Saraswathy G G, et al. 2016. Transcriptome – Assisted Label– Free Quantitative Proteomics Analysis Reveals Novel Insights into Piper nigrum—Phytophthora capsici Phytopathosystem [J]. Frontiers in plant science, 7: 785.

Malo I, De Bastiani M, Arevalo P, et al. 2017. Natural extracts from pepper, wild rue and clove can activate defenses against pathogens in tomato plants [J]. European journal of plant pathology, 149 (1): 89-101.

Martinelli L, Rosa J M, Ferreira C S B, *et al.* 2017. Antimicrobial activity and chemical constituents of essential oils and oleoresins extracted from eight pepper species [J]. Ciência Rural, 47 (5) .1-7.

Moosavi-Nasab M, Jamalian J, Heshmati H, *et al.* 2018. The inhibitory potential of Zataria multiflora and Syzygium aromaticum essential oil on growth and aflatoxin production by Aspergillus flavus in culture media and Iranian white cheese [J]. Food science & nutrition, 6 (2): 318-324.

Moosavi-Nasab M, Shad E, Ziaee E, *et al.* 2016. Biodegradable chitosan coating incorporated with black pepper essential oil for shelf life extension of common carp (Cyprinus carpio) during refrigerated storage [J]. Journal of food protection, 79 (6): 986-993.

Moreira E C O, Pinheiro D G, Gordo S M C, *et al.* 2017. Transcriptional profiling by RNA sequencing of black pepper (*Piper nigrum* L.) roots infected by Fusarium solani f. sp. piperis [J]. Acta Physiologiae Plantarum, 39 (10): 239.

Okmen G, Vurkun M, Arslan A, *et al.* 2017. The Antibacterial Activities of Piper nigrum L. Against Mastitis Pathogens and its Antioxidant Activities [J]. INDIAN JOURNAL OF PHARMACEUTICAL EDUCATION AND RESEARCH, 51 (3): S170-S175.

Olalere O A, Abdurahman H N, Yunus R M, *et al.* 2018. Parameter study, antioxidant activities, morphological and functional characteristics in microwave extraction of medicinal oleoresins from black and white pepper [J]. Journal of Taibah University for Science, 12 (6): 730-737.

Osdaghi E, Taghavi S M, Hamzehzarghani H, *et al.* 2017. Monitoring the occurrence of tomato bacterial spot and range of the causal agent Xanthomonas perforans in Iran [J]. Plant Pathology, 66 (6): 990-1002.

Ozkaya H O, Ergun T. 2017. The effects of allium tuncelianum extract on some important pathogens and total phenolic compounds in tomato and pepper [J]. Pakistan Journal Of Botany, 49 (6): 2483-2490.

Pacheco F V, de Paula Avelar R, Alvarenga I C A, *et al.* 2016. Essential oil of monkey-pepper (*Piper aduncum* L.) cultivated under different light environments [J]. Industrial Crops and Products, 85: 251-257.

Park C, Lim C W, Lee S C. 2016. The pepper CaOSR1 protein regulates the osmotic stress response via abscisic acid signaling [J]. Frontiers in plant science, 7: 890.

Park M S, Zhu Y X, Pae H O, *et al.* 2016. In Vitro and In Vivoα-Glucosidase and α-Amylase Inhibitory Effects of the Water Extract of Leaves of Pepper (*Capcicum Annuum* L. Cultivar Dangjo) and the Active Constituent Luteolin 7-O-Glucoside [J]. Journal of Food Biochemistry, 40 (5): 696-703.

Rakmai J, Cheirsilp B, Mejuto J C, et al. 2017. Physico-chemical characterization and evaluation of bio-efficacies of black pepper essential oil encapsulated in hydroxypropyl-beta-cyclodextrin [J]. Food hydrocolloids, 65: 157-164.

Rodríguez-Ruiz M, Mateos R M, Codesido V, et al. 2017. Characterization of the galactono-1, 4-lactone dehydrogenase from pepper fruits and its modulation in the ascorbate biosynthesis. Role of nitric oxide [J]. Redox biology, 12: 171-181.

Rosiles-González G, Ávila-Torres G, Moreno-Valenzuela O A, et al. 2017. Occurrence of pepper mild mottle virus (PMMoV) in groundwater from a karst aquifer system in the Yucatan Peninsula, Mexico [J]. Food and environmental virology, 9 (4): 487-497.

Samuel M, Oliver S V, Coetzee M, et al. 2016. The larvicidal effects of black pepper (Piper nigrum L.) and piperine against insecticide resistant and susceptible strains of Anopheles malaria vector mosquitoes [J]. Parasites & vectors, 9 (1): 238.

Sasi S, Bhat A I. 2018. In vitro elimination of Piper yellow mottle virus from infected black pepper through somatic embryogenesis and meristem-tip culture [J]. Crop Protection, 103: 39-45.

Sen S, Gode A, Ramanujam S, et al. 2016. Modeling the impact of climate change on wild Piper nigrum (Black Pepper) in Western Ghats, India using ecological niche models [J]. Journal of plant research, 129 (6): 1033-1040.

Shi F, Ming-hua D. 2016. Isolation and characterization of citrate synthase gene CaCTS in pepper cytoplasmic male sterility [J]. Research journal of biotechnology, 11 (10): 9-15.

Tsai W S, Shen L T. 2017. Genetic diversity of pepper and tomato-infecting begomoviruses in Eastern Thailand [C] //Phytopathology. 3340 Pilot Knob Road, ST PAUL, MN 55121 USA: Amer PhytoPAthological SOC, 107 (12): 141-141.

Umadevi P, Soumya M, George J K, et al. 2018. Proteomics assisted profiling of antimicrobial peptide signatures from black pepper (Piper nigrum L.) [J]. Physiology and Molecular Biology of Plants, 24 (3): 379-387.

Veloso J, Alabouvette C, Olivain C, et al. 2016. Modes of action of the protective strain Fo47 in controlling verticillium wilt of pepper [J]. Plant Pathology, 65 (6): 997-1007.

Verma V M. 2018. Micropropagation and Sustainable Commercial Cultivation of Black Pepper [C] //In Vitro Cellular & Developmental Biology-Animal. 233 SPRING ST, NEW YORK, NY 10013 USA: SPRINGER, 54: S57-S58.

Vijayakumari K, Puthur J T. 2016. γ-Aminobutyric acid (GABA) priming enhances the osmotic stress tolerance in Piper nigrum Linn. plants subjected to PEG-induced stress [J]. Plant growth regulation, 78 (1): 57-67.

Wu B D, Fan R, Hu L S, et al. 2016. Genetic diversity in the germplasm of black pepper determined by EST−SSR markers [J]. markers, 1 (2): 3.

Wu X Y, Zhu S P, Huang H, *et al.* 2017. Quantitative Identification of Adulterated Sichuan Pepper Powder by Near−Infrared Spectroscopy Coupled with Chemometrics [J]. Journal of Food Quality: 1−7.

Yao Y, Li Y, Huang Z, *et al.* 2016. Targeted selection of Trichoderma antagonists for control of pepper Phytophthora blight in China [J]. Journal of Plant Diseases and Protection, 123 (5): 215−223.

Yu G W, Cheng Q, Nie J, *et al.* 2017. DES−based microwave hydrodistillation coupled with GC−MS for analysis of essential oil from black pepper (*Piper nigrum*) and white pepper [J]. Analytical Methods, 9 (48): 6777−6784.

Zhang C, Wang W Z, Diao Y Z, *et al.* 2016. First report of fruit decay on pepper caused by Diaporthe actinidiae in China [J]. Plant Disease, 100 (8): 1778−1778.

Zhang J, Hu Q, Xu C, *et al.* 2016. Key Microbiota Identification Using Functional Gene Analysis during Pepper (*Piper nigrum* L.) Peeling [J]. PloS one, 11 (10): e0165206.

Zhang J, Jia S P, Yang C X, *et al.* 2015. Detection and molecular characterization of three Begomoviruses associated with yellow vein disease of Eclipta Prostrata in Fujian, China [J]. Journal of plant pathology: 161−165.

Zhang M L, Huang D K, Cao Z, *et al.* 2015. Determination of trace nitrite in pickled food with a nano−composite electrode by electrodepositing ZnO and Pt nanoparticles on MWCNTs substrate [J]. LWT−Food Science and Technology, 64 (2): 663−670.

Zu C, Wu G, Li Z, *et al.* 2016. Regulation of Black Pepper Inflorescence Quantity by Shading at Different Growth Stages [J]. Photochemistry and photobiology, 92 (4): 579−586.

第十五章 基于文献计量角度的主要热带作物研究进展

掌握科研进展和动态，洞察科研动向对科学研究者的科研工作具有重大的意义。文献是贯穿于整个科研过程且反映科研能力的重要因素。文献计量学，借助文献的各种特征参数，采用数学、统计学等计量方法研究文献情报的分布结构、数量关系、变化规律，从而评价和预测科学技术的现状与发展趋势。随着文献计量分析软件的兴起，文献计量学常常与知识图谱分析技术一起被用来预测研究领域的发展趋势，探究学科之间的相互影响关系，挖掘研究领域的前沿与热点，对研究领域的学者做出评价，或从某些关键期刊的刊文情况分析学科发展的特点与趋势。因此，通过文献计量分析，我们可以较为准确地梳理出研究领域的发展历史，定位出该领域影响力大的文献与著者，并发现最新的研究热点与方向。

热带作物是热带地区的栽培植物，是适于热带地区栽培的各类经济作物的总称，是中国农业作物的重要组成部分。国内外主要热带经济作物有：木薯、澳洲坚果、椰子、香草兰、咖啡、槟榔、香蕉、荔枝、菠萝、芒果等。近年来，热带作物一直是我国热区研究重点，随着科学研究的发展，热带作物的相关研究日益引起广泛关注，准确把握其学术动态、研究热点及发展趋势等，对于推动该领域的深入研究具有重要意义。

面对热带作物研究多学科交叉的海量研究文献，定量与定性相结合的文献计量分析可以对研究领域进行更加全面、精准的分析。鉴于此，本文针对国内外学术界对热带作物的研究，以 Web of Science 数据库为文献来源，选用文献计量分析法，通过文献计量工具 CiteSpace，对 2009—2018 年 Web of Science 核心合集数据库中收录的热带作物相关文献进行全面梳理，旨在清晰、直观地展示该研究领域的研究概况、热点趋势，为学科领域发展态势的研究提供有力的支撑，为未来的热带作物研究提供有益的参考及启示。

一、文献计量分析工具介绍

文献计量学是信息计量学的一个分支，在对科学文献定量分析的基础上，了解一个研究领域的新兴趋势以及知识结构。科学知识图谱，是显示科学知识的发展进程与结构关系的一种图形。许多科学图谱技术均起源于共引分析，并利用文献共引进行网络分析与描述知识结构。目前，被普遍应用的分析软件主要有 Pajek、Bibexcel、VOSviewer UCINET、Bibexcel、Gephi、HistCite、CiteSpace 等。大部分是由国外构研发，只有 Bibexcel 和 Citespace 可以通过格式转化来实现对中文文献的处理。其中，Citespace 分析功能强大，有专门的研发团队提升软件功能，且供研究者免费使用。

知识图谱可视化是国内外广泛应用于对某特定研究领域进行解释和预见的文献计量工具，是评价科学研究水平的有效手段，其结果能很好地反映该领域的最新研究概况和进展。知识图谱是将统计学、应用数学、计算机科学、信息科学、文献计量学等学科的理论与方法相结合，用可视化的技术来分析及展示数据之间的关系，将研究领域的发展历程、研究现状及整体知识框架以图像的形式表达出来，尤其在对数量庞大的数据进行挖掘方面具有优势。

Citespace 是由美籍华人学者陈超美教授开发的基于 Java 程序的一款科学文献数据挖掘和可视化分析软件。该软件可通过对关键词、主题、作者、机构、被引文献、被引作者、被引期刊等学科信息的抽取和分析，挖掘其隐含信息并借助可视化知识图谱直观呈现相关信息和信息实体间的相互关联，通过相关信息的汇聚情况，显示一个学科或知识领域在一定时期发展的趋势与动向，了解和预测研究热点、前沿、交叉学科和未知领域，全面揭示该领域科学知识的发展状况。在信息与知识传播、情报学、图书馆学等诸多领域的应用日益普及。CiteSpace 提供了三种可视化图谱方式，其中默认的是聚类视图（cluster），它侧重于体现聚类间的结构特征，突出关键节点及重要连接，时间线视图（Timeline）侧重于勾画聚类之间的关系和某个聚类中文献的历史跨度，时区视图（timezone）是另一种侧重于从时间维度上来表示知识演进的视图，它可以清晰地展示出文献的更新和相互影响。

研究热点是某一领域的科研人员在一定时期内的关注重点，表现为与某一领域相关的关键词反复出现。关键词是对文献内容的精练与高度概括，对整个领域的高频关键词进行分析，可探究该领域的研究热点与前沿。关键词共现分析是揭示和研究关注点之间网络关系的重要方法之一，某一研究领域文献关键词共现关系图，是分析该领域研究热点和前沿的重要依据。在该类图中，每个节点代表一个关键词，如果两个关键词在同一篇文献中出现，则这两个节点之间就存在一条边（连线），边的权重等于两个关键词共现的次数。据此一组文献中的关键词共现关系就形成了以关键词为节点，以共现关系为边的网络图。其中节点大小代表关键词的词频（即包含该关键词的文献数量），节点以树的年轮形式表示该关键词在不同时段的演化规律。其中每一圈年轮的宽窄代表某一年该关键词出现的频次，年轮从里到外代表时间从远到近。

二、数据来源与研究方法（数据采集与处理）

1. 数据来源

文献数据来源于美国 Thomson Scientific 集团开发的 Web of Science 平台，该平台收录学科齐全，所收录的引文数据质量较高，是国际上最重要、最有学术权威性的引文信息源。

在 Web of Science 平台，我们围绕十二种主要热带作物英文名称为主题，时间跨度选择 2009—2018 年，文献类型选择 article，对英文文献进行检索（数据获取时间为 2018 年 1 月 16 日）。把检索到的文献按照被引频次降序排列，以全记录格式将检索结果保存为纯文本文件，在检索页面中选择"保存为其他文件格式"，记录内容选择"全记录与引用文献"，文件格式选择"纯文本"，以获得了我们进行文献计量分析所需的原始数据。将从 Web of Science 平台导出的原始数据导入 CiteSpace 进行统计处理和分析。

2. 研究方法

采用文献计量学的方法，通过定量与定性相结合，更加全面、精准地分析热带作物研究领域。科学计量可以对研究领域在某一时期的基本研究概况（科研主体的研究工作，以及学术出版物，包括著作、期刊、论文、专利等）、研究热点和发展趋势作出较为科学的评价。首先，用 Web of Science 数据库本身的统计功能分析近 10 年来热带作物论文数量、涉及学科、期刊分布、研究人员等，将收集到的文献的发表时间、期刊、来源国、作者等进行描述性统计分析，分别得到热带作物研究成果的时间分布、主要来源期刊、来源国、主要代表人物等，对热带作物研究领域进行整体上的概括；其次，借助运用文献计量软件 Citespace 对热带作物研究领域在该时期研究热点和发展趋势进行可视化分析，总结和梳理近 10 年间热带作物研究的发展状况。由于不同学科特点不同，研究课题的范围大小不一，当前对文献的科学计量还未形成公认的标准与方法，加上本文的研究样本仍具有一定局限性，因此，文献的计量分析方法只能体现热带作物研究领域的总体框架和基本情况。

三、主要热带作物研究进展

1. 橡胶

检索条件是：标题为 rubber 或 *Hevea brasiliensis*，时间段为"2009—2018"年，语种为英语，文献类型为论文，共检索得 10 258 篇论文。

（1）橡胶研究概况

统计分析发现，从橡胶研究总体趋势看，每年发表的相关文章数量不断攀升，短短十年时间累计的发文量 10 258 篇（图 15-1）。发文数量的时间变化可以反映研究领域的发展速度，因此，橡胶作为能源植物受到国内外研究者的高度重视。橡胶研究论文主要发表在《JOURNAL OF APPLIED POLYMER SCIENCE》《CONSTRUCTION AND BUILDING MATERIALS》《POLYMER TESTING》《RUBBER CHEMISTRY AND TECHNOLOGY》《KGK KAUTSCHUK GUMMI KUNSTSTOFFE》等期刊上（图 15-2）。从研究的地域影响力来看，目前橡胶研究最具影响力的国家是中国（Recs = 2 864），且研究成果尤为显著——不但研究成果丰硕，且被引用频次多、影响力大。橡胶研究成果数量排名前 10 位的国家如图 15-3 所示。在研究机构方面，泰国宋卡王子大学在文献发表数量方面领先于其他研究机构，马来西亚理科大学位居第二，但是总体上，橡胶研究力量集中在中国（图 15-4）。根据作者指标 LCS（本地被引频次数）结果可以看出，作者 Heinrich G、Zhang LQ、Ismail H 等人在当前橡胶研究领域处于领导地位（表 15-1）。

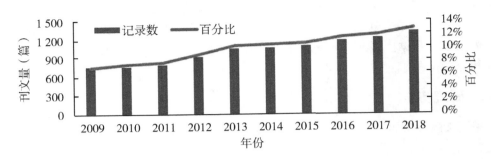

图 15-1　橡胶研究文章的刊文量（2009—2018）

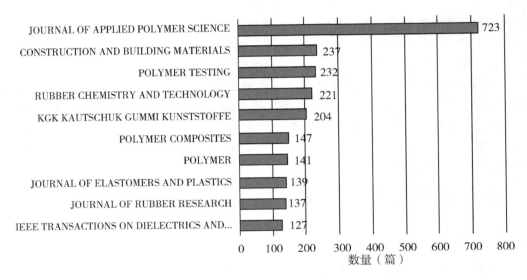

图 15-2　2003—2018 年橡胶研究论文在期刊中的分布

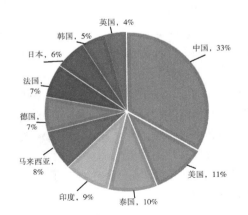

Country	Recs	TLCS	TGCS
中国	2 864	7 708	23 733
美国	903	2 307	10 705
泰国	830	2 735	6 671
印度	774	2 324	8 499
马来西亚	700	1 665	5 887
德国	607	2 202	7 541
法国	584	2 242	7 806
日本	523	1 067	3 852
韩国	404	882	3 708
英国	398	1 148	4 328

图 15-3　橡胶研究论文主要来源国成果

注：RECS 代表发表数量，TLCS 代表本地引用量，TGCS 代表全球引用量。

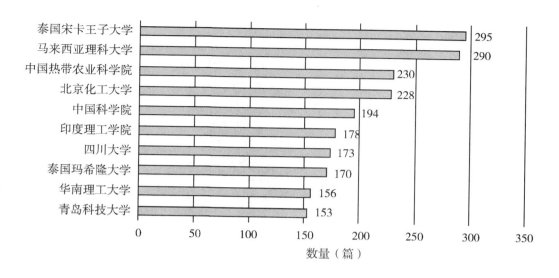

图 15-4 橡胶研究主要机构分布及各机构发文量

表 15-1 作者指标根据 LCS 指数排序处于前 10 位统计者

序号	作者	记录数	TLCS	TGCS
1	Heinrich G	110	819	1 997
2	Zhang LQ	155	627	1 642
3	Ismail H	175	589	1 504
4	Das A	62	584	1 428
5	Huang GS	58	445	923
6	Jia DM	70	421	989
7	Thomas S	74	385	1 246
8	Nakason C	83	340	589
9	Zhang Y	73	225	815
10	Kawahara S	58	154	237

(2) 橡胶研究热点

通过 CiteSpace 分析，10 258 篇橡胶文献的关键词可视化结果图共有 107 个节点和 310 条连线，模板值（Modularity Q，简称 Q 值）为 0.43，平均轮廓值（Mean Silhouette，简称 S 值）为 0.62，表明该图谱的聚类效果是良好的（详见图 15-5）。根据图 5 析出的橡胶研究前 15 位高频关键词，得出表 15-2。根据图 15-5 和表 15-2，可以探测出近 10 年橡胶研究领域主要围绕天然橡胶展开关于机械性能（mechanical property）、复合材料（composite）、纳米复合材料（nanocomposite）、弹性体（elastomer）、聚合物（polymer）、反应（behavior）的研究。

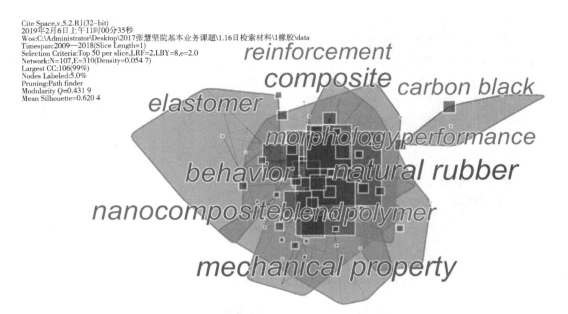

Cite Space,v.5.2.R1(32-bit)
2019年2月6日上午11时00分35秒
Wos:C:\Administrator\Desktop\2017张慧坚院基本业务课题\1.16日检索材料\1橡胶\data
Timespan:2009—2018(Slice Length=1)
Selection Criteria:Top 50 per slice,LRF=2,LBY=8,e=2.0
Network:N=107,E=310(Density=0.054 7)
Largest CC:106(99%)
Nodes Labeled:5.0%
Pruning:Path finder
Modularity Q=0.431 9
Mean Silhouette=0.620 4

图 15-5　橡胶研究关键词共现知识图谱

表 15-2　橡胶研究前 20 位高频关键词（按频次排序）

序号	频次	中心度	关键词	序号	频次	中心度	关键词
1	2 608	0.24	natural rubber	11	498	0.07	performance
2	2 010	0.28	mechanical property	12	487	0.02	carbon black
3	1 498	0.2	composite	13	442	0	filler
4	1 263	0.11	behavior	14	412	0.08	*hevea brasiliensis*
5	1 219	0.39	nanocomposite	15	383	0.01	silica
6	942	0.11	elastomer	16	382	0.16	latex
7	940	0.08	blend	17	378	0.11	temperature
8	753	0.08	morphology	18	354	0.05	silicone rubber
9	704	0.14	polymer	19	342	0.06	degradation
10	509	0.09	reinforcement	20	313	0.09	particle

2. 木薯

　　检索条件是：标题为 cassava 或 *Manihot esculenta*，时间段为"2009—2018"年，语种为英语，文献类型为论文，共检索得 2 254 篇论文。

（1）木薯研究概况

统计分析发现，从木薯研究总体趋势看，文献发表数量稳步上升（图15-6）。木薯研究论文主要发表在《STARCH STARKE》《CARBOHYDRATE POLYMERS》《PLOS ONE》《BIORESOURCE TECHNOLOGY》《AFRICAN JOURNAL OF BIOTECHNOLOGY》等期刊上（图15-7）。从研究的地域影响力来看，目前木薯研究较具影响力的国家是巴西（Recs＝466）、中国（Recs＝356），但是美国的研究成果被引用频次多，更具影响力。木薯研究成果数量排名前10位的国家如图15-8所示。在研究机构方面，国际热带农业研究所在文献发表数量方面领先于其他研究机构，中国热带农业科学院位居第二（图15-9）。根据作者指标 LCS（本地被引频次数）结果可以看出，作者 Ceballos H、Alicai T 等人在当前木薯研究领域处于领导地位（表15-3）。

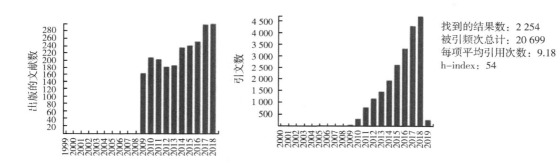

图 15-6　木薯研究文献及引文数量（2009—2018）

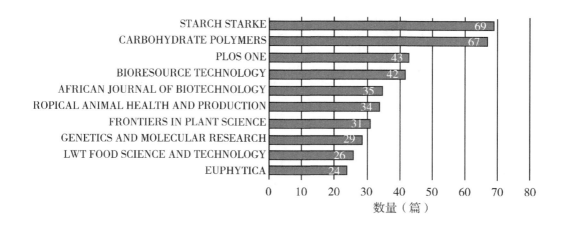

图 15-7　2003—2018 年橡胶研究论文在期刊中的分布

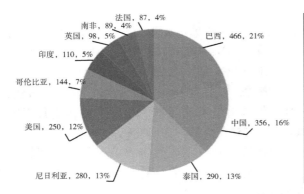

Country	Recs	TLCS	TGCS
巴西	466	606	3 696
中国	356	564	3 684
泰国	290	583	3 089
尼日利亚	280	513	1 822
美国	250	737	3 058
哥伦比亚	144	407	1 638
印度	110	130	651
英国	98	360	1 189
南非	89	224	571
法国	87	304	1 396

图 15-8　橡胶研究论文主要来源国成果

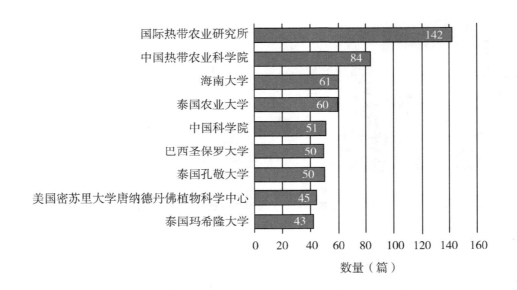

图 15-9　橡胶研究主要机构分布及各机构发文量

表 15-3　作者指标根据 LCS 指数排序处于前 10 位统计者

序号	作者	记录数	TLCS	TGCS
1	Ceballos H	37	212	629
2	Peng M	35	27	352
3	Wang WQ	32	38	368
4	de Oliveira EJ	26	16	78
5	Alicai T	23	255	561
6	Li KM	23	18	169
7	Dufour D	22	126	296

（续表）

序号	作者	记录数	TLCS	TGCS
8	Taylor NJ	22	95	285
9	Wanapat M	22	39	140
10	Zhang P	22	114	659

（2）木薯研究热点与前沿

通过 CiteSpace 分析，2 254篇木薯文献的关键词可视化结果图共有 214 个节点和 1 070条连线，模板值（Modularity Q，简称 Q 值）为 0. 51，平均轮廓值（Mean Silhouette，简称 S 值）为 0. 52，表明该图谱的聚类效果是良好的（详见图 15-10）。根据图 15-5析出的木薯研究前 20 位高频关键词，得出表 15-4。根据图 15-10 和表 15-4，可以探测出近 10 年木薯研究领域的研究热点包括：木薯淀粉（cassava starch）、发酵（fermentation）、机械性能（mechanical property）、理化性质（physicochemical property）、蛋白质（protein）等。

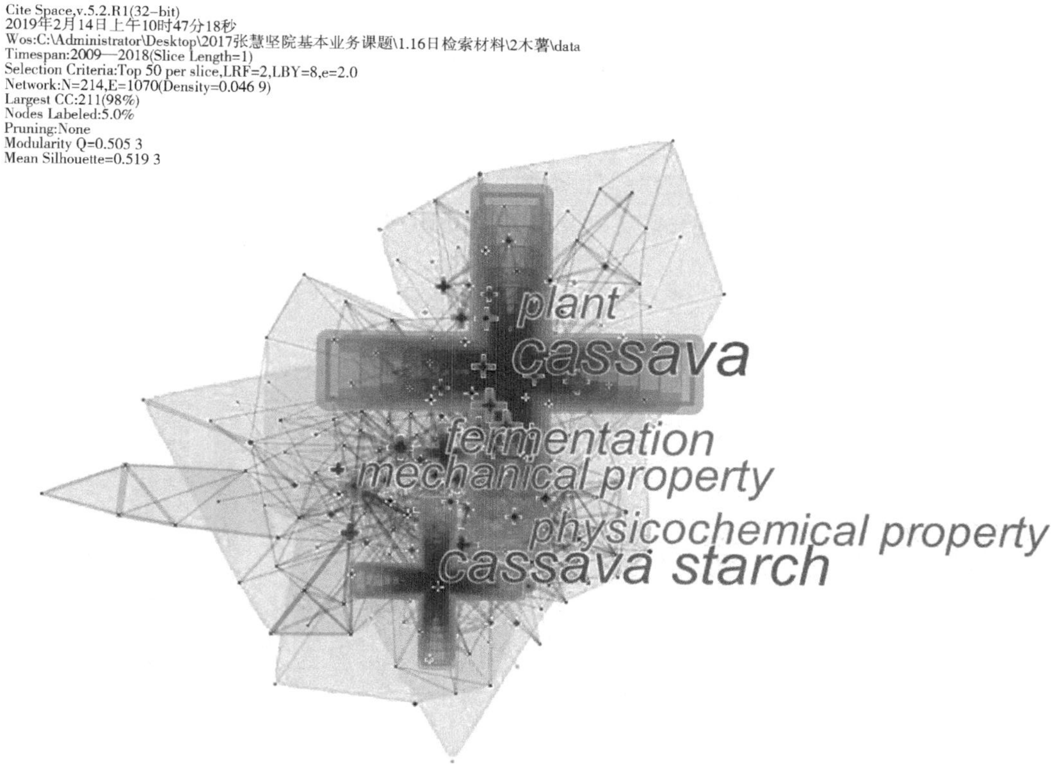
Cite Space,v.5.2.R1(32-bit)
2019年2月14日上午10时47分18秒
Wos:C:\Administrator\Desktop\2017张慧坚院基本业务课题\1.16日检索材料\2木薯\data
Timespan:2009—2018(Slice Length=1)
Selection Criteria:Top 50 per slice,LRF=2,LBY=8,e=2.0
Network:N=214,E=1070(Density=0.046 9)
Largest CC:211(98%)
Nodes Labeled:5.0%
Pruning:None
Modularity Q=0.505 3
Mean Silhouette=0.519 3
plant
cassava
fermentation
mechanical property
physicochemical property
cassava starch

图 15-10　木薯研究关键词共现知识图谱

表 15-4　木薯研究前 20 位高频关键词（按频次排序）

序号	频次	中心度	关键词	序号	频次	中心度	关键词
1	807	0.26	cassava	11	82	0.02	performance
2	381	0.19	cassava starch	12	79	0.12	food
3	140	0.1	fermentation	13	77	0.1	resistance
4	116	0.03	plant	14	70	0.03	yield
5	104	0.03	mechanical property	15	67	0.05	acid
6	93	0.05	physicochemical property	16	63	0.06	flour
7	90	0.05	growth	17	61	0.01	arabidopsis thaliana
8	90	0.07	protein	18	60	0.05	bioma
9	88	0.12	root	19	58	0.03	ethanol
10	85	0.06	quality	20	57	0.06	digestibility

3. 香蕉

检索条件是：标题为 banana 或 *Musa nana*，时间段为"2009—2018"年，语种为英语，文献类型为论文，共检索得 2 692 篇论文。

（1）香蕉研究概况

统计分析发现，从香蕉研究总体趋势看，每年发表的相关文章数量稳步上升（图 15-11）。香蕉研究论文主要发表在《SCIENTIA HORTICULTURAE》《PLOS ONE》《POSTHARVEST BIOLOGY AND TECHNOLOGY》《FOOD CHEMISTRY》《AFRICAN JOURNAL OF BIOTECHNOLOGY》等期刊上（图 15-12）。从研究的地域影响力来看，

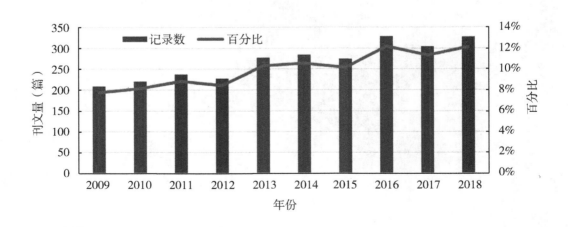

图 15-11　香蕉研究文章的刊文量（2009—2018）

目前香蕉研究较具影响力的国家是印度（Recs＝511）、中国（Recs＝432）、（Recs＝365），且研究成果尤为显著——不但研究成果丰硕，且被引用频次多、影响力大。香蕉研究成果数量排名前10位的国家如图15-13所示。在研究机构方面，中国热带农业科学院在文献发表数量方面领先于其他研究机构，法国国际农业研究中心位居第二，但是总体上，香蕉研究力量集中在中国（图15-14）。根据作者指标LCS（本地被引频次数）结果可以看出，作者Lu WJ、Chen JY、Kuang JF等人在当前香蕉研究领域处于领导地位（表15-5）。

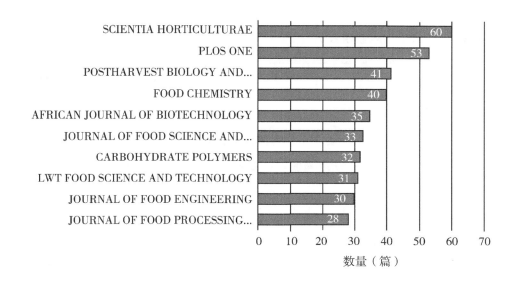

图15-12　2003—2018年香蕉研究论文在期刊中的分布

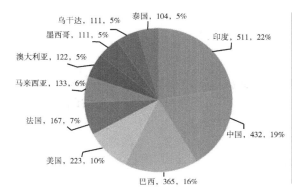

Country	Recs	TLCS	TGCS
印度	511	703	4 997
中国	432	799	4 623
巴西	365	628	3 619
美国	223	427	3 130
法国	167	431	2 530
马来西亚	133	231	1 402
澳大利亚	122	237	1 873
墨西哥	111	68	1 018
乌干达	111	262	991
泰国	104	183	1 034

图15-13　香蕉研究论文主要来源国成果

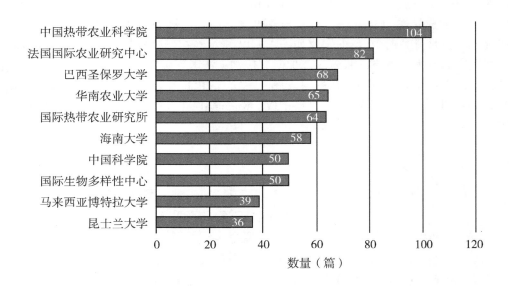

图 15-14　香蕉研究主要机构分布及各机构发文量

表 15-5　作者指标根据 LCS 指数排序处于前 10 位统计者

序号	作者	记录数	TLCS	TGCS
1	Jin ZQ	43	62	413
2	Bello-Perez LA	42	54	691
3	Lu WJ	38	210	694
4	Xu BY	37	56	382
5	Chen JY	35	199	637
6	Kuang JF	34	199	635
7	Ganapathi TR	31	121	472
8	Liu JH	28	50	271
9	Shen QR	25	65	495
10	Jiang YM	23	69	277

（2）香蕉研究热点

通过 CiteSpace 分析，2 692篇香蕉文献的关键词可视化结果图共有 174 个节点和 531 条连线，模板值（Modularity Q，简称 Q 值）为 0.51，平均轮廓值（Mean Silhouette，简称 S 值）为 0.61，表明该图谱的聚类效果是良好的（详见图 15-5）。根据图 15-15 析出的香蕉研究前 20 位高频关键词，得出表 15-6。根据图 15-15 和表 15-6，可以探测出近 10 年香蕉（芭蕉属 *musa*、*musa acuminate*）研究领域的研究热点包括：品质（quality）、机械性能（mechanical property）、生长（growth）、病害（disease）、栽培品种（cultivar）、表达（expression）、香蕉纤维（banana fiber）、种植系统（cropping system）、香蕉枯萎病（fusarium oxysporum）、综合控制（integrated control）等。

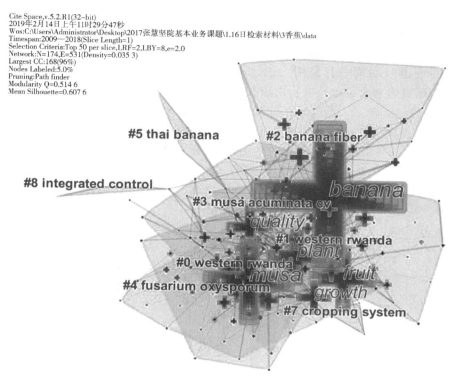

Cite Space,v.5.2.R1(32-bit)
2019年2月14日上午11时29分47秒
Wos:C:\Users\Administrator\Desktop\2017张慧坚院基本业务课题\1.16日检索材料\3香蕉\data
Timespan:2009—2018(Slice Length=1)
Selection Criteria:Top 50 per slice,LRF=2,LBY=8,e=2.0
Network:N=174,E=531(Density=0.035 3)
Largest CC:168(96%)
Nodes Labeled:5.0%
Pruning:Path finder
Modularity Q=0.514 6
Mean Silhouette=0.607 6

图 15-15　香蕉研究关键词共现知识图谱

表 15-6　香蕉研究前 20 位高频关键词（按频次排序）

序号	频次	中心度	关键词	序号	频次	中心度	关键词
1	522	0.11	banana	11	91	0.11	cultivar
2	312	0.07	musa	12	90	0.02	temperature
3	238	0.08	fruit	13	84	0.1	identification
4	209	0.13	plant	14	81	0.04	resistance
5	174	0.14	quality	15	80	0.05	storage
6	134	0.07	growth	16	77	0.01	rice
7	100	0.09	mechanical property	17	74	0.11	starch
8	95	0.07	disease	18	70	0.03	behavior
9	94	0.08	expression	19	70	0.04	resistant starch
10	92	0.09	arabidopsis	20	67	0.01	system

4. 荔枝

检索条件是：标题为 lychee /litchi/lichi/ lichee/ *Litchi chinensis* Sonn，时间段为 "2009—2018" 年，语种为英语，文献类型为论文，共检索得 560 篇论文。

（1）荔枝研究概况

统计分析发现，从荔枝研究总体趋势看，每年发表的相关文章数量不断攀升（图

15-16）。荔枝研究论文主要发表在《FOOD CHEMISTRY》《SCIENTIA HORTICULTU-RAE》《POSTHARVEST BIOLOGY AND TECHNOLOGY》《JOURNAL OF AGRICULTURAL AND FOOD CHEMISTRY》等期刊上（图 15-17）。从研究的地域影响力来看，目前荔枝研究最具影响力的国家是中国（Recs = 311），且研究成果尤为显著——不但研究成果丰硕，且被引用频次多、影响力大。荔枝研究成果数量排名前 9 位的国家如图 15-18 所示。在研究机构方面总体上荔枝研究力量集中在中国，华南农业大学在文献发表数量方面领先于其他研究机构，中国科学院位居第二（图 15-19）。根据作者指标 LCS（本地被引频次数）结果可以看出，作者 Jiang YM、Zhang MW 等人在当前荔枝研究领域处于领导地位（表 15-7）。

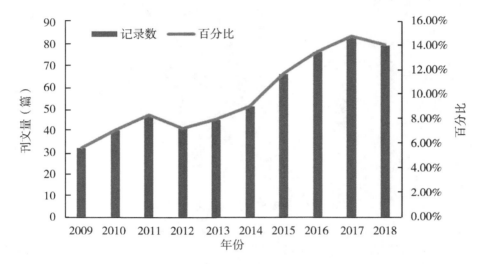

图 15-16　荔枝研究文章的刊文量（2009—2018）

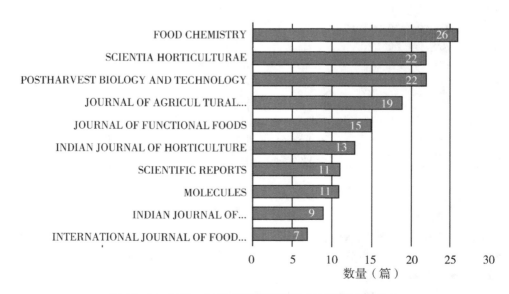

图 15-17　2003—2018 年荔枝研究论文在期刊中的分布

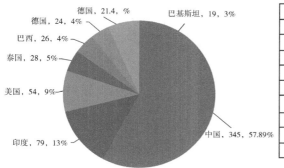

Country	Recs	TLCS	TGCS
中国	345	753	3 700
印度	79	104	440
美国	54	89	569
泰国	28	63	251
巴西	26	32	92
日本	24	72	234
德国	21	47	257
巴基斯坦	19	64	223
加拿大	14	42	173

图 15-18　荔枝研究论文主要来源国成果

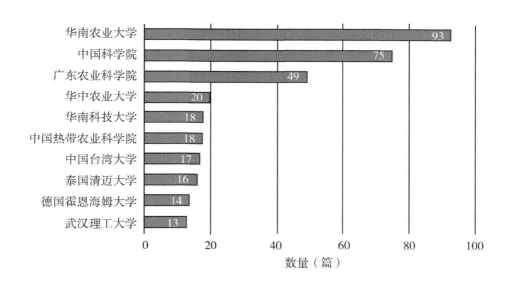

图 15-19　荔枝研究主要机构分布及各机构发文量

表 15-7　作者指标根据 LCS 指数排序处于前 10 位统计者

序号	作者	记录数	TLCS	TGCS
1	Jiang YM	43	195	924
2	Zhang MW	25	121	332
3	Wang HC	24	44	373
4	Hu GB	20	28	314
5	Zhang RF	20	91	243
6	Chen HB	19	36	112

（续表）

序号	作者	记录数	TLCS	TGCS
7	Huang XM	19	37	291
8	Yang B	19	101	470
9	Wei ZC	18	93	256
10	Deng YY	16	74	187

（2）荔枝研究热点

对荔枝研究文献进行关键词共现分析（见图 15-20），根据图 15-20 析出的荔枝研究前 20 位高频关键词，得出表 15-8。根据图 15-20 和表 15-8，可以探测出近 10 年荔枝研究领域的研究热点包括：果皮（pericarp）、抗氧化活性（antioxidant activity）、鉴定（identification）、储存保鲜（storage）、荔枝 AP1 基因表达（LcAP1 expression）、荔枝酒（lyche wine）、荔枝果汁（litchi juice）等。

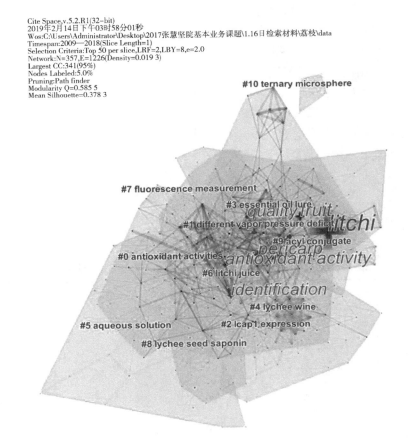

图 15-20　荔枝研究关键词共现知识图谱

表 15-8　荔枝研究前 20 位高频关键词（按频次排序）

序号	频次	中心度	关键词	序号	频次	中心度	关键词
1	209	0.03	litchi	11	37	0.05	flavonoid
2	72	0.05	fruit	12	37	0.05	polyphenol oxidase
3	54	0.07	pericarp	13	31	0.1	oxidative stress
4	51	0.2	antioxidant activity	14	30	0.03	phenolic compound
5	48	0.07	identification	15	29	0.13	acid
6	46	0.05	quality	16	28	0.03	temperature
7	45	0.05	storage	17	25	0.07	fruit pericarp
8	42	0.2	anthocyanin	18	24	0.04	*litchi chinensis* sonn
9	42	0.04	antioxidant	19	23	0.05	extract
10	39	0.04	expression	20	23	0.01	growth

5. 芒果

检索条件是：标题为 mango 或 *Mangifera indica*，时间段为"2009—2018"年，语种为英语，文献类型为论文，共检索得 1 962 篇论文。

（1）芒果研究概况

统计分析发现，芒果研究每年发表的相关文章数量不断攀升（图 15-21）。芒果研究论文主要发表在《FOOD CHEMISTRY》《SCIENTIA HORTICULTURAE》《INDIAN JOURNAL OF HORTICULTURE》《JOURNAL OF FOOD SCIENCE AND TECHNOLOGY

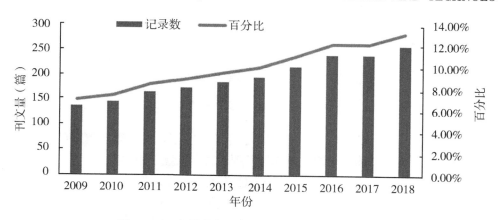

图 15-21　芒果研究文章的刊文量（2009—2018）

MYSORE》等期刊上（图 15-22）。从研究的地域影响力来看，目前芒果研究最具影响力的国家是印度（Recs=491），且研究成果尤为显著——不但研究成果丰硕，且被引用频次多、影响力大。其次是巴西、中国、美国，芒果研究成果数量排名前 10 位的国家如图 15-23 所示。在研究机构方面，巴基斯坦费萨拉巴德农业大学在文献发表数量方面领先于其他研究机构，其次是印度农业研究所和中国热带农业科学院（图 15-24）。根据作者指标 LCS（本地被引频次数）结果可以看出，作者 Srivastav M、Carle R 等人在当前芒果研究领域处于领导地位（表 15-9）。

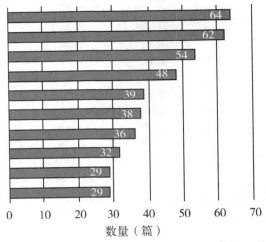

图 15-22　2003—2018 年芒果研究论文在期刊中的分布

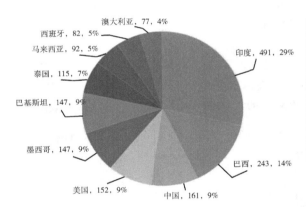

Country	Recs	TLCS	TGCS
印度	491	702	3 337
巴西	243	367	2 115
中国	161	409	1 696
美国	152	460	1 964
墨西哥	147	78	1 289
巴基斯坦	147	251	1 094
泰国	115	321	1 127
马来西亚	92	153	946
西班牙	82	152	1 126
澳大利亚	77	187	809

图 15-23　芒果研究论文主要来源国成果

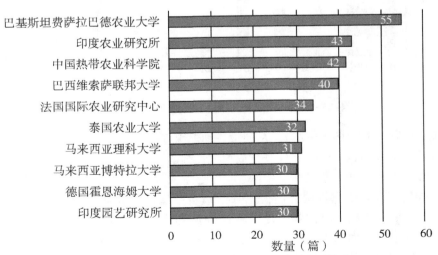

图 15-24　芒果研究主要机构分布及各机构发文量

表 15-9　作者指标根据 LCS 指数排序处于前 10 位统计者

序号	作者	记录数	TLCS	TGCS
1	Srivastav M	29	43	110
2	Singh AK	28	53	131
3	Singh SK	25	14	61
4	Carle R	18	108	316
5	Gonzalez-Aguilar GA	18	0	317
6	Khan AS	16	49	125
7	Saeed S	15	35	50
8	Sharma RR	15	34	74
9	Vayssieres JF	15	52	151
10	Ahmad S	14	22	44

（2）芒果研究热点

对芒果研究文献进行关键词共现分析（见图 15-25），根据图 15-25 析出的荔枝研

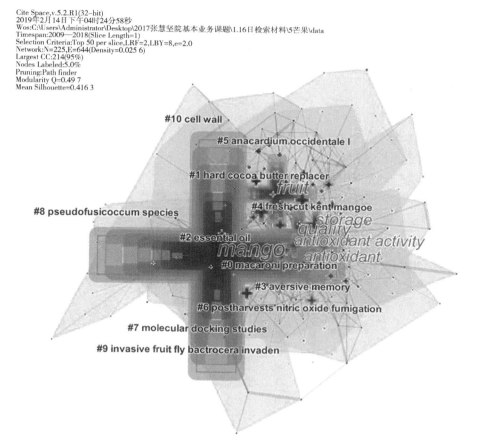

图 15-25　芒果研究关键词共现知识图谱

究前 20 位高频关键词，得出表 15-10。根据图 15-25 和表 15-10，可以探测出近 10 年芒果研究领域的研究热点包括：果品质量（quality）、抗氧化活性（antioxidant activity）、储存保鲜（storage）、基础油（essential oil）、通心粉制剂（macaroni prepation）、芒果提取物对小鼠的厌食记忆（aversive memory）、鲜切肯特芒果（fresh cut kent mangoe）等。

表 15-10 芒果研究前 20 位高频关键词（按频次排序）

序号	频次	中心度	关键词	序号	频次	中心度	关键词
1	967	0.11	mango	11	68	0.06	plant
2	319	0.08	fruit	12	68	0.06	acid
3	225	0.17	quality	13	66	0.08	polyphenol
4	148	0.1	storage	14	66	0.05	extract
5	120	0.12	antioxidant	15	65	0.06	phenolic compound
6	117	0.14	antioxidant activity	16	65	0.04	disease
7	113	0.09	temperature	17	60	0.15	vegetable
8	104	0.13	cultivar	18	59	0.06	leave
9	94	0.04	l.	19	59	0.07	color
10	81	0.04	identification	20	57	0.08	shelf life

6. 菠萝

检索条件是：标题为 pineapple 或 *Ananas comosus*，时间段为"2009—2018"年，语种为英语，文献类型为论文，共检索得 908 篇论文。

（1）菠萝研究概况

统计分析发现，从菠萝研究总体趋势看，每年发表的相关文章数量不断攀升（图 15-26）。菠萝研究论文主要发表在《FOOD CHEMISTR》《JOURNAL OF FOOD EN-

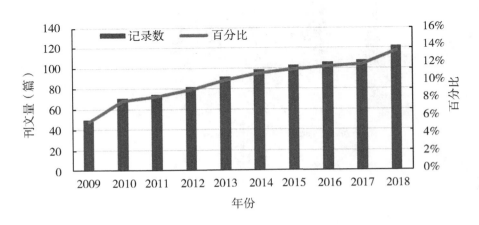

图 15-26 菠萝研究文章的刊文量（2009—2018）

GINEERING》《LWT FOOD SCIENCE AND TECHNOLOGY》《SCIENTIA HORTICULTU-
RAE》等期刊上（图 15-27）。从研究的地域影响力来看，目前菠萝研究较具影响力的
国家是巴西（Recs＝173）和中国（Recs＝133），且研究成果尤为显著——不但研究成
果丰硕，且被引用频次多、影响力大。菠萝研究成果数量排名前 10 位的国家如图 15-
28 所示。在研究机构方面，马来西亚博特拉大学在文献发表数量方面领先于其他研究
机构，中国热带农业科学院位居第二（图 15-29）。根据作者指标 LCS（本地被引频次
数）结果可以看出，作者 Sun GM、Amornsakchai T 等人在当前菠萝研究领域处于领导
地位（表 15-11）。

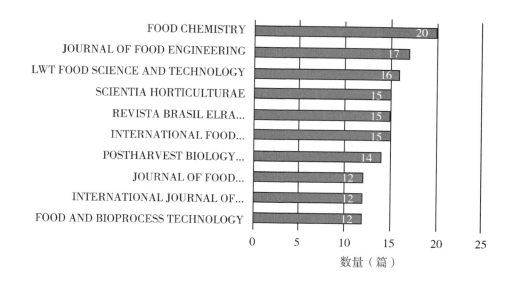

图 15-27　2003—2018 年菠萝研究论文在期刊中的分布

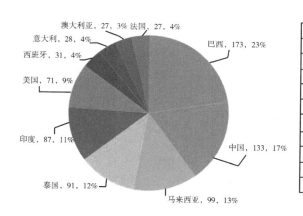

Country	Recs	TLCS	TGCS
巴西	173	176	1 712
中国	133	226	967
马来西亚	99	118	887
泰国	91	187	1 022
印度	87	131	1 011
美国	71	108	657
西班牙	31	34	390
意大利	28	36	321
澳大利亚	27	63	352
法国	27	72	271

图 15-28　菠萝研究论文主要来源国成果

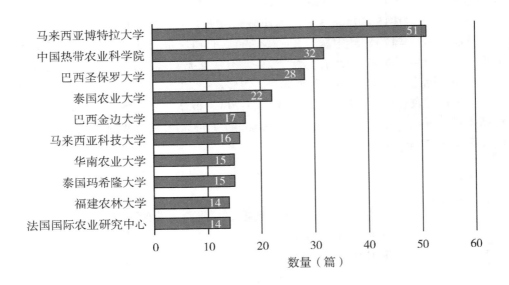

图 15-29 菠萝研究主要机构分布及各机构发文量

表 15-11 作者指标根据 LCS 指数排序处于前 10 位统计者

序号	作者	记录数	TLCS	TGCS
1	Sun GM	24	58	199
2	Amornsakchai T	15	64	196
3	Souza FVD	15	29	74
4	Huang HH	11	38	147
5	He YH	10	8	66
6	Ming R	10	53	138
7	Liu CH	9	15	43
8	Liu SH	9	28	66
9	Liu Y	9	20	46
10	Lorenzo JC	9	20	42

（2）菠萝研究热点

对菠萝研究文献进行关键词共现分析（见图 15-30），根据图 15-30 析出的荔枝研究前 20 位高频关键词，得出表 15-12。根据图 15-30 和表 15-12，可以探测出近 10 年菠萝研究领域的研究热点包括：果品质量（quality）、菠萝蛋白醇（bromelain）、菠萝汁（pineapple juice）、菠萝叶（pineapple leaf）、菠萝试管苗（pineapple microplant）、储存保鲜（storage）、平板膜系统（flat membrane system）、香味组成（aroma profile）等。

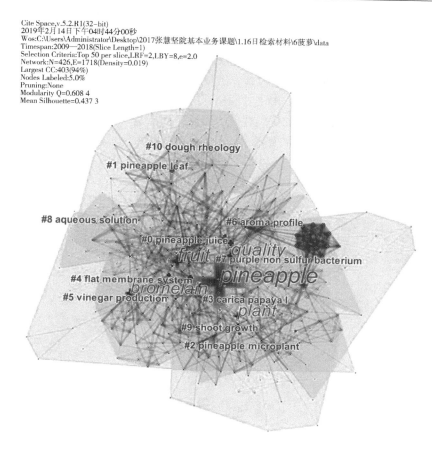

Cite Space,v.5.2.R1(32-bit)
2019年2月14日下午04时44分00秒
Wos:C:\Users\Administrator\Desktop\2017张慧坚院基本业务课题\1.16日检索材料\6菠萝\data
Timespan:2009—2018(Slice Length=1)
Selection Criteria:Top 50 per slice,LRF=2,LBY=8,e=2.0
Network:N=426,E=1718(Density:0.019)
Largest CC:403(94%)
Nodes Labeled:5.0%
Pruning:None
Modularity Q=0.608 4
Mean Silhouette=0.437 3

图 15-30　菠萝研究关键词共现知识图谱

表 15-12　菠萝研究前 20 位高频关键词（按频次排序）

序号	频次	中心度	关键词	序号	频次	中心度	关键词
1	272	0.02	pineapple	11	33	0.08	storage
2	103	0.05	fruit	12	30	0.07	expression
3	83	0.07	quality	13	29	0.04	composite
4	64	0.1	bromelain	14	29	0.02	waste
5	60	0.09	plant	15	28	0.01	vegetable
6	58	0.11	growth	16	28	0.02	pineapple leaf fiber
7	45	0.04	mechanical property	17	27	0.04	ascorbic acid
8	43	0.05	temperature	18	27	0.02	protein
9	39	0.04	kinetics	19	26	0.06	acid
10	36	0.07	purification	20	26	0.06	juice

7. 澳洲坚果

检索条件是：标题为 Macadamia nut 或 Queensland nut 或 Macadamia ternifolia，时间段为“2009—2018”年，语种为英语，文献类型为论文，共检索得 59 篇论文。统计分析发现，从研究澳洲坚果的文献很少，十年时间累计的发文量只有 59 篇（图 15-31）。发文数量的时间变化可以反映研究领域的发展速度，因此，澳洲坚果研究起步晚，受到国内外研究者的关注度较少，主要研究国家为澳洲坚果的主产国澳大利亚、美国和中国，但是发文量也非常少，不超过 20 篇。因此，澳洲坚果研究领域目前学术影响力非常小。近几年主要围绕澳洲坚果壳（macadamia nut shell）、干燥均匀性（drying uniformity）、蓝色染料脱除（blue dye removal）、活性炭（activated carbon）、用于高性能超级电容器的方法从澳洲坚果壳提取新的生物质碳质材料（high-performance supercapacitor）等（表 15-13）。

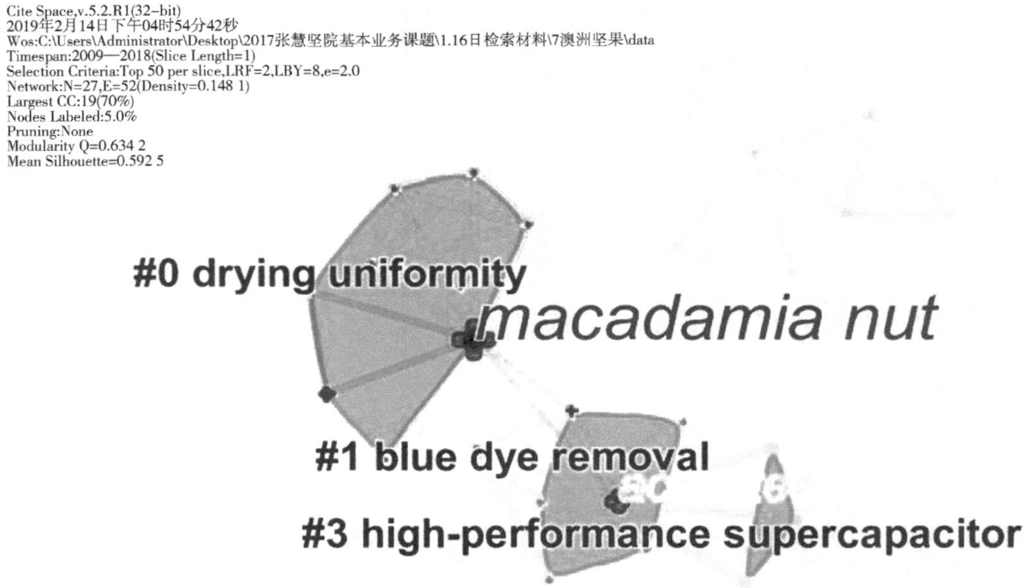
Cite Space,v.5.2.R1(32-bit)
2019年2月14日下午04时54分42秒
Wos:C:\Users\Administrator\Desktop\2017张慧坚院基本业务课题\1.16日检索材料\7澳洲坚果\data
Timespan:2009—2018(Slice Length=1)
Selection Criteria:Top 50 per slice,LRF=2,LBY=8,e=2.0
Network:N=27,E=52(Density=0.148 1)
Largest CC:19(70%)
Nodes Labeled:5.0%
Pruning:None
Modularity Q=0.634 2
Mean Silhouette=0.592 5
#0 drying uniformity
macadamia nut
#1 blue dye removal
#3 high-performance supercapacitor

图 15-31　澳洲坚果研究关键词共现知识图谱

表 15-13　澳洲坚果研究前 20 位高频关键词（按频次排序）

序号	频次	中心度	关键词
1	17	0. 6	macadamia nut
2	7	0. 42	activated carbon
3	4	0. 14	adsorption
4	4	0	hazelnut
5	4	0	macadamia nut shell
6	3	0. 01	aqueous solution

（续表）

序号	频次	中心度	关键词
7	3	0	diet
8	2	0.02	walnut
9	2	0	methylene blue
10	2	0.02	insect control

8. 椰子

检索条件是：标题为 coconut 或 cocoanut 或 *Cocos nucifera*，时间段为"2009—2018"年，语种为英语，文献类型为论文，共检索得 1 840 篇论文。

（1）椰子研究概况

统计分析发现，从椰子研究总体趋势看，每年发表的相关文章数量不断攀升（图15-32）。椰子研究论文主要发表在《FOOD CHEMISTRY》《EXPERIMENTAL AND APPLIED ACAROLOGY》《DESALINATION AND WATER TREATMENT》《CONSTRUCTION AND BUILDING MATERIALS》《JOURNAL OF FOOD SCIENCE AND TECHNOLOGY MYSORE》等期刊上（图15-33）。从研究的地域影响力来看，目前椰子研究较具影响力的国家是印度（Recs＝440）、巴西（Recs＝316），且研究成果尤为显著——不但研究成果丰硕，且被引用频次多、影响力大。椰子研究成果数量排名前 10 位的国家如图 15-34 所示。在研究机构方面，马来西亚博特拉大学在文献发表数量方面领先于其他研究机构，其他研究机构总体上发文量差异不大（图 15-35）。根据作者指标 LCS（本地被引频次数）结果可以看出，作者 Rajamohan T、Gondim MGC 等人在当前椰子研究领域处于领导地位（表 15-14）。

图 15-32 椰子研究文章的刊文量（2009—2018）

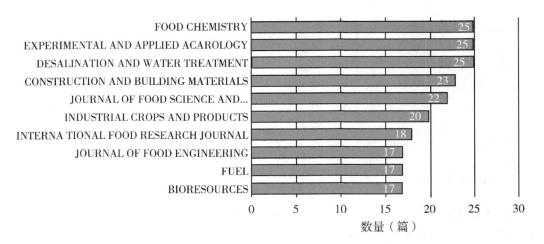

图 15-33　2003—2018 年椰子研究论文在期刊中的分布

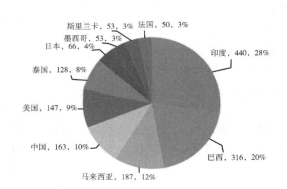

Country	Recs	TLCS	TGCS
印度	440	568	3 755
巴西	316	416	3 669
马来西亚	187	346	2 523
中国	163	151	2 044
美国	147	168	1 932
泰国	128	144	937
日本	66	99	487
墨西哥	53	46	402
斯里兰卡	53	84	284
法国	50	82	449

图 15-34　椰子研究论文主要来源国成果

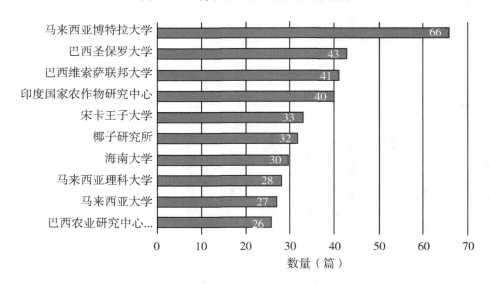

图 15-35　椰子研究主要机构分布及各机构发文量

表 15-14　作者指标根据 LCS 指数排序处于前 10 位统计者

序号	作者	记录数	TLCS	TGCS
1	Rajesh MK	21	21	60
2	Rajamohan T	20	84	204
3	Gondim MGC	17	69	163
4	Oropeza C	16	19	175
5	Benjakul S	15	20	62
6	Jappes JTW	15	22	141
7	Saenz L	15	14	149
8	Karun A	13	19	81
9	Melo JWS	13	52	114
10	Rajini N	13	16	120

（2）椰子研究热点

对椰子研究文献进行关键词共现分析（见图 15-36），根据图 15-36 析出的荔枝研究前 20 位高频关键词，得出表 15-15。根据图 15-36 和表 15-15，可以探测出近 10 年椰子研究领域的研究热点包括：椰子油（coconut oil）、吸附（adsorption）、活性炭（activated carbon）、功能分析（functional analysis）、将椰子油作为一种燃烧材料用于植物油压炉（plant oil pressure stove）、椰子油饼碳（coconut oilcake carbon）、幼花序（young inflorescence）、初榨椰子油（virgin coconut oil）等。

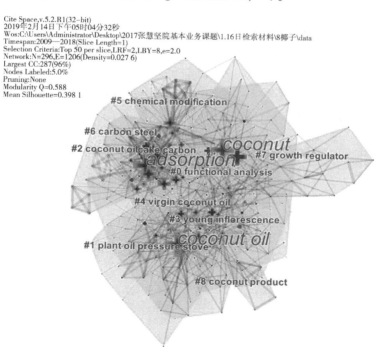

图 15-36　椰子研究关键词共现知识图谱

表 15-15　椰子研究前 20 位高频关键词（按频次排序）

序号	频次	中心度	关键词	序号	频次	中心度	关键词
1	142	0.14	coconut oil	11	74	0.04	water
2	141	0.03	adsorption	12	72	0.05	fatty acid
3	134	0.07	coconut	13	67	0.16	performance
4	113	0.06	activated carbon	14	66	0.11	behavior
5	108	0.07	*cocos nucifera*	15	61	0.01	virgin coconut oil
6	96	0.03	aqueous solution	16	59	0.11	composite
7	93	0.02	removal	17	59	0.04	coconut water
8	86	0.08	mechanical property	18	57	0.04	coconut shell
9	84	0.1	kinetics	19	53	0.13	growth
10	75	0.07	acid	20	52	0.1	vegetable oil

9. 槟榔

检索条件是：标题为 areca nut 或 betel nut 或 *Areca catechu*，时间段为 "2009—2018" 年，语种为英语，文献类型为论文，共检索得 259 篇论文。

（1）槟榔研究概况

统计分析发现，槟榔研究领域的发文量较少，十年时间累计的发文量只有 258 篇，且趋势变化较大（图 15-37）。槟榔研究论文主要发表在《PLOS ONE》《JOURNAL OF ORAL PATHOLOGY MEDICINE》等期刊上（图 15-38）。从研究的地域影响力来看，目前槟榔研究最具影响力的国家是中国，其次是印度，其他国家的研究较少。槟榔研究成果数量排名前 9 位的国家如图 15-39 所示。在研究机构方面，槟榔研究力量集中在中国，其核心研究团队在中国台湾地区，其中中国台湾国立阳明大学发文量最多（图 15-40）。根据作者指标 LCS（本地被引频次数）结果可以看出，作者 Liu TY、Wang CC、Hung SL 等人在当前槟榔研究领域处于领导地位（表 15-16）。

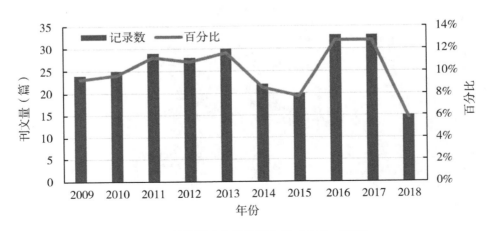

图 15-37　槟榔研究文章的刊文量（2009—2018）

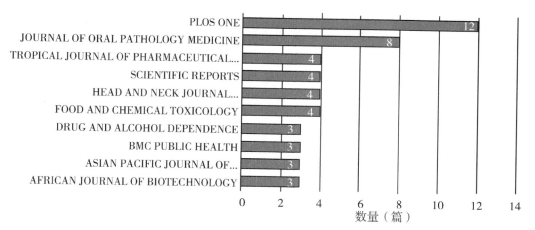

图 15-38　2003—2018 年槟榔研究论文在期刊中的分布

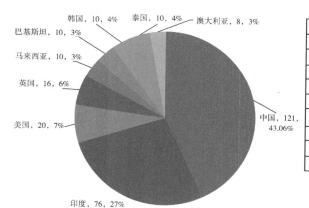

Country	Recs	TLCS	TGCS
中国台湾	121	154	889
印度	76	50	670
美国	20	21	196
英国	16	18	158
马来西亚	10	4	52
巴基斯坦	10	14	96
韩国	10	3	33
泰国	10	11	90
澳大利亚	8	12	55

图 15-39　槟榔研究论文主要来源国和地区成果

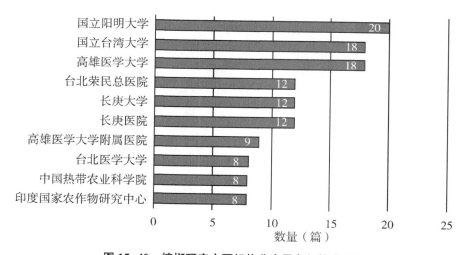

图 15-40　槟榔研究主要机构分布及各机构发文量

表 15-16　作者指标根据 LCS 指数排序处于前 10 位统计者

序号	作者	记录数	TLCS	TGCS
1	Liu TY	11	52	143
2	Wang CC	8	18	52
3	Hung SL	7	30	61
4	Jan TR	7	18	52
5	Wu CJ	7	5	14
6	Bhat R	6	8	56
7	Chang MC	6	12	66
8	Chen YT	6	23	64
9	Hu MB	6	5	14
10	Jeng JH	6	12	66

（2）槟榔研究热点

通过 CiteSpace 分析，槟榔研究文献的关键词可视化结果如图 15-41 所示，根据图 15-41 析出槟榔研究前 20 位高频关键词，得出表 15-17。由此可见，近 10 年槟榔研究领域的研究热点包括：槟榔碱（arecoline）、口腔癌（oral cancer）、口腔黏膜下纤维性变（oral submucous fibrosis）、细胞遗传学改变（cytogenetic alteration）等。

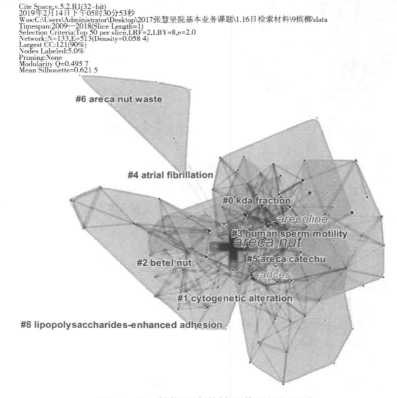

图 15-41　槟榔研究关键词共现知识图谱

表 15-17 槟榔研究前 20 位高频关键词（按频次排序）

序号	频次	中心度	关键词	序号	频次	中心度	关键词
1	129	0.33	areca nut	11	14	0.11	apoptosis
2	35	0.14	arecoline	12	13	0.05	taiwan
3	28	0.11	cancer	13	13	0.06	in vitro
4	23	0.13	oral submucous fibrosis	14	13	0.06	oxidative stress
5	21	0.15	oral cancer	15	13	0.06	antioxidant
6	20	0.07	squamous cell carcinoma	16	12	0.03	betel
7	18	0.04	expression	17	12	0.03	tobacco
8	17	0.06	extract	18	11	0.05	epithelial cell
9	17	0.11	betel quid	19	11	0.03	epidemiology
10	16	0.09	risk	20	10	0.02	activation

10. 咖啡

检索条件是：标题为 coffee 或 Coffea，时间段为"2009—2018"年，语种为英语，文献类型为论文，共检索得 4 660 篇论文。

（1）咖啡研究概况

统计分析发现，从咖啡研究总体趋势看，每年发表的相关文章数量不断攀升，短短十年时间累计的发文量 4 660 篇（图 15-42）。发文数量的时间变化可以反映研究领域的发展速度，因此，咖啡受到国内外研究者的高度重视。咖啡研究论文主要发表在

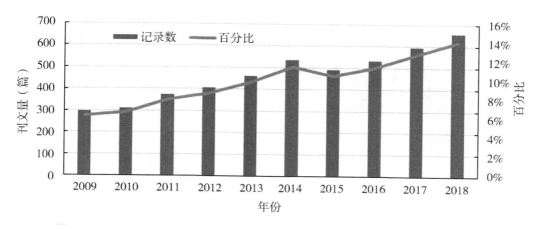

图 15-42 咖啡研究文章的刊文量（2009—2018）

《FOOD CHEMISTRY》《JOURNAL OF AGRICULTURAL AND FOOD CHEMISTRY》《FOOD RESEARCH INTERNATIONAL》《PLOS ONE》等期刊上（图15-43）。从研究的地域影响力来看，目前咖啡研究较具影响力的国家是巴西（Recs = 106 1）、美国（Recs = 791），且研究成果尤为显著——不但研究成果丰硕，且被引用频次多、影响力大。咖啡研究成果数量排名前10位的国家如图15-44所示。在研究机构方面，咖啡研究力量集中在巴西，其中巴西维索萨联邦大学在文献发表数量方面领先于其他研究机构，巴西拉夫拉斯联邦大学位居第二（图15-45）。根据作者指标LCS（本地被引频次数）结果可以看出，作者Ramalho JC、DaMatta FM、Bertrand B等人在当前咖啡研究领域处于领导地位（表15-18）。

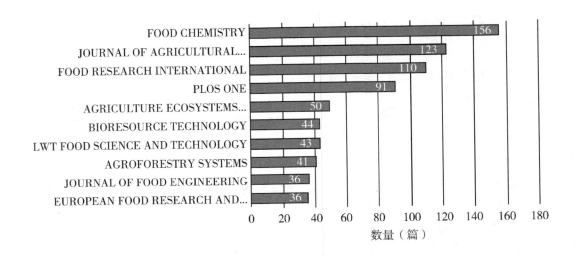

图15-43 2003—2018年咖啡研究论文在期刊中的分布

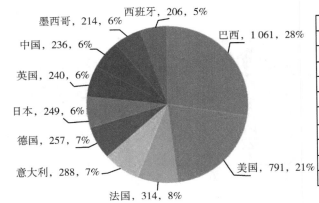

Country	Recs	TLCS	TGCS
巴西	1 061	2 726	8 756
美国	791	3 051	13 271
法国	314	1 316	4 328
意大利	288	1 266	4 416
德国	257	1 160	4 264
日本	249	865	3 271
英国	240	918	3 655
中国	236	545	3 354
墨西哥	214	233	1 804
西班牙	206	718	3 826

图15-44 咖啡研究论文主要来源国成果

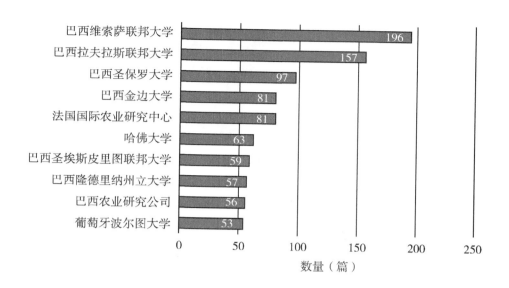

图 15-45 咖啡研究主要机构分布及各机构发文量

表 15-18 作者指标根据 LCS 指数排序处于前 10 位统计者

序号	作者	记录数	TLCS	TGCS
1	Navarini L	42	109	443
2	Ramalho JC	35	182	425
3	DaMatta FM	33	211	499
4	Zambolim L	33	49	147
5	Hofmann T	29	245	574
6	Partelli FL	28	102	218
7	Bertrand B	27	226	622
8	Lang R	27	214	532
9	Lashermes P	27	186	575
10	Caixeta ET	26	58	134

（2）咖啡研究热点

通过 CiteSpace 分析，咖啡研究文献的关键词可视化结果如图 15-46 所示，根据图 15-46 析出咖啡研究前 20 位高频关键词，得出表 15-19。由此可见，近 10 年咖啡研究领域的研究热点包括：咖啡因（caffeine）、绿原酸（chlorogenic acid）、咖啡消耗（coffea consumption）、小粒咖啡/小果咖啡（*coffea arabica*）、咖啡酿造（coffee brew）等。

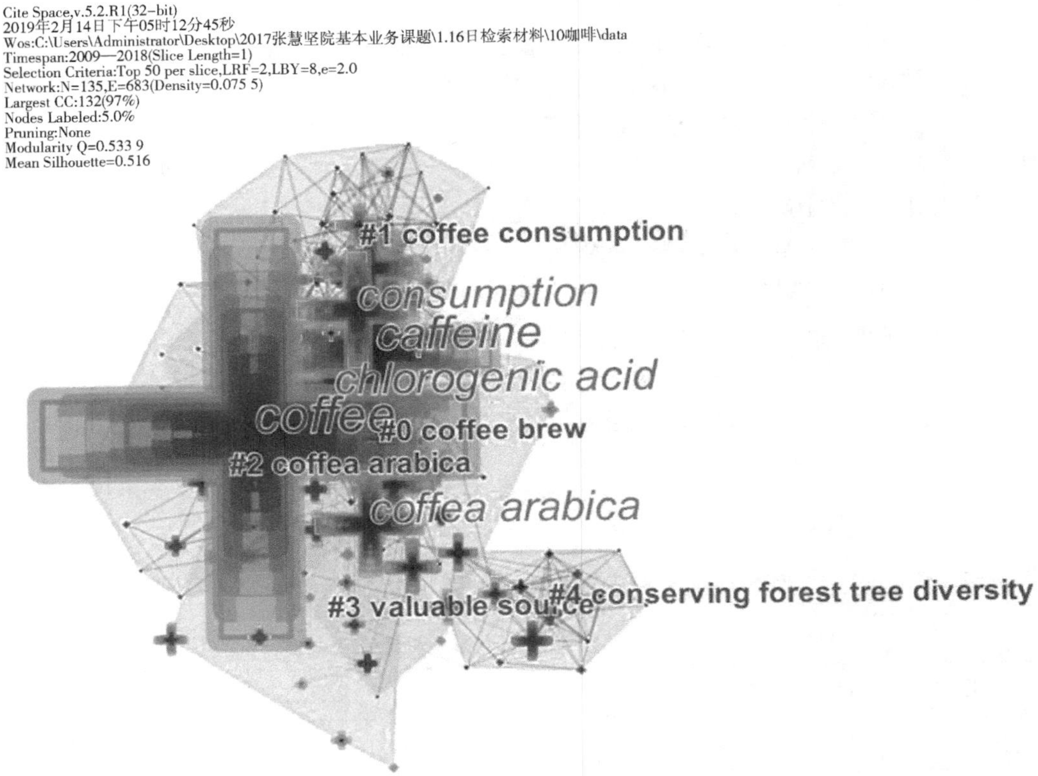
Cite Space,v.5.2.R1(32-bit)
2019年2月14日下午05时12分45秒
Wos:C:\Users\Administrator\Desktop\2017张慧坚院基本业务课题\1.16日检索材料\10咖啡\data
Timespan:2009—2018(Slice Length=1)
Selection Criteria:Top 50 per slice,LRF=2,LBY=8,e=2.0
Network:N=135,E=683(Density=0.075 5)
Largest CC:132(97%)
Nodes Labeled:5.0%
Pruning:None
Modularity Q=0.533 9
Mean Silhouette=0.516
#1 coffee consumption
consumption
caffeine
chlorogenic acid
coffee
#0 coffee brew
#2 coffea arabica
coffea arabica
#3 valuable source
#4 conserving forest tree diversity

图 15-46　咖啡研究关键词共现知识图谱

表 15-19　咖啡研究前 20 位高频关键词（按频次排序）

序号	频次	中心度	关键词	序号	频次	中心度	关键词
1	1 129	0. 26	coffee	11	167	0. 05	roasted coffee
2	621	0. 17	caffeine	12	164	0. 04	plant
3	442	0. 21	chlorogenic acid	13	162	0. 07	tea
4	328	0. 04	consumption	14	158	0. 17	antioxidant activity
5	312	0. 07	*coffea arabica*	15	151	0. 04	antioxidant
6	280	0. 09	risk	16	147	0. 05	metaanalysis
7	237	0. 25	arabica	17	145	0. 05	polyphenol
8	220	0. 07	bean	18	137	0. 04	food
9	219	0. 09	identification	19	130	0. 16	diversity
10	178	0. 08	quality	20	129	0. 02	green coffee

11. 香草兰

检索条件是：标题为 Vanilla 或 *Vanilla planifolia*，时间段为"2009—2018"年，语种为英语，文献类型为论文，共检索得 217 篇论文。

（1）香草兰研究概况

统计分析发现，香草兰研究领域的每年发表相关文章数量没有增加，2009 年发文量为 27 篇，到 2017 和 2018 年还是 27 篇（图 15-47）。可见香草兰受到国内外研究者

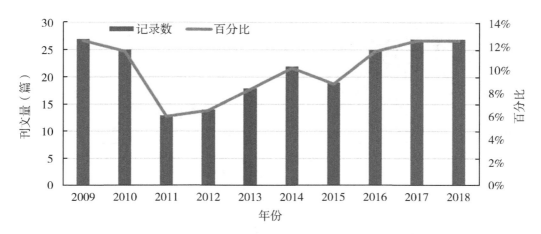

图 15-47　香草兰研究文章的刊文量（2009—2018）

的关注度较少。香草兰研究论文刊文期刊较少，且刊文量少，主要发表在《FOOD CHEMISTRY》《JOURNAL OF AGRICULTURAL AND FOOD CHEMISTRY》《FLAVOUR AND FRAGRANCE JOURNAL》等期刊上（图 15-48）。从研究的地域影响力来看，目前

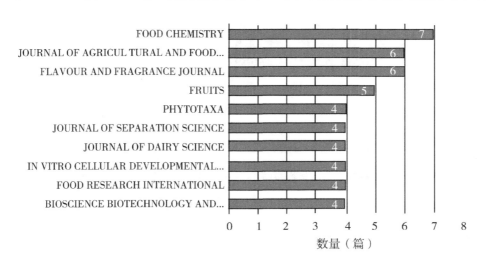

图 15-48　2003—2018 年香草兰研究论文在期刊中的分布

香草兰研究最具影响力的国家是法国（Recs = 39），其次是墨西哥、美国。香草兰研究成果数量排名前10位的国家如图15-49所示。在研究机构方面，墨西哥韦拉克鲁斯大学在文献发表数量方面领先于其他研究机构，中国热带农业科学院位居第二（图15-50）。根据作者指标LCS（本地被引频次数）结果可以看出，作者Grisoni M、Palama TL、Verpoorte R等人在当前香草兰研究领域较具影响力（表15-20）。

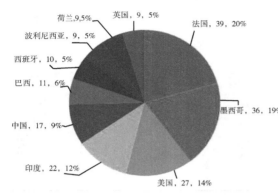

Country	Recs	TLCS	TGCS
法国	39	69	387
墨西哥	36	7	164
美国	27	30	283
印度	22	36	194
中国	17	16	215
巴西	11	14	179
西班牙	10	1	67
波利尼西亚	9	20	65
荷兰	9	24	114
英国	9	1	46

图15-49 香草兰研究论文主要来源国成果

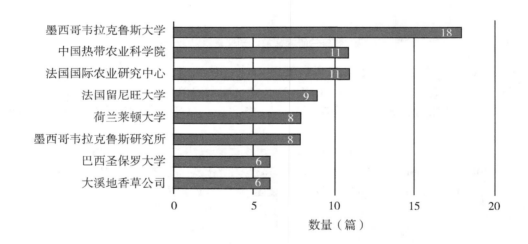

图15-50 香草兰研究主要机构分布及各机构发文量

表15-20 作者指标根据LCS指数排序处于前10位统计者

序号	作者	记录数	TLCS	TGCS
1	Grisoni M	16	19	115
2	Iglesias-Andreu LG	11	0	55
3	Palama TL	8	24	108
4	Verpoorte R	8	24	105
5	Besse P	7	10	42

（续表）

序号	作者	记录数	TLCS	TGCS
6	Choi YH	7	24	101
7	Kodja H	7	24	97
8	Gu FL	6	9	49
9	Ramirez-Mosqueda MA	6	0	28
10	Luna-Rodriguez M	5	0	19

（2）香草兰研究热点

通过 CiteSpace 分析，香草兰研究文献的关键词可视化结果如图 15-51 所示，根据图 15-51 析出香草兰研究前 20 位高频关键词，得出表 15-21。由此可见，近 10 年香草兰研究领域的研究热点包括：香草兰豆荚（Vanilla bean）、味道（flavor）、衰老的香草荚（senescent vanilla pod）、小粒咖啡/小果咖啡（*coffea arabica*）、野生香草兰（wild *Vanilla planifolia*）、微生物质量（microbiological quality）、感官特性（sensory properties）等。

图 15-51　香草兰研究关键词共现知识图谱

表 15-21　香草兰研究前 20 位高频关键词（按频次排序）

序号	频次	中心度	关键词
1	77	0.71	vanilla
2	31	0.37	*vanilla planifolia*
3	21	0.34	bean
4	17	0.15	planifolia
5	15	0.12	flavor
6	15	0.07	plant
7	15	0.06	orchidaceae
8	12	0.07	identification
9	12	0.16	glucovanillin
10	9	0.07	authenticity

12. 胡椒

检索条件是：标题为 black pepper 或 white pepper 或 piperine 或 *Piper Nigrum*，时间段为 "2009—2018" 年，语种为英语，文献类型为论文，共检索得 709 篇论文。

（1）胡椒研究总体概况

统计分析发现，从胡椒研究总体趋势看，每年发表的相关文章数量不断攀升（图 15-52）。胡椒研究论文的刊文期刊较分散，主要发表在《PLOS ONE》《FOOD AND

图 15-52　胡椒研究文章的刊文量（2009—2018）

CHEMICAL TOXICOLOGY》《PHYTOTHERAPY RESEARCH》等期刊上（图 15-53）。
从研究的地域影响力来看，目前胡椒研究最具影响力的国家是印度（Recs=265），且研
究成果尤为显著——不但研究成果丰硕，且被引用频次多、影响力大，其次是中国。胡
椒研究成果数量排名前 10 位的国家如图 15-54 所示。在研究机构方面，印度香料研究
所在文献发表数量方面领先于其他研究机构，马来西亚博特拉大学位居第二，其次是中
国热带农业科学院（图 15-55）。根据作者指标 LCS（本地被引频次数）结果可以看
出，作者 Kumar A、Hoskin DW、Doucette CD 等人在当前胡椒研究领域比较有影响力
（表 15-22）。

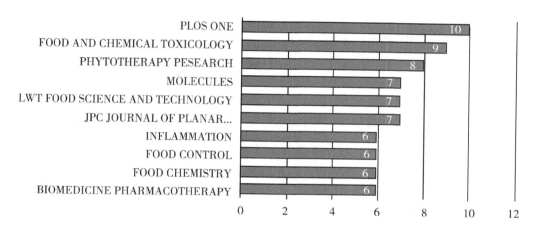

图 15-53　2003—2018 年胡椒研究论文在期刊中的分布

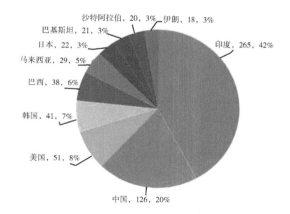

Country	Recs	TLCS	TGCS
印度	265	493	3 046
中国	126	263	1 185
美国	51	118	870
韩国	41	177	731
巴西	38	25	255
马来西亚	29	25	268
日本	22	32	188
巴基斯坦	21	57	260
沙特阿拉伯	20	61	302
伊朗	18	6	168

图 15-54　胡椒研究论文主要来源国成果

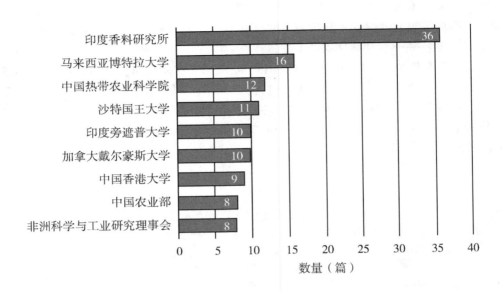

图 15-55   胡椒研究主要机构分布及各机构发文量

表 15-22   作者指标根据 LCS 指数排序处于前 10 位统计者

序号	作者	记录数	TLCS	TGCS
1	Kumar A	15	42	275
2	Wu HS	11	5	70
3	Hoskin DW	9	68	140
4	Doucette CD	8	67	133
5	Ahmad N	7	51	265
6	Anandaraj M	7	4	6
7	Goswami TK	7	7	40
8	Jalili M	7	9	96
9	Jinap S	7	9	96
10	Kumar M	7	23	166

（2）研究前沿分析

通过 CiteSpace 分析，胡椒研究文献的关键词可视化结果如图 15-56 所示，根据图 15-56 析出胡椒研究前 20 位高频关键词，得出表 15-23。由此可见，近 10 年胡椒研究领域的研究热点包括：黑胡椒（black pepper）、黑胡椒粉质量（black pepper powder quality）、姜黄素（curcumin）、抗氧化剂（antioxidant）、氧化应激（oxidative stress）、白胡椒产品（white pepper product）、组织分布（tissue distribution）、炎症介质（inflammatory mediator）、老鼠体外实验（mice、in vitro）等。

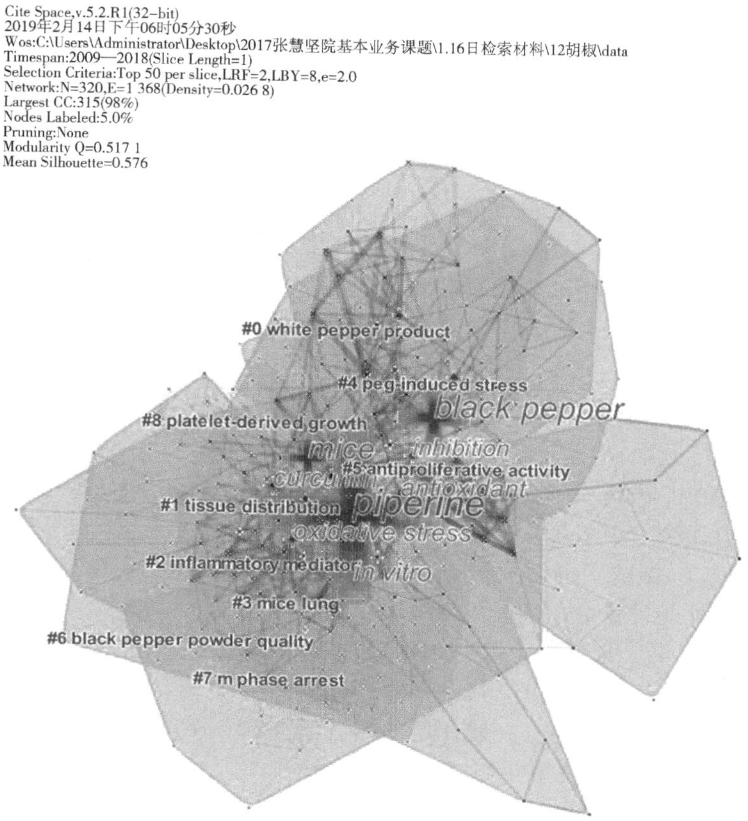

Cite Space,v.5.2.R1(32-bit)
2019年2月14日下午06时05分30秒
Wos:C:\Users\Administrator\Desktop\2017张慧坚院基本业务课题\1.16日检索材料\12胡椒\data
Timespan:2009—2018(Slice Length=1)
Selection Criteria:Top 50 per slice,LRF=2,LBY=8,e=2.0
Network:N=320,E=1 368(Density=0.026 8)
Largest CC:315(98%)
Nodes Labeled:5.0%
Pruning:None
Modularity Q=0.517 1
Mean Silhouette=0.576

图 15-56 胡椒研究关键词共现知识图谱

表 15-23 胡椒研究前 20 位高频关键词（按频次排序）

序号	频次	中心度	关键词	序号	频次	中心度	关键词
1	384	0.03	piperine	11	42	0.06	essential oil
2	165	0.08	black pepper	12	42	0.07	extract
3	124	0.05	mice	13	40	0.05	spice
4	68	0.13	in vitro	14	39	0.06	identification
5	57	0.08	curcumin	15	39	0.13	apoptosis
6	55	0.13	antioxidant	16	39	0.11	pharmacokinetics
7	53	0.06	oxidative stress	17	39	0.06	nf kappa b
8	45	0.05	inhibition	18	38	0.05	cell
9	44	0.02	expression	19	32	0.11	metabolism
10	44	0.02	bioavailability	20	29	0.03	mechanism

参考文献

陈悦，陈超美，刘则渊，等 . 2015. CiteSpace 知识图谱的方法论功能 ［J］. 科学学研究，33（2）：242-253.

程景民，李欣彤 . 2017. 转基因玉米的科学知识图谱研究——基于 Citespace 的计量分析 ［J］. 中国农学通报（5）.

侯剑华，张春博，王续琨 . 2008. 国际科学技术政策关键节点文献演进的可视化分析 ［J］. 科学与科学技术管理，29（11）.

黄宝晟 . 2008. 文献计量法在基础研究评价中的问题分析 . 科研与发展管理，20（6）：108-111.

况俞竹，洪玫，曾嘉彦 . 2016. 基于文献计量的大数据研究现状分析 ［J］. 数据挖掘，6（3）：125-137.

李杰，陈超美 . 2016. CiteSpace：科技文本挖掘及可视化 ［M］. 北京：首都经济贸易大学出版社：194-203.

李素梅 . 2017. 国内图书馆大数据研究的知识图谱分析——基于 CiteSpace 和 VOS-viewer 软件的计量分析 ［J］. 河南图书馆学刊（5）.

李一萍，茶正早，张慧坚，等 . 2018. 基于知识图谱的天然橡胶研究热点计量分析 ［J］. 热带作物学报，39（6）：167-178.

刘彬，邓秀新 . 2015. 基于文献计量的园艺学基础研究发展状况分析 ［J］. 中国农业科学，48（17）：3504-3514.

秦晓楠，卢小丽，武春友 . 2014. 国内生态安全研究知识图谱——基于 Citespace 的计量分析 ［J］. 生态学报，34（13）：3693-3703.

邱均平，杨瑞仙，陶雯，等 . 2008. 从文献计量学到网络计量学 ［J］. 评价与管理，4（2）：1-9.

田军 . 2014. 信息可视化分析工具的比较分析——以 CiteSpace、HistCite 和 RefViz 为例 ［J］. 图书馆学研究（14）：90-95.

王云，马丽，刘毅 . 2018. 城镇化研究进展与趋势——基于 CiteSpace 和 HistCite 的图谱量化分析 ［J］. 地理科学进展 .

郑娜，邵党国 . 2017. 信息可视化分析工具的比较分析——以 CiteSpace、SATI 分析关键词共现为例 ［J］. 软件，38（10）：39-46.

周晓分，黄国彬，白雅楠 . 2013. 科学计量可视化软件的对比与数据预处理研究 ［J］. 图书情报工作，57（23）：64-72.

祝薇，向雪琴，侯丽朋，等 . 2018. 基于 Citespace 软件的生态风险知识图谱分析 ［J］. 生态学报，38（12）.

Ahlg ren, P., Jarneving, B., & Rousseau, R. 2003. Requirements for a cocitation similarity measure, with special reference to Pearson's correlation coefficient ［J］. Journal of the American Society for Information Science and Technology, 54（6）：550-560.

Almi nd, T. C., Ingwersen, P. 1997. Informetric analyses on the world wide web: Methodologi-cal approaches to "webometrics" [J]. Journal of Documentation, 53 (4): 404-426.

Bar-I lan, J. 2008. Informetrics at the beginning of the 21st century-A review [J]. Journal of Informetrics, 2 (1): 1-52.

Borga tti, S. P., Everett, M. G., & Freeman, L. C. 2002. Ucinet for Windows: Software for social network analysis [J]. Harvard, MA: Analytic Technologies.

Borgm an, C. L., & Furner, J. 2002. Scholarly communication and bibliometrics [J]. Annual Review of Information Science and Technology, 36: 3-72.

Bornm ann, L., & Daniel, H. D. 2008. What do citation counts measure? A review of studies on citing behavior [J]. Journal of Documentation, 64 (1): 45-80.

Bosto ck, M., Ogievetsky, V., & Heer, J. 2011. D^3: Data-driven documents [J]. IEEE Transactions on Visualization and Computer Graphics, 17 (12): 2301-2309.

Boyack, K. W., Klavans, R., & Börner, K. 2005. Mapping the backbone of science [J]. Scientomet-rics, 64 (3): 351-374.

Boyack, K. W., Wylie, B. N., & Davidson, G. S. 2002. Domain visualization using VxInsight$^®$ for science and technology management [J]. Journal of the American Society for Information Science and Technology, 53 (9): 764-774.

Br ehmer, M., & Munzner, T. 2013. A multi-level typology of abstract visualization tasks [J]. IEEE Transactions on Visualization and Computer Graphics, 19 (12): 2376-2385.

Börn er, K., Chen, C., & Boyack, K. W. 2003. Visualizing knowledge domains [J]. Annual Review of Information Science and Technology, 37 (1): 179-255.

Chen C, Dubin R, Kim M C. 2014. Emerging Trends and New Developments in Regenerative Medicine: A Scientometric Update (2000—2014) [J]. Expert Opinion on Biological Therapy, 14 (9): 1295-1317.

Chen C. 2006. CiteSpace Ⅱ: Detecting and Visualizing Emerging Trends and Transient Patterns in Scientific Literature [J]. Journal of the American Society for Information Science and Technology (3): 359-377.

Chen C. 2012. Predictive effects of structural variation on citation counts [J]. Journal of the American Society for Information Science and Technology, 63 (3): 431-449.

Chen C. 2017. Science Mapping: A Systematic Review of the Literature [J]. Journal of Data & Information Science, 2 (2): 1-40.

Chen Q Q, Zhang J B, Huo Y. 2016. A study on research hot-spots and frontiers of agricultural science and technology innovation-visualization analysis based on the Citespace Ⅲ [J]. Zemǐdǐlsk·Ekonomika, 62 (9): 429-445.

Liu B, Zhang L, Wang X. 2017. Scientometric profile of global rice research during 1985—2014 [J]. Current Science, 112 (5): 1003.

Liu H, Zhu Y, Guo Y, *et al.* 2014. Visualization analysis of subject, region, author, and citation on crop growth model by Citespace Ⅱ software [M]. Knowledge Engineering and Management. Springer Berlin Heidelberg. 243-252.